职业院校化工类专业教材

化工工艺概论

陈连勇　李怀亮　主编

中国劳动社会保障出版社

图书在版编目（CIP）数据

化工工艺概论／陈连勇，李怀亮主编．--北京：中国劳动社会保障出版社，2024．--（职业院校化工类专业教材）．-- ISBN 978-7-5167-6747-4

Ⅰ．TQ02

中国国家版本馆 CIP 数据核字第 2024SD3230 号

中国劳动社会保障出版社出版发行

（北京市惠新东街 1 号　邮政编码：100029）

*

北京市科星印刷有限责任公司印刷装订　新华书店经销

787 毫米×1092 毫米　16 开本　17 印张　368 千字

2024 年 11 月第 1 版　2024 年 11 月第 1 次印刷

定价：46.00 元

营销中心电话：400-606-6496

出版社网址：https://www.class.com.cn

《化工工艺概论》编审委员会

主　　编　陈连勇　李怀亮

编　　者　**（按姓氏笔画为序）**

李怀亮　山东化工技师学院

张　妍　山东化工技师学院

张　坤　云南技师学院（云南工贸职业技术学院）

陈连勇　云南技师学院（云南工贸职业技术学院）

陈　艳　云南技师学院（云南工贸职业技术学院）

施金榆　云南技师学院（云南工贸职业技术学院）

郭　锐　云南技师学院（云南工贸职业技术学院）

主　　审

朱景洋　山东化工技师学院

孙焕花　山东化工技师学院

徐志勤　山东化工技师学院

总前言

为了深入贯彻党的二十大精神和习近平总书记关于大力发展技工教育的重要指示精神，落实中共中央办公厅、国务院办公厅印发的《关于推动现代职业教育高质量发展的意见》，推进技工教育高质量发展，全面推进技工院校工学一体化人才培养模式改革，适应技工院校教学模式改革创新，同时为更好地适应技工院校化工类专业的教学要求，全面提升教学质量，我们组织有关学校的一线教师和行业、企业专家，在充分调研企业生产和学校教学情况、广泛听取教师意见的基础上，吸收和借鉴各地技工院校教学改革的成功经验，组织编写了本套全国技工院校化工类专业教材。

总体来看，本套教材具有以下特色：

第一，坚持知识性、准确性、适用性、先进性，体现专业特点。教材编写过程中，努力做到以市场需求为导向，根据化工行业发展现状和趋势，合理选择教材内容，做到“适用、管用、够用”。同时，在严格执行国家有关技术标准的基础上，尽可能多地在教材中介绍化工行业的新知识、新技术、新工艺和新设备，突出教材的先进性。

第二，突出职业教育特色，重视实践能力的培养。以职业能力为本位，根据化工专业毕业生所从事职业的实际需要，适当调整专业知识的深度和难度，合理确定学生应具备的知识结构和能力结构。同时，进一步加强实践性教学的内容，以满足企业对技能型人才的要求。

第三，创新教材编写模式，激发学生学习兴趣。按照教学规律和学生的认知规律，合理安排教材内容，并注重利用图表、实物照片辅助讲解知识点和技能点，为学生营造生动、直观的学习环境。部分教材采用工作手册式、新型活页式，全流程体现产教融合、校企合作，实现理论知识与企业岗位标准、技能要求的高度融合。部分教材在印刷工艺上采用了四色印刷，增强了教材的表现力。

本套教材配有习题册和多媒体电子课件等教学资源，方便教师上课使用，可以通过技工教育网（https://jg.class.com.cn）下载。另外，在部分教材中针对教学重点和难点制作了演示视频、音频等多媒体素材，学生可扫描二维码在线观看或收听相应内容。

本套教材的编写工作得到了北京、河南、山东、云南、江苏、江西、四川、广西、广东等省（自治区）人力资源社会保障厅及有关学校的大力支持，教材编审人员做了大量的工作，在此我们表示诚挚的谢意。同时，恳切希望广大读者对教材提出宝贵的意见和建议。

内容简介

《化工工艺概论》是技工院校化工工艺专业通用教材。本教材以化工产品生产的技术需求为主线，按照化工总控工职业标准为依据，以典型化工产品生产为项目载体，按照任务驱动模式，引出生产所需理论和技能知识点，从而达到生产原理、工艺控制分析和生产操作的有机结合。

本教材内容主要涵盖化工生产基础知识和典型化工生产技术，其中化工生产基础知识包括认识化学工业和认识化工生产过程基本知识及工艺条件两个学习项目；典型化工生产技术包括硫酸生产技术、合成氨生产技术、氯碱生产技术、纯碱生产技术、湿法磷酸生产技术、煤的液化生产技术、石油炼制生产技术、乙烯生产技术、醋酸生产技术、丙烯酸甲酯生产技术和聚氯乙烯生产技术等十一个学习项目。本教材由云南技师学院（云南工贸职业技术学院）和山东化工技师学院多位教师共同编写完成，其中张坤老师编写化工生产基础知识，施金榆老师编写硫酸生产技术，陈艳老师编写合成氨生产技术，郭锐老师编写氯碱生产技术和纯碱生产技术，陈连勇和李怀亮老师共同编写湿法磷酸生产技术、煤的液化生产技术、石油炼制生产技术、醋酸生产技术和丙烯酸甲酯生产技术，张妍老师编写乙烯生产技术和聚氯乙烯生产技术。

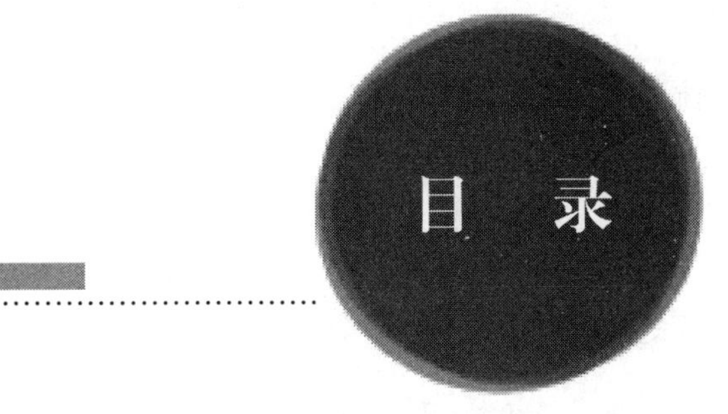

目录

项目一

认识化学工业

化学工业是指在工业生产过程中以化学方法为主要手段，将原料转化为化工产品的工业。本项目以化学工业概述、世界资源结构及利用情况、我国的资源现状为重点，通过学习相关知识，了解化学工业及其特点、地位、分类和发展趋势，学会化工资源的开发利用方法和途径。

任务一　化学工业概述

学习目标

1. 了解化学工业及其特点、地位、分类和发展趋势。
2. 了解现代化工生产技术的特点。

一、化学工业及其特点

1. 化学工业

化学工业是以化学方法为主的加工制造业。化学工业的发展反映了人类逐步认识自然规律、不断利用自然规律的过程。

早在公元前2000年以前，人们就知道利用化学的方法加工制造简单的生活用品，如制陶、酿酒、冶炼等。早期的化学工艺技术简单、生产水平低下，属于作坊式生产。

18世纪中叶，第一次工业革命之后，纺织工业兴起，纺织物的漂白和印染技术的改进，需要纯碱、无机酸等化工产品；农业需要化学肥料；采矿业需要大量的炸药，无机化学工业作为近代化学工业的先导开始形成。

19 世纪中叶，随着钢铁工业的发展，炼焦工业相应兴起。以炼焦副产品煤焦油及其提取物（如苯、甲苯、二甲苯、萘、蒽、苯酚等）为原料的有机化学工业得到迅速发展。

自 20 世纪 50 年代，以石油和天然气为原料的石油化学工业迅猛发展。到 20 世纪 60 年代，已有 80% ~90% 的有机化工产品是以石油、天然气为原料生产的，三大合成材料几乎全部来自石油化工。石油化工的发展，为现代化学工业的形成奠定了基础。

20 世纪 70 年代的石油危机，促使化学工业在节能、技改、降低成本的同时，调整行业结构和产品结构，大量采用高新技术，使产品向深加工、精细化、功能化、高附加值方向发展，高分子化工、精细化工蓬勃发展。

20 世纪 80 年代，科学技术的进步和社会发展对化工产品提出了更高的要求，化学工业的“精细化”成为发达国家科学技术和生产力发展的一个重要标志。精细化是指精细化工产品的总产值在化学工业产品总产值中所占的比重，也称精细化率。精细化的高低，在一定程度上反映了一个国家的综合技术水平、发达水平和化学工业的集约化程度。

21 世纪，随着能源需求的日益增长以及环境的日益恶化，多元化和发展新能源成为化学工业的战略重点，低碳循环经济与环境保护成为行业发展的焦点；大型化、一体化、集约化已成为化学工业的发展趋势。新能源、新材料、专用化学品、高附加值化学品、环保产品得到快速发展。

总之，化学工业的发展过程是由初步加工向深度加工发展；由一般加工向精细加工发展；由主要生产大批量、通用性基础材料，向既生产基础材料，又生产小批量、多品种的专用化学品方向发展。

2. 化学工业的特点

（1）化学工业生产的复杂性

化工生产的原料既可以来源于自然界，也可以人工合成。一种化工产品需要多种原料，同时同一种原料可以制造出不同用途的化工产品。

同一种化工产品可采用不同的原料、不同方法和不同的工艺路线来生产，即可以采用不同的原料路线、不同的生产路线生产出同一种化工产品。同时，同一种原料可以通过不同生产方法和技术路线生产同一种化工产品。

同一种化工产品可以有不同的用途，而不同的化工产品又可能会有相同用途。

（2）装置规模大型化

装置规模大型化使装置的有效容积在单位时间内的产出率随之显著增大，有利于提高原料的综合利用率和能量的有效综合利用，降低产品生产成本和能量消耗，同时也受到设计、仓储、运输、安装、维修和安全等诸多因素的制约。

（3）生产过程综合化，产品精细化

坚持走可持续发展、科学发展、循环经济的道路，生产过程的综合化可以使资源和能源得到充分合理的利用，有效地将副产物和“废料”转化成有用产品。降低物耗、能耗，减少“三废”排放，变害为利，变废为宝，综合利用，大大提高了企业的经济效益。产品精

细化，有利于开发出更具特性或多种功能，并能适应快速变化的市场需求的化工产品。

（4）技术、资金和人才密集化，经济效益化

目前，化学工业一直朝着自动化、智能化方向不断发展，技术要求高，建设投资大，越来越多地依靠高新技术，需要大批量具有高水平、创新能力和开拓能力的人才，而且化工产品产值较高、成本低、利润高，因此化学工业是技术、资金和人才密集型行业。

（5）生产安全严格化

化工生产过程中常会接触到易燃、易爆、有毒、有害、高温（或低温）、高压（或负压）、腐蚀性强等环境，操作过程中工艺过程多变，不安全因素很多，如不严格按工艺规程生产，很容易发生事故。但只要采用安全的生产工艺，有可靠的安全技术保障、严格的规章制度及监督机构，事故是在可控范围内的，甚至是完全可以避免的。尤其是连续性的大型化工装置，要想发挥现代化生产的优越性，保证高效、经济地生产，就必须高度重视安全，确保装置长期、连续地安全运行。安全为了生产，生产必须安全，安全生产就是经济效益。

（6）能量利用合理化、绿色环保化

化工生产过程伴随着能量的传递和转换，节能降耗能大大地降低生产成本，增加企业效益。在生产过程中，力求采用新工艺、新技术、新方法，淘汰落后的工艺、技术和方法，不断开发新催化剂进行节能减排。

“绿水青山就是金山银山”，采用无毒无害的清洁生产方法和工艺过程，生产环境友好的化工产品，创建清洁的生产环境，有利于大力发展绿色化工，走化学工业的可持续发展道路。

二、化学工业在国民经济中的地位

化学工业是我国工业的基础，是国民经济发展的支柱产业。化学工业生产的产品种类多、数量大、用途广，已渗透到国民经济生产和人类生活的各个领域，不仅为人们的“衣、食、住、行”提供产品，还为工业、农业、交通运输业、国防军事、航空航天和信息技术等领域提供了丰富的材料、能源和必需化工产品，保证并促进了这些工业门类的发展和技术进步，推动着社会的发展。化学工业在我国从业人数逐年增长，对全国工业产值具有突出贡献，在国民经济建设中占有十分重要的地位。自 2010 年起，我国化学工业产值超越美国跃居全球第一。

三、化学工业的分类

化学工业既是原材料工业，又是加工工业；既有生产资料的生产，又有生活资料的生产，所以化学工业的范围很广，分类比较复杂。

1. 按生产原料分类

按生产原料可分为煤化工、石油化工、天然气化工、核化工、农产化工、海洋化工、盐

化工和生物质化工等。

2. 按产品用途分类

按产品用途可分为医药、农药、肥料、燃料、染料、颜料、涂料和炸药等。

3. 按反应类型分类

按反应类型可分为无机化工、有机化工、高分子化工、精细化工和生物化工等。

4. 按对应工业部门分类

按对应工业部门可分为基本化学原料、化学肥料、化学农药、有机化工、日用化学品、合成化学材料、医药工业、化学纤维、橡胶制品、塑料制品和化学试剂等。

四、化学工业的发展趋势

进入21世纪，化学工业的发展面临能源和自然资源的减少、环境的恶化、市场竞争日趋激烈等问题。坚持可持续发展的战略，合理利用和保护自然资源及环境，大力发展精细化工，生产制造满足人们生活与生产需要的绿色化工产品成为化学工业发展的必然趋势。

1. 积极利用和开发高新技术，加快化工产品的更新换代和化学工艺的技术进步。

2. 努力实施绿色化学工艺，最大限度地利用原料资源，减少副产物和废弃物的生成，最大限度地减少废物的排放，力争实现零排放。

3. 彻底淘汰污染环境、破坏生态平衡的化工产品，充分利用废弃物，开发生产对环境友好的绿色化工产品。

4. 不断提高化学工业的信息化程度，实现化工过程的智能化，推动化学工艺向安全、高效和节能的方向发展。

科学技术的进步和高新产业（如信息技术、生物技术、航天技术、新材料、新能源以及海洋工程等）的兴起，为化学工业的发展带来了机遇和挑战。化学工业的发展将在以下几方面实现突破。

一是生物技术将对化学工业产生巨大的影响。生物技术可利用淀粉、纤维素等再生资源，具有特异的选择性、反应条件温和、低能耗、低污染、无公害、生产效率高等优点。化学工程与生物技术的结合，必将使化学工业实现战略性的转移。

二是信息技术将使化学工业从科研开发、工业设计，到生产过程控制和管理发生深刻的变化，加速化学工业的现代化。化工生产过程控制和管理的信息化及智能化的程度已成为化学工业现代化的重要标志。

三是材料是现代工业的物质基础。高新技术产业（如航天、汽车、电子、信息、能源等）的快速发展需要各种新材料，大力开发生产各种新材料，成为化学工业的战略任务。

四是能源是人类从事物质生产的原动力。开发和利用新能源，如煤的气化、合成油以及高能燃料与高能电池的开发等，既是化学工业发展的需要，也是科技进步与社会发展的需要。

五、现代化工生产技术的特点

现代化工生产技术主要是指将原料物质通过化学反应转化为产品的方法和过程，包括实现这种转变的全部化学和物理的措施。现代化工生产技术是实现化工生产的安全、经济、优质和高效的根本保障。现代化工生产技术研究内容包括原料的预处理、产品的合成以及分离与提纯等，涉及原料的获取、生产原理与方法、适宜的生产条件、工艺流程、反应设备、物料及能量的综合利用、环境的保护等。

随着高新技术的出现和发展，现代化工生产技术呈现出以下特点。

1. 高度机械化、自动化和智能化

提高化工企业机械化、自动化控制能力，制造出高科技含量的化工产品是化工行业的发展趋势。随着计算机技术的高水平发展，化工生产过程围绕工艺优化设计、智能运行优化控制、智能安全运行监控、智能优化决策调度等快速发展。

2. 采用节能和环保技术

环保问题影响和制约了化学工业的可持续发展，推行清洁生产，注重环境保护，是增强化工企业竞争力和可持续发展的必然要求。节能降耗可以提高资源的利用率，是缓解化工企业能源约束矛盾的根本措施。采用节能及环保技术是提高化工企业能源利用效率和经济效益的重要途径。

3. 安全生产要求严格

随着化工生产装置大型化、生产过程连续化的发展，安全生产要求也越来越严格。一旦发生安全事故，不仅会给化工企业造成较大的经济损失，还会给公众财产安全、生态环境带来更大的威胁。只有确保装置长期连续地安全运行，才能保证生产过程高效、经济地进行。

课后练习

填空题

1. 化学工业是指________________________。

2. 化工过程是指________________________。

3. 现代化工生产技术呈现出__________、__________和__________的特点。

4. 采用__________技术是提高化工企业能源利用效率和经济效益的重要途径。

5. 化工生产技术主要是指将原料物质通过化学反应转化为产品的方法和过程，包括实现这种转变的全部________和________的措施。

任务二　化学工业的原料及产品

学习目标

1. 了解化工资源类型及我国的资源现状。
2. 掌握化工资源的开发利用方法和途径。

一、化工资源概述

化工原料是指化工生产中能全部或部分转化为化工产品的物质。化工基本原料通常是指需经一定加工得到的原料，如烷烃、烯烃、炔烃、芳香烃和合成气等。这些基本原料都是通过煤、石油、天然气等天然原料经过一定的途径生产而来的。使用化工原料经过单元反应和单元操作而制得的可作为生产资料和生活资料的成品，都是化工产品。化工产品主要包括化学肥料、农药、合成树脂、塑料、合成橡胶、化学纤维、染料、颜料、涂料、药物等。

化工原料种类很多，用途很广。全世界化工产品有 500 万 ~700 万种之多，在市场上已出售流通的超过 10 万种，而且每年还有 1 000 多种新的化工产品问世。化工原料根据物质来源一般可以分为无机原料和有机原料两大类，无机原料主要包括空气、水、盐、矿物质等；有机原料主要包括煤、石油、天然气和生物质等。这些自然资源来源丰富、价格低廉，可以经过一系列的化学加工获得有价值的化工基本原料和化工产品。人类通过开采、种植、收集等方法得到起始原料，主要有矿物资源、生物资源、水资源、空气资源等。

1. 矿物资源

矿物资源主要包括金属矿、非金属矿和化石燃料矿。我国共有 20 多个矿种，包括硫铁矿、自然硫、硫化氢气藏、磷矿、钾盐、钾长石、明矾石、蛇纹石、化工用石灰岩、硼矿、芒硝、天然碱、石膏、钠硝石、镁盐、沸石盐、重晶石、碘、溴、砷、硅藻土、天青石、稀土矿等，其中硫铁矿、重晶石、芒硝、磷矿及稀土矿储量居世界前列。化石燃料包括煤、石油、天然气等。但矿物资源是不可再生的，因此，节约和充分利用矿物资源十分重要。

2. 生物资源

生物资源来自农、林、牧、副、渔的植物体和动物体，它们提供了糖类、蛋白质、脂肪、木质素、颜料等化工原料。由于农、林副产物的资源往往比较分散，且有区域性特点，产量受季节性限制，往往不能适应大型企业发展的需要。应注意的是必须合理利用生物资源，保护生态环境，使资源利用与环境的可持续发展要求相结合。

3. 水资源

水是化工生产中重要的溶剂和物质，可溶解固体、吸收气体，也可参与反应；可作为加热或冷却的介质，也可吸收反应热并汽化成高压蒸汽。虽然地球上水的面积占地球表面的

70%以上，但是可供使用的淡水量只占总水量的3%，因此节约和保护淡水资源、提高水的循环利用率非常重要。

4. 空气资源

空气也是一种宝贵的资源，从空气中提取的高纯度的氦、氖、氩、氪等气体，广泛应用于高精尖科技领域。空气的主要成分氮气和氧气更是重要的化工原料，将空气经过深度冷冻分离得到的纯氧和纯氮，广泛用于冶金、化工、石油、机械、采矿、食品等工业部门和军事、航天领域。

我国以占世界9%的耕地、6%的水资源、4%的森林、1.8%的石油、0.7%的天然气、不足9%的铁矿石、不足5%的铜矿、不足2%的铝土矿，养活着占世界22%的人口；大多数矿产资源人均占有量不到世界平均水平的一半，我国占有的煤、油、天然气人均资源只及世界人均水平的55%、11%和4%。中国最大的优势是人口众多，最大的劣势是资源不足。

由于长期沿用以追求增长速度、大量消耗资源为特征的粗放型发展模式，自然资源的消耗也在大幅度上升，致使由贫穷落后逐渐走向繁荣富强的同时，再生资源呈绝对减少趋势，可再生资源也显出明显的衰弱态势。目前，我国已积极发展可再生资源，开辟新的资源供应渠道，解决我国所需要的大部分能源不足的问题。近20年来，风能、太阳能等新资源与可再生资源在中国得到了迅速的发展，并将逐步向商品化资源的方向发展。

二、煤的化工利用

煤是植物遗体经过生物化学和物理化学作用转变成的沉积有机矿产，是多种高分子化合物和矿物质组成的混合物。煤的化学组成很复杂，包括有机物和无机物两大类，以有机物为主，主要由碳、氢、氧、氮、硫五种元素组成。

目前，我国煤炭的主要利用方式是直接燃烧获取热能，不但效率低，排放的污染物也是大气环境污染物的主要来源。将煤加工转化为清洁能源、提取和利用其中所含化工原料，可提高煤的利用率。煤的加工过程主要有煤的焦化、气化和液化。

1. 煤的焦化

煤的焦化也称干馏，即在隔绝空气的炼焦炉内加热煤，使其分解生成焦炭、煤焦油、粗苯和焦炉气。煤在900～1 100 ℃高温下的焦化称为高温干馏，在500～600 ℃下的焦化称为低温干馏。高温干馏产生焦炭、煤焦油、粗苯、氨和焦炉气；低温干馏产生半焦、低温焦油和煤气。低温焦油的芳烃含量较少，而烷烃、环烷烃和酚的含量较多，是人造石油的重要来源。

2. 煤的气化

煤的气化是煤、焦炭或半焦和汽化剂在900～1 300 ℃的高温下转化成煤气的过程。汽化剂是水蒸气、空气或氧气。煤气组成因燃料、汽化剂种类和汽化条件而异，以无烟煤为原料加工的煤气为例：以空气、水蒸气、空气加水蒸气作为汽化剂，所制得的煤气分别称为空气煤气、水煤气、混合煤气和半水煤气，四种煤气中各组分含量不相同，所以其煤气的用途也不同。

煤气是清洁燃料，热值很高，使用方便，作为民用燃料时应注意使用安全，煤气含有的一氧化碳有毒、氢气易爆。煤气是重要的化工原料，煤气化生产的氢气、一氧化碳是合成氨、合成甲醇等 C_1 化学品的基本原料。

3. 煤的液化

煤经化学加工转化成为液体燃料的过程称为煤的液化。煤的液化可分为直接液化和间接液化。

（1）煤的直接液化

煤在高温（420～480 ℃）、高压（10～20 MPa）下，先采用加氢方法使煤转化为液态烃，再进一步加工精制成汽油、柴油等燃料油的过程称为煤的直接液化，也称为煤的加氢液化。

（2）煤的间接液化

将煤首先制成合成气，然后通过催化剂作用将合成气转化成烃类燃料、含氧化合物燃料（如低碳混合醇、二甲醚等）称为煤的间接液化。

三、石油化工产品及利用

石油又称原油，是一种有气味的黏稠液体，有黄色、褐色或黑褐色，色泽深浅一般与其密度大小、所含组分有关。石油是由多种碳氢化合物组成的混合物，成分复杂，各组分质量分数为碳（83%～87%）、氢（11%～14%），其余为硫（0.06%～0.8%）、氮（0.02%～1.7%）、氧（0.08%～1.82%）及微量金属元素（如镍、钒、铁等）。

石油通常不直接使用，需要进行一次加工和二次加工。石油产品又称油品，主要包括各种燃料油（如汽油、煤油、柴油等）和润滑油以及液化石油气、石油焦炭、石蜡、沥青等。生产石油化工产品的第一步是对原料油和气（如丙烷、汽油、柴油等）进行裂解，生成以乙烯、丙烯、丁二烯、苯、甲苯、二甲苯为代表的基本化工原料。第二步是以基本化工原料生产多种有机化工原料（约 200 种）及合成材料（如塑料、合成纤维、合成橡胶等）。一次加工方法包括常压蒸馏和减压蒸馏，二次加工的方法很多，常见的有催化裂化、加氢裂化、催化重整、热裂解等。

1. 常、减压蒸馏

常压蒸馏又称为直馏（直接蒸馏），是在常压和 300～400 ℃条件下进行的蒸馏。在常压蒸馏塔的不同高度可分别采出汽油、煤油、柴油等油品，塔底剩余组分为常压重油。常压重油中含重柴油、润滑油、沥青等高沸点组分。将常压塔釜重油在加热炉中加热至 380～400 ℃，进入减压塔。采用减压操作是为了避免在高温下重组分的分解（裂解）。减压塔侧线油和常压塔三、四线油，总称为常减压馏分油，用作炼油厂的催化裂化等装置的原料。减压塔底得到的减压渣油可用于生产石油焦或石油沥青。

2. 催化裂化

裂化是在一定条件下，重质油品的烃类断裂为相对分子质量小、沸点低的烃类的过程。

裂化有热裂化和催化裂化两种生产方法。催化裂化是指在较低的压力（常压或稍高于常压）下，将油品加热到反应温度，在催化剂［常用催化剂有无定形硅酸铝（$SiO_2 \cdot Al_2O_3$）、Y型分子筛、ZSM-5型沸石以及用稀土改性的Y（或X）型分子筛］作用下发生裂解反应。得到的裂解产物以C_3、C_4和中等大小的分子（即从汽油到柴油）居多，C_1和C_2的收率明显减少，产物中异构烷烃、环烷烃和芳香烃的含量增多，使裂化汽油的辛烷值提高。同时，使得催化汽油中容易聚合的二烯烃类大为减少，汽油安全性、稳定性增强。

3. 加氢裂化

加氢裂化是催化裂化技术的改进。加氢裂化在催化剂、高压氢气存在下进行，把重质原料，如重柴油、减压柴油、减压渣油等，转化成汽油、煤油、柴油和润滑油。在临氢条件下进行催化裂化，抑制催化裂化时发生的脱氢缩合反应，避免了焦炭的生成。操作条件为压力6.5～13.5 MPa、温度340～420 ℃，可以得到不含烯烃的高品质产品。加氢裂化需在高压下进行，并且消耗大量的氢，所以操作费用和生产设备的成本比催化裂化高。工业上，加氢裂化是作为催化裂化的一个补充，而不是代替催化裂化。

4. 催化重整

催化重整是将轻质原料油，如直馏汽油、粗汽油等，在加热、加压和催化剂的作用下，使油料中的烃类重新调整结构，生成大量芳烃的工艺过程。催化重整是在催化剂铂的作用下，使环烷烃和烷烃发生脱氢芳构化反应生成芳烃，可提高汽油辛烷值。

四、天然气化工产品及利用

天然气是以各种碳氢化合物为主的气体混合物，常指埋藏在地底下或海洋底下的可燃性气体，主要成分为甲烷、乙烷、丙烷、异丁烷、正丁烷、戊烷和微量的重碳氢化合物及少量非烃类的气体，如氮、硫化氢、二氧化碳、氦气等。按其来源可分为天然气田、油田伴生气（油田气）、煤田伴生气（煤层气）、页岩气和可燃冰。

天然气中的甲烷等低碳烷烃燃烧时热值高、污染少，是一种高效环保的清洁能源。天然气化工主要产品包括液氨、尿素、甲醇、乙烯、丙烯、氢气、合成气、乙炔、卤代烷烃、氢氰酸、硝基烷烃、二硫化碳、炭黑等20多种产品及大量衍生物。湿天然气经脱硫、脱水预处理后，用压缩冷冻或深冷等方法可将其中的乙烷、丙烷、丁烷等馏分分离出来，进一步加以利用。乙烷和丙烷是裂解制乙烯和丙烯的重要气态原料。丙烷、丁烷氧化可制乙醛和醋酸。

五、农林副产品的化工利用

农产品（含主要成分为单糖、多糖、淀粉、油脂、蛋白质、萜烯烃类、木质纤维素的植物）、林产品（由纤维素、半纤维素和木质素3种主要成分组成的木材）、副产品（包括细胞培植产品，即以细胞为载体进行培植，使之定向生产某种生物质）和来自社会废弃物的产品（产生于公用设施、农业和工业装置的废料）转化，利用的途径主要包括燃烧法、热化学法、生化法、化学法和物理化学法等，可转化为热量、电力、固体燃料（如木炭或颗粒燃料）、液体燃料（如生物柴油、甲醇、乙醇和植物油等）和气体燃料（如氢气、生物质燃气和沼气等）等二次能源。

六、矿石的化工利用

矿石是化肥工业、化工、冶金及其他相关工业的常用原料，常见的矿石有磷矿、硫铁矿、硼矿等。磷矿常用来生产磷肥、磷酸、单质磷、磷化物和磷酸盐。硫铁矿主要用于制硫酸。硼矿主要用来生产硼酸、硼砂、单质硼及硼酸盐。

课后练习

一、判断题

1. 水、空气、煤、石油、天然气、矿物质以及生物质等天然资源及其加工产物是化工生产的基础原料。（　　）

2. 煤的化学组成很复杂，包括有机质和无机质两大类，以有机质为主，主要由碳、氢、氧、氮、硫五种元素组成。（　　）

3. 天然气化工主要产品包括液氮、尿素、甲醇、乙烯、丙烯、氢气和合成气等 20 多种产品。（　　）

4. 催化裂化使裂化汽油的辛烷值提高，二烯烃类大为减少，汽油安全性、稳定性增强。（　　）

5. 农副产品的化工利用是直接提取其中固有的化学成分。（　　）

二、填空题

1. 石油一次加工方法包括常压蒸馏和减压蒸馏，二次加工的方法很多，常见的有______、_________、_________、热裂解等。

2. 裂化有_____________和___________两种生产方法。

3. 煤的综合利用主要包括________________、________________和______________。

4. 天然气是蕴藏于地下的可燃性气体，主要成分是__________________，同时含有______________________以及少量____________________。

项目二

认识化工生产过程基本知识和工艺条件

化学反应是化工生产过程的核心，化学反应的过程往往是非常复杂的。在实际生产中，需要对化工生产过程中的热力学和动力学进行分析，控制反应条件，改变外部环境，从而提高化学反应速率，促进化学平衡，提高收率，增加经济效益。通过本项目的学习，能掌握转化率、选择性、收率、生产能力、生产强度和消耗定额等基本概念，认识物料衡算和热量衡算方法，认识催化剂的种类，了解催化剂的应用，分析温度、浓度、压力、催化剂对化学反应速率、化学平衡的影响，选择确定合理的工艺条件。

任务一　化工生产常用指标与计算

学习目标

1. 掌握转化率、选择性、收率、生产能力、生产强度和消耗定额等基本概念。
2. 认识物料衡算和热量衡算方法。
3. 能对转化率、选择性、收率进行计算。

一、转化率、选择性和收率

化工过程的核心是化学反应，提高反应的转化率、选择性和收率是提高化工过程效率的关键。

1. 转化率

转化率反映了反应进行的程度，是指某一反应物参加反应转化量占该反应物起始量的百分比，用符号 X 表示：

$$X = \frac{\text{某一反应物的转化量}}{\text{该反应物的起始量}} \times 100\%$$

对于同一反应，若反应物不止一个，那么不同反应组分的转化率在数值上可能不同。应着重关注关键反应物的转化率，即反应物中价值最高组分的转化率。一般来讲，转化率越大，反应进行的程度越大。最大转化率是指反应达到平衡时的转化率，转化率值在 0 ~ 100% 之间。

2. 选择性

对于有副反应发生的体系，反应在生成目的产物的同时生成副产物，只用转化率来衡量是不够的，需要用选择性来评价竞争反应过程的效率。选择性是指体系中转化成目的产物的某一反应物的转化量与该反应物的转化总量之比，用符号 S 表示：

$$S = \frac{\text{转化为目的产物的某一反应物的转化量}}{\text{该反应物的转化总量}} \times 100\%$$

选择性是个很重要的指标，它表达了主、副反应进行程度的相对大小，能确切反映原料的利用是否合理。

3. 收率

收率也称为产率，是从产物角度来描述反应过程的效率。收率是指以转化为目的产物的某一反应物的量与该反应物的起始总量之比，用符号 Y 表示：

$$Y = \frac{\text{转化为目的产物的某一反应物的转化量}}{\text{该反应物的起始总量}} \times 100\%$$

不难发现，收率 = 转化率 × 选择性

二、生产能力、生产强度与消耗定额

1. 生产能力

生产能力是指化工装置在单位时间内生产的产品量或处理的原料量，其中原料的处理量也称加工能力。常用的单位有千克/时（kg/h）、吨/天（t/d）、万吨/年（10 kt/a）等。生产能力分为设计能力、查定能力和现有能力。设计能力是指根据设计任务书和技术文件规定的生产能力，其数值由工厂设计规定的产品方案和各种数据来确定。查定能力是指老企业在经过产品方案调整，生产技术改造后，原有的设计能力已不能反映企业的实际生产能力，此时重新调整或核定的生产能力。现有能力又称计划能力，是指在计划年度内，依据现有生产装置的技术条件和组织管理水平能够实现的生产能力。这三种能力在生产中用途各不相同。设计能力和查定能力主要作为企业长远规划编制的依据，而现有能力是编制年度计划的重要依据。生产能力主要受到设备大小、套数、流程结构、工艺操作条件、组织管理水平和操作人员的操作水平高低的影响。需要分析各种过程中的影响因素，进行综合和优化，找出最佳操作条件，使总过程速率加快，有效地提高设备生产能力。

2. 生产强度

生产强度主要用于比较那些相同反应过程或物理加工过程的设备或装置的优劣，是指设备的单位体积的生产能力，或单位面积的生产能力，单位为 $kg/(h \cdot m^3)$ 或 $kg/(h \cdot m^2)$ 等。带有催化反应装置的生产强度一般用单位时间内，单位体积催化剂或单位质量催化剂所获得的产品量来表示，又称为时空收率，单位为 $kg/(h \cdot m^3)$ 或 $kg/(h \cdot kg)$。

三、物料衡算与热量衡算

在分析单元操作或工艺过程中，经常要用到物料衡算与热量衡算来反映物料的变化规律，探究技术上的可行性以及经济上的合理性，进行成本核算。

1. 物料衡算

物料衡算是以质量守恒定律为基础，用来分析和计算化工过程中物料的进、出量以及组成变化的定量关系，确定原料消耗定额、产品的产量和收率，还可以用来核定设备的生产能力，确定设备的工艺尺寸，发现生产中所存在的问题，从而找到解决方案，所以它是化工计算的基础。

（1）物料衡算基本方程式

进入系统的各股物料量 = 系统中各股物料的积累量 + 离开系统的各股物料量

式中可用物质的量为度量，如 kmol/s 或 kmol/h 等，也可以采用质量流量，但必须保持式中各个度量单位的一致性。此外，还可以用各组分的质量分数 w_i 和摩尔分数 χ_i 之和均等于 1 来进行物料衡算。

物料衡算时可以对一种物料进行计算，也可以对总物料进行衡算或按各物料中各组分量分别列出组分衡算式。

（2）物料衡算基本步骤

第一步，绘出流程的方框图，以便选定衡算系统。根据衡算对象，选定适当的衡算范围。衡算系统可以是一个单独的工序，也可以是一个产品工艺的各个工序的整体。

第二步，选定物料衡算的基准。衡算基准是为进行物料衡算所选择的起始物理量，包括物料名称、数量和单位，衡算结果得到的其他物料量均是相对于该基准而言的。衡算基准的选择以计算方便为原则，可以选取与衡算系统相关的任何一股物料或其中某个组分的一定量作为基准。基准选择恰当，可以使计算大为简化。

第三步，列出物料衡算式。可先将生产过程分解到工序并对各工序进行物料衡算，然后将各个工序分解到各个设备并进行物料衡算。对于简单的生产过程可直接对整套装置中的各个设备进行物料衡算。进行物料衡算后必须立即根据约束条件对计算结果进行校核，确保计算结果正确无误。

（3）物料衡算的应用

例题：两股物料 A 和 B 混合得到产品 C，每种物料含有两种组分 1 和 2。物料 A 的质量流量为 $M_A = 6\ 160$ kg/h，其中组分 1 的质量分数为 $w_{A1} = 80\%$，物料 B 中组分 1 的质量分数 $w_{B1} = 20\%$；要求混合后产品 C 中组分 1 的质量分数为 $w_{C1} = 40\%$。试求：①需要加入的物料

B 的质量流量 M_B（kg/h）；②产品 C 的质量流量 M_C（kg/h）。

解：按题意已知量和未知量，用闭合虚线框出需要计算的物料衡算系统。

取 1 h 为衡算基准列出衡算式。

总物料衡算：
$$M_A + M_B = M_C$$
$$6\ 160\ \text{kg/h} + M_B = M_C$$

组分 1 的衡算式：
$$Mw_{A1} + Mw_{B1} = Mw_{C1}$$
$$6\ 160\ \text{kg/h} \times 80\% + M_B \times 20\% = M_C \times 40\%$$

联立两方程，得到：$M_B = 12\ 320\ \text{kg/h}$，$M_C = 18\ 480\ \text{kg/h}$

2. 热量衡算

化工生产过程中往往伴随着能量的变化。在反应过程中，为维持一定温度下进行反应，常有能量的加入或放出。因此，能量衡算也是化工计算中的重要组成部分。利用能量传递和转化的规律，通过平衡计算能量的变化称为能量衡算。不仅能对生产工艺条件进行确定，而且能在生产中分析生产问题、评价技术经济效果。热量是能量的一种形式，在化工生产中涉及的能量衡算主要是热量衡算。能量衡算是在物料衡算的基础上进行的，首先要画出衡算的范围示意图，然后确定衡算的对象，选定衡算的基准，即单位要统一，最后建立衡算式。

物料带入的热量 + 外来的传入系统的热量 = 离开系统的物料的热量 +
排入外界的热量 + 系统内部物料的积累量

对于稳定连续操作，系统内积累量为零。

课后练习

一、判断题

1. 分离和提纯是化工生产过程的核心。（　　）

2. 选择性越低，说明主反应所占比例越高，副反应所占比例越低，原料的利用率就越高。（　　）

3. 生产强度主要用于比较那些相同反应过程或物理加工过程的设备或装置的优劣。（　　）

二、填空题

1. 衡量化学反应进行的程度及其效率，常用________、________和________等指标。

2. 在分析单元操作或工艺过程中，经常要用到____________、____________来反映物料的变化规律，探究技术上的____________以及经济上的______________，进行________________。

3. ________ 是指化工装置在单位时间内生产的产品量或处理的原料量。

三、名词解释

转化率、选择性、收率。

任务二　认识催化剂

学习目标

1. 认识催化剂的种类和了解催化剂的应用。
2. 掌握固体催化剂的组成，理解工业生产对固体催化剂的要求。
3. 熟悉催化剂的使用，认识固体催化剂的常用制备方法。

一、催化剂与催化作用

催化剂是一种能够改变化学反应速率而在反应过程中自身不被消耗掉的物质，它可使化学反应速度增大几个到十几个数量级。高效无害催化剂的设计、开发和应用是化学工业的发展重点，也是绿色化学研究的重要内容。催化剂在化工生产、能源、农业、生命科学、医药等领域均有重要的作用和贡献。每种新催化剂和新催化工艺的研制成功，都会引起生产工艺上的改革，大幅度降低生产成本，并提供一系列新产品和新材料。

催化剂是指能够加速或降低化学反应速率，而反应过程中其化学性质和物质的量均不发生变化的物质，催化剂的这种作用叫作催化作用。

当催化剂和反应物形成均一相时，反应称为均相催化反应；当催化剂和反应物处于不同相时，反应称为多相催化反应。

二、催化剂的特征

1. 催化剂的高效性

催化剂可以加快化学反应速率，缩短到达平衡所需要的时间，但不能改变化学平衡的移动。

2. 催化剂的专一性

催化剂具有加速某一特定反应的能力，即催化剂具有专一性。如乙烯环氧化生产环氧乙烷，银催化剂能够加快环氧乙烷的生成速率，到目前为止，只发现银具有加速这种化学反应的能力，其他金属或化合物不具备加速乙烯环氧化的能力。

3. 催化剂的寿命周期

虽然催化剂经过了一系列反应后又恢复了原来的状态，其质量、组成和化学性质均没有发生变化，按照催化剂的催化作用机理，原则上催化剂可以循环使用。但在实际使用过程中，由于各种物理或化学因素，使催化剂流失、中毒，从而降低了催化剂的活性或生产能力，所以催化剂不能无限期具备所希望的性能，其使用是有一定的周期的，即寿命周期。

三、固体催化剂的组成及工业要求

1. 固体催化剂的组成

固体催化剂是由主催化剂、助催化剂、抑制剂和载体组成。

主催化剂又叫活性组分，这是起催化作用的根本性物质。主催化剂对催化剂的活性起着主要作用，它们都是一些过渡金属及其化合物，易于进行表面吸附形成不稳定的中间化合物，降低了反应的活化能，使反应易于发生。

助催化剂本身没有催化功能，但它的加入可以明显地改善催化剂的性能，具有提高主催化剂的活性、选择性，改善催化剂的耐热性、抗毒性、机械强度和寿命等性能的组分。它们都是碱金属及碱土金属的氧化物或盐类。它们的加入可以提高催化剂的耐热性能、耐毒性能，明显地改善催化剂的性能。

抑制剂有时候为了抑制副反应的发生，宁愿以降低反应速率来提高反应的选择性，人为地加入一些能够使催化剂活性降低的物质，这种物质称为抑制剂。当然抑制剂的量要有严格的限制，一般抑制剂随反应物料一起带入，很少在制备催化剂时加入。

载体是催化剂中含量最多的组分。载体的最基本功能是作为催化剂的骨架，分散主催化剂，作为主催化剂的基底，起增大表面积、提高耐热性和机械强度的作用，有时还能担当主催化剂和助催化剂的角色，所以催化剂的载体也称为“担体”。

2. 固体催化剂的工业要求

通常把 1 g 催化剂所具有的表面积称为该催化剂的比表面积，单位为 m^2/g。催化剂的比表面积的大小直接影响催化剂的活性，进而影响催化反应的速率。工业上为了增加催化剂与反应物的接触表面，一般将催化剂加工成一定粒度的、多孔性物质，并通过载体使主催化剂高度分散。

活性是指催化剂改变化学反应速率的能力。它取决于催化剂本身的化学性质，同时也与催化剂的微孔结构有关。选择性较好的催化剂，活性越高，原料的利用率越高，所需的反应温度越低，生产能力就越大。但对于选择性不好的催化剂，活性越高，原料的浪费越大，生产成本越大，经济效益越差。

选择性是指反应消耗掉的原料中有多少转化为目的产物。选择性越高，说明得到目的产物的比率越高，原料消耗和产品生产成本越低，而且产物越易于分离，经济效益越好，所以催化剂选择性越高越好。

寿命是指催化剂使用周期的长短。催化剂的寿命越长越好，一方面可以降低生产成本，另一方面可以减少开停车次数，提高装置的生产能力。催化剂的寿命受化学稳定性、热稳定性、机械稳定性和耐毒性能的影响。

四、催化剂的使用

催化剂的活性、选择性和寿命是否达到生产要求，是否具备催化剂优良性能的要求，除了与催化剂本身的性能和制备方法有关外，还与使用过程是否合理、操作过程是否稳定有关。

1. 催化剂的运输、储存和装卸

催化剂在运输和储存中应防止其受污染和破坏，严禁摔、碰、滚、撞击，以免催化剂破碎。固体催化剂要装填均匀，装填好的催化剂床层气流分布均匀，床层阻力小，能有效地发挥催化剂的效能。部分催化剂在使用后停工卸出之前，需要进行钝化处理，尤其是金属催化剂，一定要经过低含氧量的气体钝化后才能暴露于空气，否则遇空气会剧烈氧化自燃，烧坏催化剂和设备。

2. 催化剂的活化

催化剂的活化是指对本来不具备活性的催化剂经过还原、氧化、硫化、酸化等不同的方法使之具有活性的过程。催化剂活化过程一般是在活化炉或反应器内直接进行，活化的关键因素是活化温度和活化速度，包括升温速度、活化时间和降温速度等。

3. 催化剂的失活

催化剂在使用过程中由于某些因素而导致其活性、选择性或机械强度下降的现象称为催化剂的失活。催化剂的失活过程大致可分为三个类型，即催化剂结焦失活、催化剂中毒失活、催化剂烧结失活。催化剂失活可分为暂时性失活和永久性失活。

4. 催化剂的再生

使已经失活或部分失活的催化剂恢复其活性的过程称为催化剂的再生。暂时性失活是可以再生的，永久性失活是不能再生的。工业上常用的再生方法有：对于积碳失活，用水蒸气或空气进行氧化或燃烧，使催化剂表面的炭或类焦反应，放出 CO、CO_2；对于中毒失活，可以通入 H_2 或不含毒物的还原性气体，或用酸、碱液处理，除去毒物。催化剂再生后，活性可以恢复，但再生次数是有限制的。

5. 催化剂的卸出

催化剂的卸出是指催化剂失活后经再生不能恢复到工艺所要求的活性和选择性，必须进行更换的过程。废旧催化剂虽然失活，但仍然有一定的活性，所以在卸出之前必须将其恢复到稳定状态，同时要在反应器内进行冷却，达到常温后再卸出。

五、固体催化剂的制备方法简介

目前催化剂的制备一般采用溶解、沉淀、浸渍、洗涤、过滤、干燥、混合、熔融、成型、煅烧、研磨、分离、还原、离子交换等单元操作中的一种或几种的组合。最常用的制备方法有沉淀法、浸渍法、混合法、离子交换法、热熔融法等。

1. 沉淀法

在配制的金属盐水溶液中加入沉淀剂，制成水合氧化物或难溶盐类的结晶或凝胶，从溶液中沉淀、分离，再经洗涤、干燥、焙烧等工序后制成催化剂。用于高含量的非贵金属、金属氧化物、金属盐催化剂或催化剂载体。

2. 浸渍法

将含有主催化剂（或连同助催化剂组分）的液态（或气态）物质浸渍在固态载体表面上。用于负载型催化剂的制备，尤其适用于低含量贵金属催化剂。

3. 混合法

将两种或两种以上的催化剂组分，以粉末细粒形式，先在球磨机或碾子上经机械混合后，再经干燥、焙烧和还原等操作制得的产品。用于制备高含量的多组分催化剂，尤其是混合氧化物催化剂。

4. 离子交换法

用离子交换剂作载体，以反离子的形式引入主催化剂，制备高分散、大表面的负载型金属或金属离子催化剂。用于低含量、高利用率的贵金属催化剂制备。

5. 热熔融法

凭借高温条件先将催化剂的各个组分熔合成为均匀分布的混合体、氧化物固体溶液或合金固体溶液，再经冷却等后处理制取特殊性能的催化剂。用于需要高温熔炼的催化剂。

课后练习

一、判断题

1. 催化剂是指能够加速或降低化学反应速率，而反应过程中其化学性质和物质的量均不发生变化的物质。（　　）

2. 催化剂具有加快（减慢）正、逆反应速率，改变化学平衡的作用。（　　）

3. 活性是指催化剂改变化学反应速率的能力，是衡量催化剂作用大小的重要指标之一。（　　）

4. 活化的关键因素是活化温度和活化速度，包括升温速度、活化时间和降温速度等。（　　）

5. 对于选择性不好的催化剂，活性越高，原料的浪费就越大，生产成本就越大，经济效益就越差。（　　）

二、填空题

1. 固体催化剂是由______、______、______和________组成。

2. 工业生产对催化剂的要求包括_________、_________、__________。

3. 催化剂失活可分为________和________两种。

4. 固体催化剂常用的制备方法有__________、__________、__________、__________、__________等。

任务三　化工工艺条件分析

学习目标

1. 了解化工工艺条件分析的内容项目。
2. 分析温度、浓度、压力、催化剂对化学反应速率、化学平衡的影响。
3. 根据化学反应，分析、选择适合的工艺条件。

一、热力学分析

热力学分析主要包括物性数据和反应热数据分析，如内能、焓、熵、热容、相变热、自由能、自由焓、反应热、生成热、燃烧热、反应速率常数、活化能、化学平衡常数等。

通过对反应过程的热力学分析，注重化学反应过程的始态和终态，可以知道影响反应过程的因素及其规律，判断化学反应进行的可能性，而且可以寻找有利于主反应进行或尽可能减少副反应发生最适宜的工艺条件。可达到增加原料转化率和产品收率，提高化工产品的质量和产量，降低生产成本的目的，为化工产品生产工业化的最佳化设计和最优化控制提供理论依据。

系统与环境间因温度差而发生的能量交换形式称为热（或热量），符号为 Q。系统吸热，$Q>0$；系统放热，$Q<0$。

对于一个化学反应体系，其热力学分析的依据是热力学第二定律。可以用反应的标准吉氏函数变化值 ΔG^{θ} 来判断反应进行的可能性。若 $\Delta G^{\theta}<0$，反应能自发进行；若 $\Delta G^{\theta}>0$，反应不能自发进行；若 $\Delta G^{\theta}=0$，反应处于平衡状态。

二、动力学分析

任何化学反应几乎都不能由反应物完全转化成产物，当反应进行到一定程度时，反应体系中的各组分处于相对稳定状态，不再随反应时间而改变，使反应进行达到限度，即平衡状态。加快反应速率，改进一个反应体系，使反应体系中某一组分的转化率提高，在实际生产中具有重要的意义。构成化学反应速率及平衡的外界条件有温度、压力、系统组成等。当外界条件发生变化时，速率发生改变同时旧平衡就被破坏，新的平衡重新建立。在化工生产中，人们总是想方设法加快反应速率同时了解平衡时各物质之间的组成关系，研究平衡移动，从而选择适宜的操作条件，使化学反应平衡尽可能向生成物方向移动，提高生产效率和经济效益。

1. 影响化学反应速率的因素

化学反应速率的大小主要取决于参加反应物质本身的特点和性质，但外界条件也能影响化学反应速率的大小，具体因素包括温度、压强、浓度、催化剂以及固体接触面积等。

（1）温度

温度是影响化学反应速率的重要因素，化学反应的速率和温度的关系比较复杂，温度升高往往会加快反应。对于一般反应而言，在反应物浓度相同的情况下，温度每升高 10 ℃反应的速率增加 2 ~4 倍。对于不可逆反应，产物生成速率总是随温度的升高而加快；对于可逆反应，正、逆反应速率都增大，因此反应的净速率变化比较复杂。

（2）压力

压力对有气相物质参加的反应影响较大，对液相和固相反应影响较小。压力对反应速率的影响，是通过压力改变反应物的浓度而形成的，在一定压力范围内加压，可以减小气体反应体积，加快反应速率。当有惰性气体的存在，降低反应物的分压，对反应速率不利，同时压力过高，能耗增大，对设备要求高，使经济效益下降。

（3）浓度

对于可逆反应，反应物浓度与其平衡浓度之差是反应的推动力，推动力越大则反应速率越快。因此反应物浓度越高，反应速度越快。在工业生产过程中，往往适当增加反应物浓度，从而加快反应速率。

（4）催化剂

催化剂是提高反应速率的一种最常用和最有效的办法。使用催化剂的目的就是加快主反应的速率，减少副反应的发生，从而使反应能定向进行缓和反应条件，降低对设备的要求，提高设备生产能力，降低产品的生产成本。

（5）固体接触面积

固体接触面积可以直接影响化学反应速率，增大固体接触面积，能增加反应速率。粉碎是工业上常用的增大固体接触面积的方法，从而加快反应速率。

2. 影响化学反应平衡的因素

（1）温度

升高温度，平衡向吸热反应方向移动；降低温度，平衡向放热反应方向移动。因此，升温有利于提高吸热反应的平衡收率，降温则有利于提高放热反应的平衡收率。

（2）压力

对于有气相物质参与的反应，压力升高，平衡向反应分子数减少的方向移动；压力降低，平衡向反应分子数增加的方向移动。因此，对气体物质的量增加的反应，降低压力，可以提高平衡收率；对气体物质的量减少的反应，升高压力，可以提高平衡收率；对气体分子数不变的反应，改变压力，对平衡收率没有影响。

（3）浓度

反应物浓度升高，反应平衡向生成物方向（正反应方向）移动；反应物浓度降低，反应平衡向反应物方向（逆反应方向）移动。在工业生产过程中，当有多种反应物参加时，

往往使廉价、易得的反应物过量，从而使价格高或难以得到的反应物更多地转化为产物，提高其利用率。同时，及时分离出产物，使平衡不断向合成方向进行，提高收率。

三、工艺条件的分析与选择

1. 温度

在实际工业生产过程中，对温度的选择既要满足加快化学反应速率，提高效率，同时要促进平衡向产物方向移动，提高收率，还必须考虑催化剂的使用活性、设备材质承受高温的能力、生产成本等因素。因此，采用温度范围需综合考虑，后经实验和实际生产验证后方能确定。

2. 压力

在实际工业生产过程中，对压力的选择也需要考虑压力对化学反应速率及化学平衡随压力变化的规律，以及催化剂的性能要求，除此外还需要考虑投资、成本、单耗、效益、安全等因素。因此，采用合适的压力需要综合考虑，根据自身设备和安全经实践验证后方能确定。

3. 物料比

物料比是指化学反应有两种以上原料时，原料的物质的量（或质量）之比。物料比按化学方程式的化学计量关系进行配比，在反应过程中基本保持不变，是比较理想的。

在实际工业生产过程中，为了提高某一反应物的转化率，可适当提高另一反应物的比例（浓度），从而加快反应速率，同时增加原料的转化率。除此外还要考虑自身转化率、生产的经济性以及安全性，综合考虑后，通过实践验证方能确定。

4. 停留时间

停留时间也称接触时间，是指原料在反应区或在催化剂层的停留时间。对于一个具体的化学反应，适宜的停留时间，应根据达到适量的转化率所需要的时间以及催化剂的性能来确定。

课后练习

简答题

1. 哪些因素会影响化学反应速率？
2. 哪些因素会影响化学平衡？
3. 如何进行工艺条件的分析与选择？

项目三

硫酸生产技术

硫酸工业是重要的基本化学工业之一，硫酸是多种工业生产的基本原料，是生产中常用的“三酸”之首，广泛应用于国民经济的很多重要部门。硫酸最主要的用途是生产化学肥料，也是湿法磷酸的主要原料之一，用于生产磷铵、过磷酸钙、硫铵等产品。本项目以硫酸生产过程工艺为主线，通过学习硫酸的理化性质、原料选择、反应原理、工艺条件、生产操作控制，全面掌握硫酸的生产技术。

任务一　认识硫酸

学习目标

1. 认识硫酸的性质及用途。
2. 了解硫酸的生产原料和硫酸生产方法。

一、硫酸的理化性质和用途

1. 硫酸的理化性质

无水硫酸外观为无色透明油状液体，10.36 ℃时结晶。分子式为 H_2SO_4，相对分子质量为98.078，20 ℃时相对密度为1.84，常压下沸点为279.6 ℃。

硫酸是一种重要的含氧无机强酸，是由 SO_3 和 H_2O 按一定的比例组成的混合物，根据 SO_3 含量的不同，一般分为稀硫酸、浓硫酸、发烟硫酸，它们的理化性质是不同的。

浓硫酸具有很强的吸水性和氧化性，也有很强腐蚀性，在空气中挥发出SO_3而有刺激性气味，易溶于水和乙醇，与水混合时会放出大量热。浓硫酸溶于水能配制成不同浓度的稀硫酸，但要注意，用浓硫酸稀释配制稀硫酸时，要将浓硫酸沿器壁慢慢加入水中，而不能将水加入浓硫酸中。

稀硫酸是一种活泼的二元无机强酸，不同浓度的稀硫酸具有不同的酸性，一般 pH 值在 1 ~5 之间。稀硫酸能和许多金属发生反应，具有强烈的腐蚀性和氧化性，故需谨慎使用。高浓度的硫酸有强烈吸水性，可用作脱水剂，碳化木材、纸张、棉麻织物及生物皮肉等含碳水化合物的物质。

浓硫酸具有强氧化性、强腐蚀性、强酸性、较大的刺激性，稀释过程中强放热性。

如果有浓硫酸与皮肤接触，为了避免浓硫酸与水接触后放出大量的热，进一步伤害皮肤，第一时间应用大量清水冲洗 10 ~ 15 min，大量的水能够迅速冷却受损组织并带走热量。由于浓硫酸接触皮肤后会迅速将皮肤炭化，用干布擦拭可能会将已受损的皮肤擦破甚至擦掉。若硫酸意外地溅到衣物上，应立即将其脱下，并彻底地冲洗有关部位的皮肤。

浓硫酸对皮肤、黏膜、上呼吸道、眼睛等产生强烈的刺激和腐蚀作用，人接触浓硫酸挥发出的蒸汽可引起结膜水肿、结膜炎、角膜混浊，溅入眼内可造成眼睛灼伤，甚至角膜穿孔、失明。硫酸也会引起呼吸道刺激，严重者发生呼吸困难和肺水肿，吸入浓度较高时引起痉挛或声门水肿甚至窒息死亡，皮肤接触可引起严重灼伤。

硫酸应储存于阴凉、通风的库房。库温不宜超过 35 ℃，相对湿度不超过 85%，保持容器密封，远离火种、热源，工作场所严禁吸烟，远离易燃、可燃物，防止蒸汽泄漏到工作场所空气中。浓硫酸具有强氧化性，避免与还原剂、碱类、碱金属接触。搬运时要轻装轻卸，防止包装及容器损坏。库房应配备相应品种和数量的消防器材及泄漏应急处理设备。

2. 硫酸的主要用途

硫酸是工业“三酸”之首，是一种重要的化工基本原料，其产量在“三酸”中最大，用途最广，可用作多种其他工业生产的原料，广泛用于国民经济的很多重要部门。

硫酸可用于生产化肥，特别是生产磷肥、氮肥和其他多元复合肥等，而且在冶金、医药、基本有机化工、国防、农药、炸药、染料、塑料、制药、石油等行业中均有广泛的应用。

3. 工业硫酸产品规格

常用的硫酸有质量分数为 75%、92%、98% 的硫酸和游离三氧化硫质量分数为 20% 的发烟硫酸，另外还有少部分质量分数为 65% 的发烟硫酸。各种工业硫酸的组成见表 3 – 1。

表 3-1　各种工业硫酸的组成

名称	H_2SO_4的质量分数/%	物质的量的化 nSO_3/nH_2O	游离 SO_3的质量分数/%	结晶温度/ ℃
75% 硫酸	75	0. 355	—	—
92% 硫酸	92	0. 628	—	-25. 6
98% 硫酸	98	0. 90	—	0. 1
无水硫酸	100	1. 00	—	10. 5
20% 发烟硫酸	104. 5	1. 28	20	-11. 0
65% 发烟硫酸	114. 6	3. 29	65	-0. 4

75% 硫酸原是塔式法生产的主要产品，主要用于磷肥生产，现为一些接触法硫酸厂的副产品。接触法硫酸厂主要生产 92% 、98% 的硫酸，其中 98% 的硫酸密度最大，20 ℃时为 1 836 kg/m^3；无水硫酸的密度反而稍降。对发烟硫酸来说，含游离三氧化硫 62% 时密度最大，20 ℃为 2 003 kg/m^3。

二、生产硫酸的原料

硫酸的原料来源比较丰富，含硫矿石（主要是硫铁矿）、硫黄、硫酸盐、含硫的工业废气以及冶炼烟气等都可以作为硫酸生产的原料，其中以硫铁矿和硫黄为主要制酸原料。

1. 硫铁矿

硫铁矿是硫在地壳中存在的主要形态之一，是硫化铁矿石的总称。硫铁矿分为普通硫铁矿和磁硫铁矿两类。普通硫铁矿的主要成分是 FeS_2。自然界中存在两种不同晶系的普通硫铁矿，一种为纯净的正方晶系，外观呈金黄色，称黄铁矿；另一种为斜方晶系，外观呈银白色，称为白铁矿。磁硫铁矿是比较复杂的含铁硫化物，一般可用 FeS_n 表示（$5 \leqslant n \leqslant 16$），最常见的是 FeS_8，也称磁黄铁矿。工业生产硫酸过程常用普通硫铁矿。

自然开采的硫铁矿都是不纯的，矿石中除含有 FeS_2 外，通常还含有铜、锌、铅、砷、镍、钴、硒、碲等元素的硫化物，氟、钙、镁的碳酸盐和硫酸盐以及少量银、金等杂质，呈现灰色、褐绿色、浅黄铜色等不同颜色。硫铁矿中的杂质有很高的利用价值，生产过程中应注意节能减排，将其回收利用。

同种矿石，含硫量愈高，焙烧时放热量愈大；在含硫量相同时，磁铁矿比普通硫铁矿放热量大 30% 左右。最常见的普通硫铁矿是黄铁矿，质量分数一般为 30% ~50% ，含硫量在 25% 以下，称为贫矿；含硫量在 25% 以上，则称为富矿。

硫酸生产过程中采用的硫铁矿根据来源不同，可分为块状硫铁矿、浮选硫铁矿和含煤硫铁矿三种。

块状硫铁矿是为硫酸生产专门开采的，或在开采硫化铜时取得的，其主要成分为 FeS_2，另外还含有铜、铅、锰、砷、硒等杂质，块状硫铁矿入焙烧炉前，应先进行破碎、筛分等原料预处理，此过程属于物理过程。

因为硫铁矿含有杂质，所以工业生产中通常先将开采的自然硫铁矿进行多级浮选，将其所含杂质净化回收利用，提高矿石中的含硫量，减少制酸过程中气体净化过程，并有效提高产品的质量。与铅、锌、铜等有色金属硫化物共生的硫铁矿经浮选富集了有色金属硫化物后，称为精矿或精砂，余下的以硫铁矿为主的部分，称为尾砂。由于矿石经过研磨和浮选，尾砂粒度很小，含水量较多不易燃烧。尾砂再经浮选，把废石分出来，所得含硫量较高的硫铁矿称为硫精砂或称浮选硫铁矿。硫铁矿浮选工艺流程简图如图 3－1 所示。

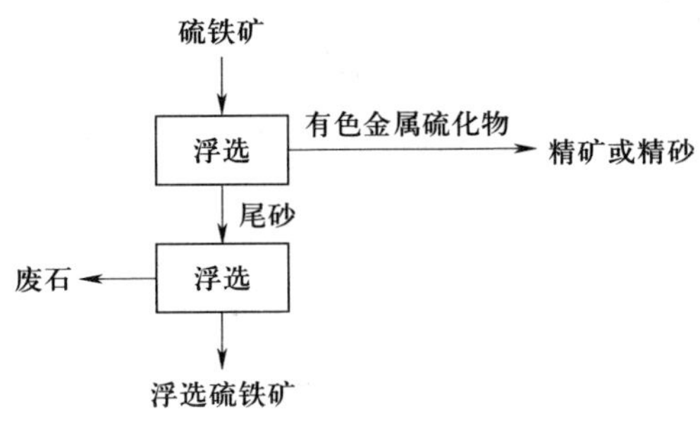

图 3－1　硫铁矿浮选工艺流程简图

含煤硫铁矿也称黑矿，与煤共生，在采煤时同时采出，这种硫铁矿中含少量煤，品位较低，一般不单独使用，常和其他原料配合使用。

2. 硫黄

硫黄是单质的硫，是制造硫酸使用最早、品质最好的原料，硫黄的来源有天然硫黄、从石油和天然气副产回收的硫黄以及用硫铁矿生产的硫黄。

天然硫黄一般采用高压热水熔融地下硫黄矿开采。回收硫黄是从石油和天然气中的硫化氢转化回收的。由于石油和天然气开采量急剧增长，对环境污染的控制和生产工艺的进步，以及高效加氢脱硫法的发展，从石油和天然气回收硫黄的量逐年增加。

天然硫黄和回收硫黄的纯度很高，可达 99.8%（质量分数）以上，有害杂质的含量很少。作为生产硫酸的原料，不需要复杂的炉气净化设备和工序，还可以省掉排渣设备，工艺流程短，生产费用低，生产中热能可合理利用，对环境污染少。

三、硫酸生产方法简介

生产硫酸最古老的方法是用绿矾（七水硫酸亚铁，分子式为 $FeSO_4 \cdot 7H_2O$）为原料，放在蒸馏釜中煅烧而制得。在煅烧过程中绿矾发生分解，生成二氧化硫和三氧化硫，其中三氧化硫与水蒸气同时冷凝，便可得到硫酸。在 18 世纪 40 年代以前，这种方法比较普遍，因此古代硫酸被称为绿矾油。

在生产过程中，随着经验的不断积累，人们发现，二氧化硫氧化成三氧化硫是生产硫酸的关键，但这一反应在通常情况下很难进行，后来研究发现，借助于催化剂的作用可以首先使二氧化硫氧化生成三氧化硫，然后用水进行吸收制成硫酸，其酸的产量和品质都会大幅提高，因此氧化法生产硫酸很快得到普及。根据所使用的催化剂不同，工业上硫酸生产方法可分为硝化法和接触法。

1. 硝化法

硝化法包括铅室法和塔式法，是借助于氮的氧化物把二氧化硫氧化成三氧化物再制成硫酸，一般用铂系催化剂，硝化法生产的硫酸产品中通常含有较高的氮氧化物。

铅室法在1746年开始采用，该反应在气相中进行，由于这个方法所需设备庞大且用铅很多，成本较高，设备检修麻烦且腐蚀严重，反应缓慢，且成品酸为稀硫酸，成品中通常含有一定的氮氧化物，产品品质不高，后来逐渐被淘汰了。

塔式法是在铅室法基础上发展起来的，开始于20世纪初期。1911年，在奥地利建成了世界上第一个塔式法制硫酸的工厂，其制造过程同样是氮的氧化物起的传递作用，先将二氧化硫氧化成三氧化硫，再用水吸收三氧化硫制成硫酸。与铅室法不同的是，该过程在液相中进行生产，成本及产品质量大大优于铅室法，由它制成的硫酸浓度可达76%左右。目前，我国仍有少数工厂采用塔式法生产硫酸。

2. 接触法

接触法生产硫酸是目前工业上最常用的方法，它创始于1831年，在20世纪初才广泛用于工业生产。

20世纪20年代后，由于钒催化剂的制造技术和催化效能不断提高，已逐步取代价格昂贵和易中毒的铂催化剂，世界上多数的硫酸厂都采用接触法生产。接触法中，首先二氧化硫在固体催化剂表面跟氧反应生成三氧化硫，然后用98.3%的硫酸吸收三氧化硫气体制备成品硫酸，此法成品硫酸浓度高，质量纯且不含氮化物，但炉气的净化和精制比较复杂。

3. 接触法硫酸生产工艺

生产硫酸的原料是能够产生二氧化硫的含硫物质，一般有硫黄、硫铁矿、冶炼烟气、硫酸盐等。在不同的国家，由于所含硫黄资源的不同，生产硫酸原料路线有很大的差异，且所使用原料的比例随硫黄资源供给情况而有所调整，相对而言，硫黄资源较丰富，制酸过程简单，经济效益好，从世界范围来看，硫黄制酸产量最大。但在我国，硫铁矿仍然为主导制酸的原料。

（1）硫黄制酸生产工艺流程。根据硫黄原料的品质来确定制酸工艺流程。若硫黄中含有砷、硒等杂质并危及催化剂活性时，则必须设置净化设备，如铁管过滤器、石墨管过滤器、硅藻土沉淀层过滤器、金属网过滤器、焦炭过滤器、气体过滤器（过滤介质为废催化剂、火砖屑）等。一般来说，纯净的硫黄仅需要四个工序即可完成制酸全过程，即熔硫、焚硫、催化氧化与吸收。其生产流程简图如图3-2所示。

（2）硫铁矿制酸生产工艺流程。硫铁矿制酸的工艺主要包括硫铁矿预处理、硫铁矿焙烧、炉气净化、二氧化硫转化以及三氧化硫吸收等工序。

硫铁矿预处理：将块状硫铁矿粉碎加工成粉矿，硫精砂原料进行干燥。若矿的品种较多，品位不同时，入炉前还要按杂质含量要求进行掺配。

二氧化硫的炉气制取采用沸腾焙烧，应用余热锅炉回收高温热能，设置旋风除尘器、电除尘器，经除尘后炉气进入湿法净化工序，通过洗涤设备除去炉气中大部分杂质，电除雾去除酸雾。炉气中的水分在干燥塔内脱水干燥后由主风机抽送至转化工序，将二氧化硫转化为三氧化硫进入吸收系统，经吸收塔吸收三氧化硫气体得到98%硫酸或发烟硫酸，出塔气体

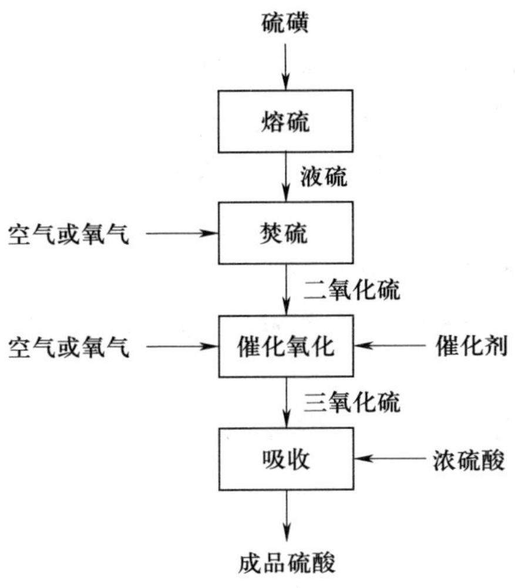

图 3－2　硫黄制酸工艺流程简图

进入尾气处理工序处理后放空。

以硫铁矿为原料的接触法生产硫酸的工艺流程简图如图 3－3 所示。

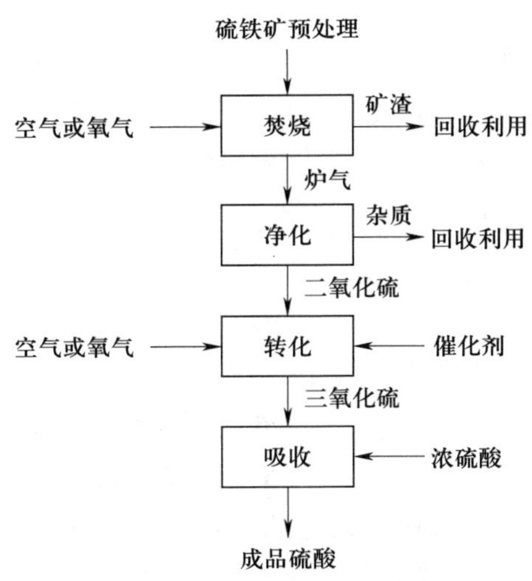

图 3－3　硫铁矿制酸工艺流程简图

课后练习

一、填空题

1. 硫酸的分子式：____________，相对分子质量：__________。

2. 生产硫酸的原料主要有______________，______________。

3. __________生产硫酸是目前工业上最常用的方法。

4. 硫酸储存于______的库房。库温不超过______℃，相对湿度不超过________%。

5. 硫酸是由____和____按一定的比例组成的混合物，根据SO_3含量的不同，一般分为______、______、______等。

6. 根据来源不同，硫铁矿又可分为________、________和______三种。

7. 接触法生产硫酸中，二氧化硫在固体催化剂表面跟氧反应结合成三氧化硫，然后用____的硫酸吸收为成品酸。

8. 硫酸易溶于________和______，浓硫酸溶于水能配制成不同浓度的稀硫酸。

二、选择题

1. 硫铁矿含硫量在（　　）以下，称为贫矿。

A. 30%　　B. 25%　　C. 10%　　D. 35%

2. 塔式法生产硫酸浓度一般为（　　）。

A. 76%　　B. 92%　　C. 98%　　D. 95%

3. 硫酸储存中应保持容器（　　）。

A. 开口　　B. 敞开　　C. 密封　　D. 都可以

4. 天然硫黄和回收硫黄的纯度很高，可达（　　）以上，有害杂质的含量很少。

A. 90%　　B. 92%　　C. 98%　　D. 99.8%

5. 铅室法生产硫酸所用的催化剂是（　　）。

A. 铜催化剂　　B. 铅催化剂

C. 钒催化剂　　D. 铂催化剂

6. 接触法生产硫酸使用的催化剂是（　　）。

A. 铜催化剂　　B. 铅催化剂

C. 钒催化剂　　D. 铂催化剂

7. 与铅、锌、铜等有色金属硫化物共生的硫铁矿经浮选富集了有色金属硫化物后，称为（　　），余下的以硫铁矿为主的部分，称为（　　）。

A. 富矿　　B. 精矿或精砂

C. 尾砂　　D. 贫矿

三、判断题

1. 塔式法生产硫酸是目前工业上最常用的方法。（　　）

2. 硫铁矿是硫目前在地壳中存在的主要形态之一。（　　）

3. 无水硫酸外观为无色透明油状液体。（　　）

4. 同种硫铁矿石，含硫量愈低，焙烧时放热量愈大。（　　）

5. 块状硫铁矿入焙烧炉前，应先进行破碎、筛分等预处理。（　　）

6. 接触法生产硫酸时，产品酸浓度低，质量纯且含氮化物。（　）

7. 稀硫酸有强烈吸水性，可用作脱水剂，碳化木材、纸张、棉麻织物及生物皮肉等含碳水化合物的物质。（　）

8. 浓硫酸对皮肤、黏膜、上呼吸道、眼睛等产生强烈的刺激和腐蚀作用。（　）

9. 用硫铁矿生产硫酸时，炉气可以不用净化和精制。（　）

四、简答题

1. 硫酸的危险性包括哪些？
2. 简述接触法生产硫酸的基本工艺过程。
3. 硫酸的规格有哪几种？
4. 简述浓硫酸稀释配制稀硫酸的过程。

任务二　焚硫与催化氧化

学习目标

1. 掌握焚硫与催化氧化反应原理。
2. 会分析选择催化氧化的工艺条件。
3. 熟悉焚硫与催化氧化生产工艺流程。

接触法是现代企业生产硫酸的主要方式，硫酸生产原料主要有硫黄和硫铁矿两种，其中硫黄制酸工艺是绿色生产硫酸的重要技术，和硫铁矿制酸工艺相比较，硫黄制酸工艺能极大地减少矿渣、污水、粉尘等污染物的产生，还能减少能源的消耗，提高土地资源的利用率。硫黄制酸工艺不仅满足节能减排的需求，还能实现经济的持续发展，因此在进行硫酸生产过程中，要加大硫黄制酸工艺的利用，从而促进我国硫酸加工企业的可持续发展。硫铁矿制酸的工艺主要包括炉气制备、炉气净化、二氧化硫转化、三氧化硫吸收等基本步骤。由于硫铁矿含有大量的其他成分，硫铁矿制备的炉气中也含有大量的杂质，有些杂质会影响产品的质量，有些杂质会使催化剂中毒，所以硫铁矿制酸过程炉气净化比较复杂，也是很重要的一个生产步骤。本任务重点介绍硫黄制酸生产过程与工艺。

硫黄制酸工艺比硫铁矿制酸工艺要简单很多，而且成品的质量也很好，所以生产中以硫黄制酸常见一些。其生产过程主要分为四个阶段，即液硫制备与净化、硫黄焚烧、二氧化硫转化、炉气干燥与三氧化硫吸收，整个生产过程中会放出热量，其中焚烧产生的热量为56%，转化产生的热量为19%，吸收阶段产生的热量为25%，这三部分热量都要进行合理的回收利用。

一、液硫制备及工艺

1. 硫黄特性

天然硫黄，分子式为 S_8，在常温下为固体颗粒或粉末，有硫的特殊气味，熔点为 118.9 ℃，凝固点为 114.5 ℃，燃点为 246 ~ 266 ℃，沸点为 444.6 ℃。几乎不溶于水，微溶于乙醇、丙醇、汽油、甲醛等有机溶剂中，易溶于二硫化碳。硫化氢在液体硫黄中有较好的溶解性，因而在实际生产中注意对液硫中硫化氢危害的防范。

硫黄性质比较活泼，在空气中有升华现象，在常温下就能与氧反应生成少量的二氧化硫，在燃烧条件下，易与氧气或空气中的氧发生氧化还原反应并放出大量的热，反应过程中先氧化生成二氧化硫，二氧化硫再进一步氧化生成三氧化硫。在高温下硫同氢、碳、氯反应生成硫化氢、二硫化碳、二氯化硫等，硫同金属（除金和铂以外）反应可直接化合生成金属硫化物，240 ℃以上可与浓硫酸反应生成二氧化硫。

液体硫黄有独特的黏度特性，即当温度为 120 ~ 158 ℃时，黏度最小，其流动性最好，所以液硫的输送温度应控制在 130 ~ 150 ℃。

2. 液硫制备

为了保证硫在空气或氧气中燃烧反应充分，提高原料的利用率，焚烧硫黄时要先将硫黄熔化成液硫，由喷雾装置喷成小液滴后与空气或氧气燃烧反应，生成二氧化硫。

硫黄熔化多采用湿式熔化法。固体硫黄由胶带输送机送入快速熔硫槽内熔化，采用带搅拌器和蒸汽加热盘管加热的快速熔硫槽，将固体硫黄熔融液化。硫黄初熔时其黏度随温度升高而下降，温度超过 159 ℃时，黏度随温度升高而升高，190 ℃时黏度达到最大值，温度超过 190 ℃时，其黏度又恢复到初熔的特性。根据这一特性，生产中液硫制备的最佳操作温度为 135 ~ 145 ℃，并在输送过程中要做好管道、设备的保温工作，液硫的输送温度应控制在 130 ~ 150 ℃。

根据硫黄的性质，熔化过程大体分为以下五个阶段进行。第一阶段：加热将硫黄从室温升温至 95.4 ℃，晶形不变，仍为正交晶形。第二阶段：继续加热但硫黄温度不再升高，吸热后从正交晶形开始转变为单斜晶形。第三阶段：继续加热，把硫黄温度从 95.4 ℃提高到 118.9 ℃，晶形为单斜晶形。第四阶段：处于 118.9 ℃的单斜晶形硫开始熔化，硫黄从固体变为液硫，硫黄温度不变。第五阶段：为保持稳定的液化状态，为液硫精制、输送与储存创造条件，对已熔化的硫黄继续加热，通常将液硫温度控制在 135 ~ 150 ℃。

二、硫的焚烧

1. 硫黄焚烧原理

硫在空气或氧中焚烧发生的主要化学反应是：

$$S + O_2 \longrightarrow SO_2 \text{（主）}$$

$$SO_2 + \frac{1}{2}O_2 \longrightarrow SO_3 \text{（少量）}$$

2. 液硫焚烧生产过程

液硫焚烧是熔化后的液硫经管道和设备输送到焚硫炉，经喷嘴喷成小液滴后，在焚硫炉里燃烧发生氧化反应的过程。焚硫炉内硫黄的燃烧过程是液硫喷枪出口的雾化蒸发，与空气混合，在高温下达到硫黄的燃点时，气流中氧气与硫蒸气燃烧反应，生成二氧化硫后进行扩散，伴随反应放出的热量，由热气流和热辐射给雾状液硫传热，因而使液硫继续蒸发燃烧。液硫在四周气膜中的燃烧反应速度与其蒸发速度、空气或氧气流速、反应温度等有关，一般来说，反应速度随空气流速的增加而增加，随液硫蒸发速度的加快而加快。因而提高雾化质量、增大液硫蒸发表面、增加空气的湍动、提高空气的温度有利于液硫的蒸发，可以强化液硫的焚烧。

生产中的氧气主要来源于经干燥的空气，空气干燥的目的是使用93%硫酸干燥空气和硫化氢装置里的潮湿炉气，以保证转化工序炉气的水分合格，水分本身对催化剂无直接毒害作用，所以有湿法转化冷凝成酸的流程，但是在一般制酸过程中炉气都经干燥除水后进入转换系统，并严格控制炉气中的水分含量指标，主要有以下两个原因。

（1）水分会稀释进入转化系统的酸沫和酸雾，稀释沉积在设备和管道表面的硫酸对设备和管道会造成腐蚀。

（2）水分含量增高，会使硫酸蒸气的露点温度升高，如果操作不当，在低于冷凝温度时，硫酸蒸气在催化剂表面上冷凝，会使催化剂遭到破坏，如产生粉化现象等。

3. 硫黄焚烧影响因素

在有适量空气的前提下，影响硫黄焙烧完全的主要因素是焙烧温度，其次是焙烧时间和粒度等。

随着焙烧温度上升，二氧化硫的体积分数随之增加，当焙烧温度为1 500 ℃时，二氧化硫的体积分数达到18%。另外，焙烧温度越高，矿渣中残留的硫的质量分数越低，硫的利用率越高；焙烧时间越长，残留的硫的质量分数越低，但当质量分数达到一定值时，将不再随时间改变。

矿渣粒度与残留的关系是：粒度越大时，对应矿渣残留的质量分数越高，如砂渣粒度为5 mm时，质量分数为2%；粒度为16.5 mm时，质量分数为4%。

三、二氧化硫催化氧化

硫黄制酸过程中，焚硫炉出来的炉气杂质含量极少，其主要成分为二氧化硫、氧气和惰性气体氮气，一般不需要进行净化处理，但需要将二氧化硫进一步氧化为三氧化硫，最后用硫酸溶液来吸收，才能制得硫酸成品。

1. 催化氧化原理

二氧化硫和氧在钒催化剂作用下发生氧化反应，生成三氧化硫，即为二氧化硫转化，这是硫酸生产过程中的重要工序。其催化氧化反应式为：

$$SO_2 + \frac{1}{2}O_2 \xrightleftharpoons{V_2O_5} SO_3 + Q$$

这是一个可逆、体积缩小的气固相反应，反应放出大量的热，即放热反应，同时反应需要催化剂参与才能实现工业化生产。

根据可逆反应的理论，正、逆反应同时进行，反应最终达到一个极限，即化学平衡状态，此时正、逆反应还在进行，但二氧化硫转化为三氧化硫的速率和三氧化硫分解生成二氧化硫的速率相等，组成中各种组分的含量已不再随时间而改变，二氧化硫的转化率达到最大值，称为平衡转化率。平衡转化率越高，则实际可能达到的转化率也越高。

任何化学反应过程都需要从化学平衡与反应速率两方面来综合考虑。一般来说，温度升高，分子热运动增强，有效碰撞增多，反应速度加快，但正、逆反应的速率都提高。平衡常数 K_P 随温度的升高而减小，平衡常数越大，二氧化硫的平衡转化率越高，因此，为保持较高的平衡常数又需要采用较低的反应温度。由于二氧化硫的氧化反应是体积缩小的反应，因此增大系统的压力可以提高平衡转化率。

根据可逆反应的化学平衡移动原理，反应温度和反应压力都会对平衡产生影响，会影响平衡时二氧化硫的转化率。温度的降低和压力的增大都有利于氧化反应向平衡的方向移动。二氧化硫转化过程中，当压强和炉气的原始组分一定时，平衡转化率随温度的升高而降低，温度越高，平衡转化率下降的幅度越大，因此，为了保证更多的二氧化硫转化为三氧化硫，在工业生产中，通过蒸汽过热器或废热锅炉回收转化过程产生的大量热量。

当压强增大时，平衡转化率向生成三氧化硫的方向进行。但是，由于常压下转化率已经很高（97.5%），所以工业上的转化工序通常采用常压转化。

2. 催化氧化工艺条件的确定

在没有催化剂存在时，二氧化硫转化反应速率极为缓慢，因此必须采用催化剂来加快反应速率，金属和一些金属氧化物均能用作二氧化硫氧化反应的催化剂，其中钒催化剂在工业上的应用最为广泛。

根据平衡转化率和反应速率综合分析，二氧化硫催化氧化的工艺条件主要涉及反应温度、起始浓度、最终转化率和接触时间等几个方面，这些工艺条件怎样才是最适宜，应根据技术经济原则进行判断，这些原则是尽量提高转化率和原料利用率，提高劳动生产率和生产操作强度，降低生产费用和设备投资等。

（1）催化剂的确定与使用

目前，硫酸工业中二氧化硫催化氧化反应，所用的催化剂仍然是钒催化剂，它是以五氧化二钒为主催化剂，氧化钾为助催化剂，硅藻土和硅胶为载体制成。有时还配少量的三氧化二铝、氧化钡、三氧化二铁等助催化剂，以增强催化剂某一方面的性能。

钒催化剂一般要求具有活性温度低、活性温度范围大、活性高、耐高温、抗毒性强、寿命长、比表面积大、流体阻力小、机械强度大等性能。

国产的钒催化剂型号有 S101、S102、S105、S107 和 S108 等。S101 型催化剂是我国大量使用的中温催化剂，操作温度为 425 ~ 600 ℃，转化器各催化剂层均可使用；S102 型催化剂也是中温催化剂，催化活性、操作温度与 S101 型相同，一般制成环形，主要特点是有较大的内表面利用率和较小的气流阻力，缺点是机械强度较差，易粉碎；S105、S107 和 S108 型都是低温催化剂，起燃温度在 380 ~ 390 ℃。低温催化剂一般用在转化器的一段上部和最后一段，以提高总转化率、减小换热面积，并可以提高进转化器的炉气中二氧化硫的体积分数，从而提高设备的生产能力。

硫铁矿为原料时，转化气中的杂质对催化剂会有毒害作用，其中对钒催化剂有害的物质有砷氧化物、硒氧化物、氟化物、水分和矿尘等。

砷氧化物对钒催化剂的危害表现在两个方面：一是钒催化剂对 As_2O_3 很敏感，吸附 As_2O_3 造成催化剂孔隙堵塞，活性下降；二是在较高温度下，特别是 500 ℃以上能和 As_2O_3 生成一种 $V_2O_5 \cdot As_2O_3$ 的挥发性物质，把 V_2O_5 带走，使催化剂活性降低，温度越高，As_2O_3 浓度越高，挥发的 V_2O_5 越多，催化剂活性下降得越快。

硒在温度低于 400 ℃时，对钒催化剂有毒害，在 400 ~ 500 ℃加热后能恢复活性。

氟在炉气中以氟化氢的形式存在，它能和硅的氧化物作用生成 SiF_4，从而破坏催化剂载体，使催化剂粉碎。还能反应生成 VF_5，其沸点为 111.2 ℃，使 V_2O_5 挥发，催化剂活性降低。

水蒸气在高于 400 ℃的温度时，对催化剂无毒害作用，低于此温度时，水蒸气与 SO_3 形成酸雾，在一定条件下会损坏催化剂，使机械强度和活性降低。

矿尘一般会覆盖在催化剂的表面，阻止了催化剂中主催化剂实际参与反应的量，使其活性降低并增加催化床层的阻力。

钒催化剂有大量孔隙和较大的比表面积，孔隙率为 50% ~ 60%，有相当数量的孔隙直径为 0.1 ~ 1 μm，内表面积为 2 ~ 10 g/m^2，二氧化硫和氧分子扩散到微孔内部，在内表面上进行反应。催化剂的微孔孔径越小，内表面积越大，气体分子在催化剂表面上反应的机会就越多，反应就越快。所以，一般催化剂比表面积越大，活性越高。但微孔越小，阻力越大，进入微孔深处的分子越少，内表面不能充分利用，因此，尽管内表面积大，利用率却可能降低。反之，微孔直径大，反应分子扩散进去容易，内表面积利用率高，但内表面的总面积却较小。不同温度和二氧化硫转化率下，圆柱形钒催化剂的内表面利用率如图 3 - 4 所示。

为提高催化剂内表面利用率，把催化剂做成空心的环形，使微孔缩短，气体分子可以从环形的两面进入微孔而向里扩散，提高催化剂内表面利用率，这是生产环形催化剂或菊花形催化剂的主要原因。

（2）二氧化硫催化氧化的工艺条件

1）最适宜温度、压力。温度对二氧化硫氧化反应的平衡转化率 Xe 和催化氧化反应速率

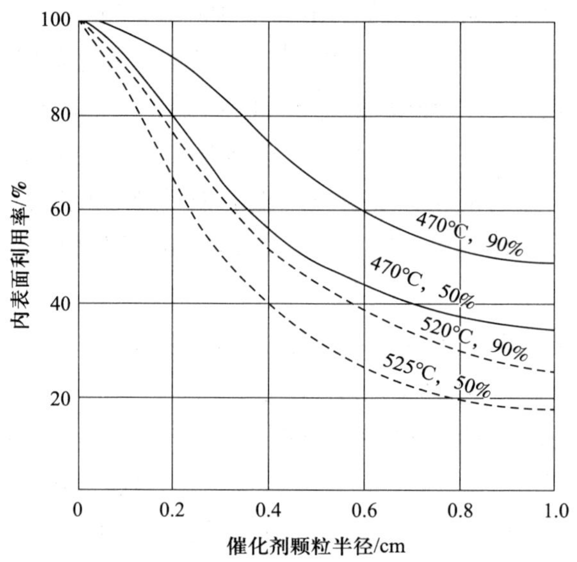

图 3-4　圆柱形钒催化剂的内表面利用率

r 均有很大影响。从平衡角度来看，温度越低，平衡转化率越高；从动力学角度来看，温度越高，反应速度越快，但起始温度一般都控制在催化剂的起燃温度之上，耐热温度之下。

在各种转化率下，都有一个反应速度的最大值，与此值相应的温度称为最适宜温度。随着转化率的升高。最适宜温度逐渐降低。

由热力学原理可知，增加压力，平衡温度提高；提高转化率，平衡温度下降；原始气体组成中，降低二氧化硫体积分数，提高氧气体积分数，将使平衡温度增大，最佳温度将相应地变化。

2）二氧化硫的起始浓度。进入转换器的最适宜二氧化硫体积分数是根据硫酸生产总费用最小的原则来确定的，若增加炉气中二氧化硫的体积分数，就相应地降低了其中氧气的体积分数，为了达到一定的转化率，要增加催化剂的用量。因此，从减小催化剂用量的角度来看，采用二氧化硫体积分数低的炉气进入转换器是有利的趋势，降低炉气中二氧化硫体积分数会使生产所需要处理的炉气量增大，在其他条件一定时就要求增大干燥塔、吸收塔、转换器和输送设备，二氧化硫的鼓风机等设备的尺寸或者是系统中各个设备的生产能力降低，从而使设备折旧费用增加。因此，必须经过经济核算来确定在硫酸生产总费用最低时的二氧化硫体积分数。

随着二氧化硫体积分数的增加，设备生产能力增加，相应设备折旧费减少，随着二氧化硫体积分数的增加，就相应降低了炉气中氧的含量，这种情况下，反应速率也相应降低，为达到一定最终转化率，所需催化剂量增加。因此从减少催化剂用量来看，采用低二氧化硫浓度是有利的。如果炉气中的二氧化硫体积分数超过最佳体积分数，可在干燥塔前补充空气来维持最佳体积分数。

应该指出的是，二氧化硫的最适宜体积分数随不同的原料数值不同。以硫黄为原料，二氧化硫最佳体积分数为8.5%左右；以硫铁矿为原料，二氧化硫最佳体积分数小于7%；以硫铁矿为原料的两转两吸流程，二氧化硫最佳体积分数提高到9.0%～10%，最终转化率能达到99.5%。

3）最终转化率。最终转化率是接触法生产硫酸的重要指标之一，提高最终转化率可使放空尾气中二氧化硫含量减少，提高原料中硫的利用率，减少环境污染。提高最终转化率需要增加催化剂的用量，并增大流体阻力。因此，在实际生产中主要考虑硫酸生产总成本最低的最终转化率。

最终转化率的最佳值与所采用的工艺流程、设备和操作条件有关，一次转化一次吸收流程在尾气不回收的情况下，最终转化率与相对成本的关系如图3－5所示。从该图可知，塔最终转化率为97.5%～98%，使硫酸的生产成本最低，如有二氧化硫回收装置，回收装置转化率会比整个转化工段的最终转化率低些，采用两次转化两次吸收流程，最终转化率则应控制在99.5%～99.9%。

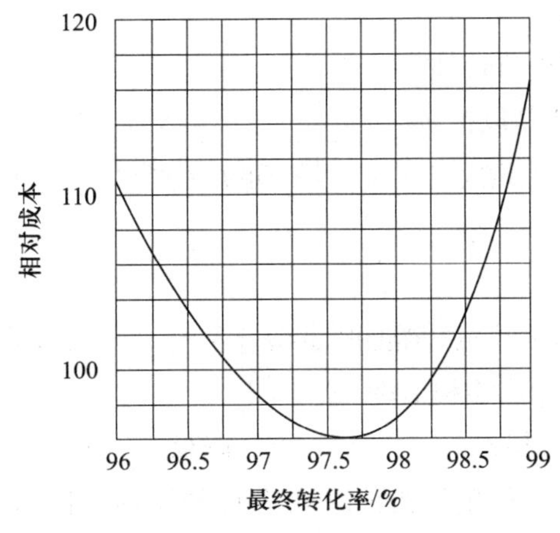

图3－5 最终转化率与相对成本的关系

4）接触时间。接触时间也称停留时间，是指原料在反应期或在催化剂层的停留时间。在较低的温度下进行氧化反应时，转化率随接触时间的增加而不断提高；高温时则影响较小。接触时间过短，不利于提高氧化反应的转化率，过长则降低设备的生产能力，通常接触时间为3～5 s，最终转化率可达到97%～98%。

四、炉气干燥

转化后原料气中的水分会与三氧化硫形成酸雾，酸雾在吸收塔中很难被吸收和除去，会影响吸收操作过程，同时会腐蚀设备和管道，也会导致尾气中酸雾超标，危害周围的环境。因此，炉气在进转化工序之前，必须进行干燥，使其达到一定的水分含量指标。一般用浓硫酸来干燥，将气体通过浓硫酸喷淋的填料吸收塔吸收水分来实现干燥目的，可将原料气中的水分质量浓度降至0.1 g/m^{3}以下。

课后练习

一、填空题

1. 硫铁矿制酸过程中炉气组成除了二氧化硫外，还含有大量的杂质，其中对钒催化剂有害的物质主要有________、________、________、________、________。

2. 停留时间也称________________，是指原料在反应器或在催化剂层的停留时间。

3. 二氧化硫催化氧化工艺条件主要涉及__________，________ 和__________ 三个方面。

4. 硫黄制酸时，炉气的主要成分包括__________，________ 和__________。

5. 二氧化硫转化过程中使用的钒催化剂是以______ 为主催化剂，________为助催化剂，以____________ 为载体制成。

6. 二氧化硫转化最适宜的温度取决于________________。

7. 硫黄焚烧影响因素主要包括__________，________ 和 __________。

8. 炉气干燥的目的主要是除去________，防止生产________。

二、选择题

1. 最终转化率是接触法生产硫酸的重要指标之一，提高最终转化率可使放空尾气中二氧化硫含量（　　），原料中硫的利用率（　　）。

A. 增大　　B. 提高　　C. 降低　　D. 减少

2. 水蒸气在高于（　　）℃的温度时，对催化剂无毒害作用，低于此温度时，水蒸气－三氧化二硫形成酸雾，在一定条件下会损坏催化剂。

A. 300　　B. 250　　C. 100　　D. 400

3. 钒催化剂有大量孔隙，孔隙率为（　　）。

A. 70% ~80%　　B. 60% ~70%

C. 50% ~60%　　D. 40% ~50%

4. 二氧化硫转化为三氧化硫的过程是（　　）反应。

A. 吸热　　B. 放热

C. 前面吸热后面放热　　D. 前面放热后面吸热

5. 当最终转化率为97.5 ~98%时，硫酸的生产成本（　　）。

A. 最高　　B. 最低　　C. 适中　　D. 不确定

6. 以硫黄为原料，二氧化硫最佳体积分数为（　　）。

A. 5.5%　　B. 7.5%　　C. 8.5%　　D. 6%

三、判断题

1. 液硫在输送过程中要做好过程保温，以防止设备、管道的堵塞。（　　）
2. 温度升高有利于二氧化硫转化为三氧化硫。（　　）
3. 二氧化硫转化过程一般在常压下进行。（　　）
4. 进入转换器的最适宜二氧化硫体积分数是根据硫酸生产的费用最小来确定的。（　　）
5. 焙烧时间越长，残留的硫的质量分数越低，但当质量分数达到一定值时，将不再随时间改变。（　　）
6. 用硫黄生产硫酸，工艺比较简单，炉气可以不用净化和精制。（　　）

四、简答题

1. 简述硫黄制酸工艺的优点有哪些。
2. 硫黄制酸工艺的工艺指标主要包括哪几个？
3. 简述砷的氧化物对钒催化剂的影响主要有哪些。
4. 简述生产中强化液硫燃烧的措施。

任务三　三氧化硫吸收

学习目标

1. 掌握三氧化硫吸收反应原理。
2. 分析选择三氧化硫吸收的工艺条件。
3. 熟悉硫酸生产工艺流程。

一、三氧化硫吸收的原理

三氧化硫吸收是接触法生产硫酸过程中最后一道工序，其任务是将转化后的三氧化硫气体用浓硫酸吸收，使三氧化硫与浓硫酸中的水发生反应生成硫酸，将三氧化硫吸收在浓硫酸中，从而制成成品硫酸。在硫酸的生产中，三氧化硫是用浓硫酸或发烟硫酸来吸收的，是三氧化硫溶于硫酸溶液过程，并与其中的水生成硫酸，或者用含有游离态三氧化硫的发烟硫酸吸收生成发烟硫酸，吸收工序一般不用水作吸收剂。

吸收过程化学反应式为：

$$nSO_3 + H_2O \longrightarrow H_2SO_4 + (n-1)SO_3$$

随着三氧化硫与水量比例的改变，可以生成各种浓度的硫酸。若 $n>1$，生成的是发烟硫酸；若 $n<1$，生成含水硫酸；若 $n=1$，生成无水硫酸。

工业生产中，气体中的三氧化硫不可能全部被吸收，一般把被吸收的三氧化硫量占原来气体中三氧化硫量的百分比称为吸收率。吸收率的计算方法：

$$\eta = \frac{X_{SO_3吸}}{X_{SO_3总}}$$

在生产中，多采用98.3%的浓硫酸来吸收三氧化硫，三氧化硫溶解其中与水生成硫酸。在吸收操作中，一般用浓硫酸循环，在循环过程中，由于硫酸浓度不断提高，需要低于98.3%的硫酸或水来稀释，以保持吸收酸的浓度。同时，随着吸收酸量的增加，可不断排出多余部分作为成品酸。目前，在硫酸生产过程中，三氧化硫吸收率一般可达到99.95%以上。

二、吸收过程的工艺条件

三氧化硫与硫酸中的水发生反应的过程一般是在吸收塔中进行，从生产成本、环境保护、资源利用等方面分析，生产过程中应尽可能提高三氧化硫的吸收率。提高三氧化硫的吸收率，不但可以提高硫酸产量和硫的利用率，而且吸收后的尾气中三氧化硫减少，对大气污染也小。要提高三氧化硫收率，必须选择最适宜的操作条件，包括吸收酸的浓度、吸收的温度、进塔气的温度、气流速度、吸收设备选择等，其中最重要的是吸收酸的浓度和温度。

1. 吸收酸的浓度

工业化生产过程中，要求对三氧化硫的吸收速率要快，吸收要完全（也就是吸收率要高），不生成或尽量少生成酸雾，还要保证能够得到相应浓度的成品酸。因此，只有用浓硫酸吸收三氧化硫，才能满足上面的要求，浓度在98.3%的浓硫酸最好，吸收率最高。

根据吸收单元操作的双膜理论可知，用浓硫酸吸收三氧化硫是一个气膜控制的化学吸收过程，是二氧化硫从气相到液相的传质过程，这个过程分为两步。首先三氧化硫在气相中与硫酸液面上的水蒸气结合，生成硫酸蒸气，其次气相中生成的硫酸分子溶解后不断进入吸收酸主体中，制成不同浓度的硫酸产品。

98.3%的浓硫酸是常压下 $H_2O-H_2SO_4$ 体系中的最高恒沸液，具有最低的蒸汽压，它的水汽分压比浓度低的硫酸低，它的三氧化硫和硫酸分压比浓度高的硫酸低，因此用98.3%的浓硫酸吸收三氧化硫有较大的推动力，吸收率在逆流操作的情况下可以达到很高。

当吸收酸的体织分数低于98.3%时，吸收酸液面上气相中水蒸气分压高，气相中的三氧化硫与水蒸气生成硫酸分子的速度很快，来不及进入液相中。由于酸液面上水蒸气的消耗，酸液中的水分不断蒸发而进入气相，与气相中的三氧化硫生成硫酸分子，结果使气相中硫酸急剧增多，硫酸蒸气在气相中冷凝成酸雾，而不易被吸收酸所吸收。吸收酸浓度越低，酸液面上水蒸气分压越大，酸雾越容易生成，对气相中的三氧化硫吸收越不完全，即吸收率越低。

当吸收酸体积分数高于98.3%时，酸液面上硫酸和三氧化硫蒸汽分压都增大，由于平

衡蒸汽分压增大，气相中硫酸和三氧化硫含量增多，三氧化硫的吸收率也会大大降低。因为硫酸和三氧化硫分压高，减小了吸收推动力，使吸收速率降低。因此，用98.3%的硫酸吸收三氧化硫最为有利。

2. 吸收酸的温度

吸收酸温度越高，吸收酸液面上的蒸汽压越大，对三氧化硫的吸收越不利，当吸收酸浓度一定时，温度越高，三氧化硫吸收率越低。硫酸生产中，一般将进入吸收塔的气体温度控制在200 ℃以下，出塔酸的温度控制在100 ℃以下。

3. 进塔气的温度

进塔气的温度对吸收操作过程也有影响，在一般的吸收操作中，气体温度较低有利于吸收。在吸收三氧化硫时，为了避免生成酸雾，气体温度不能太低，尤其是转化气中水含量较高时，提高吸收塔的进气温度，能有效减少酸雾的生产。

4. 气流速度

气流速度是单位时间内气体通过塔截面的速度，单位为m/s，又称为空塔速度或操作气速。不同塔型的气流速度不同，采用填料塔时，气流速度由所选用的填料性能决定，一般为0.8～1.4 m/s；采用矩鞍型填料时，气流速度可提高到1.8 m/s左右。在正常的生产条件下，气流速度不要超过塔设计时选定的气流速度，否则除引起夹带雾沫增大动力消耗外，还会造成吸收率下降，严重时会产生液泛现象，造成气体大量带液。

5. 吸收设备选择

吸收设备是指用来吸收三氧化硫的设备，常用的是填料塔，主填料一般采用ϕ76 mm异鞍环，捕沫填料采用ϕ50 mm异鞍环。对中间吸收塔吸收三氧化硫来说，并不要求达到99.9%的吸收率，所以不必追求过高的填料高度，而在最终吸收塔中，三氧化硫吸收率只要达到99.83%，便相当于总吸收率达到99.99%。三个吸收塔需要的填料高度很接近，所以设计都采用同一填料高度。中间吸收塔和干燥塔的塔直径一般设计相同，因此，两塔的操作气流速度很接近，由于气量减少，最终吸收塔的塔径一般比中间吸收塔和干燥塔小。

为了达到较高吸收率，采用填料吸收塔时应符合下列要求：

（1）要有足够大的传质面积，填料堆放要符合技术规定；

（2）要求含三氧化硫的气体和吸收酸液在塔的截面上分布均匀，特别是分酸装置的安装质量要高，防止漏酸和堵塞；

（3）要选用性能优越的填料（即流体阻力小、液泛速度大、容积传质系数大、费用低、耐腐蚀、质量小和机械强度好等）；

（4）要求在允许的气流速度范围内运行，稳定性高，使用寿命长。

三、硫酸吸收工艺流程

硫酸吸收工艺主要包括两转两吸、一转一吸、低温热回收等。

两转两吸是一种生产硫酸的工艺，其中含二氧化硫炉气在转化器前层催化床内进行第一次转化，转化后气体进入中间吸收塔，生成的三氧化硫被吸收生成硫酸。出中间吸收塔的气体返回转化器，使余下的二氧化硫在后层催化床中再次进行转化，生成的三氧化硫在最终吸收塔内被吸收生成硫酸。这种工艺根据第一、二次催化床层数的不同，可以有（3+1）型四段转化、（2+2）型四段转化和（3+2）型五段转化等几种模式。

一转一吸流程工艺中，含二氧化硫炉气一次通过转化器的全部催化剂床层，转化生成的三氧化硫在吸收塔内被吸收生成硫酸。这种工艺的缺点是二氧化硫转化率最高只能达97.5%~98%，排放尾气中二氧化硫浓度超过环保法规，必须进行处理；硫利用率较低。

低温热回收工艺涉及在硫酸工段采用高温吸收的方式，大幅度提高循环酸温度，以蒸汽发生器代替酸冷却器产生低压蒸汽，并在蒸汽发生器出口设置了蒸发器给水加热器和脱盐水加热器与酸换热，以进一步利用低温回收装置产酸的热量，从而使整个制酸装置的热回收率从60%提高到90%。这种工艺从余热锅炉出来的含三氧化硫一次转化烟气从底部进入热回收塔。

课后练习

一、填空题

1. 吸收过程主要的反应方程式为________________________________。

2. 三氧化硫吸收过程的工艺条件主要涉及________、________、________和________等几个条件。

3. 当吸收酸浓度一定时，吸收酸温度越高，三氧化硫吸收率__________。

4. 原料气中酸雾的危害主要是__________、________和__________。

5. 用来吸收三氧化硫的设备，常用的是__________。

二、选择题

1. 原料气干燥和三氧化硫吸收都可以用（　　）作吸收剂。

A. 水　　B. 稀硫酸　　C. 浓硫酸　　D. 都可以

2. 用98.3%的浓硫酸吸收三氧化硫，有（　　）的吸收推动力率，特别在逆流操作的情况下，可以达到很高。

A. 较大　　B. 较小　　C. 没有　　D. 最大

3. 一般用浓硫酸来干燥原料气，主要是利用了浓硫酸的（　　）。

A. 强氧化性　　B. 强酸性　　C. 强吸水性　　D. 刺激性

4. 吸收酸温度越高，吸收酸液面上的蒸汽压越大，对三氧化硫的吸收越（　　）。

A. 有利　　　　　　　　　　　　B. 不确定

C. 有时有利有时不利　　　　　　D. 不利

5. 硫酸生产中，宜将进入吸收塔的气体温度控制在（　　）℃以下，出塔酸的温度控制在（　　）℃以下。

A. 40　　　　B. 200　　　　C. 60　　　　D. 100

三、判断题

1. 工业生产中可用水来吸收生产浓硫酸。（　　）
2. 工业生产硫酸一般是采用逆流吸收操作。（　　）
3. 硫酸生产中干燥和吸收工序采用的吸收剂是不同的。（　　）
4. 吸收过程中三氧化硫可以被全部吸收转移到液相中，吸收率达到100%。（　　）
5. 吸收酸体积分数为98.3%时，吸收率最大。（　　）
6. 进塔气温度高有利于吸收过程。（　　）

四、简答题

1. 吸收过程的工艺条件主要有哪些?
2. 生产硫酸时为什么不用水作吸收剂?
3. 工业化生产中对三氧化硫吸收的要求有哪些? 怎么解决?
4. 简述两转两吸工艺过程。

项目四

合成氨生产技术

氮是蛋白质的基本元素，没有氮就没有生命。空气中虽然有大量的氮气（78%），但呈游离状态，必须先将它转变为氮的化合物才能被动植物吸收。将空气中的氮气转变为氮化合物的过程称为固定氮，20 世纪初所提出的合成氨法，就是固定空气中氮气的一种方法。

工业上氨是氮气和氢气在高温、高压及催化剂作用下反应制得的，具有生产条件苛刻、工序多、流程长、能耗高等特点。合成氨是一种典型的无机化工产品，主要作为制造化学肥料的原料，生产其他化工产品原料，还广泛应用于国防、医疗和食品行业。本项目以合成氨生产工艺为主线，通过学习氨的理化性质、氨的加工；学习原料气的制备、净化和氨的合成等工艺过程的基本原理、工艺条件、工艺流程等相关内容，全面掌握合成氨生产技术。

任务一　合成氨原料气的制备与净化

学习目标

1. 认识氨的理化性质及用途。
2. 掌握合成氨原料气的制备方法和净化工序。

一、氨的性质和用途

1. 氨的性质

氨在常温、常压下为无色气体，具有刺激性气味，能灼伤皮肤、眼睛，刺激呼吸器官黏

膜。人们在空气含浓度大于 100 cm^3/m^3 的环境中，每天接触 8 h 会引起慢性中毒；含氨质量浓度为 5 000 ~ 10 000 mg/L 时，只要接触几分钟就会有致命危险。

氨的相对分子质量为 17.03，沸点（101.3 kPa）为 -33.35 ℃，冰点为 -77.7 ℃，液氨密度（101.3 kPa，-33.4 ℃）为 0.681 8 kg/L，液氨挥发性很强，汽化热较大。氨极易溶于水，溶解产生大量的热，用于生产含氨 15% ~30%（质量分数）的商品氨水。氨的水溶液呈碱性，易挥发。氨与空气或氧气可形成爆炸性混合物，爆炸极限（体积分数）分别为 15.5% ~28% 和 13.5% ~82%。

氨化学性质较活泼，与酸反应生成盐，如与磷酸反应生成磷酸铵，与硝酸反应生成硝酸铵，与二氧化碳反应生成碳酸氢铵等，其中许多为化学肥料。在铂催化剂的作用下，氨与氧反应生成一氧化氮，该反应是生产硝酸最重要的反应。

2. 氨的用途

氨主要用来制造化学肥料。农业使用的氮肥，如尿素、硝酸铵、磷酸铵、硫酸铵、氯化铵、氨水以及各种含氮混肥和复肥，都是以氨为原料生产的。

氨也作为其他化工产品的生产原料。基本化学工业中的硝酸、纯碱，含氮无机盐，有机化学工业中的含氮中间体，制药工业中的磺胺类药物、维生素、氨基酸，化纤和塑料工业中的己内酰胺、己二胺、甲苯二异氰酸酯、人造丝、丙烯腈、酚醛树脂等，都需要以氨作为原料。

在国防工业中，氨用于制造三硝基甲苯、三硝基苯酚、硝化甘油、硝化纤维等，导弹、火箭的推进剂和氧化剂也需要氨。

氨还可作冷冻、冷藏系统的制冷剂。

二、生产合成氨的原料

合成氨，首先需要含氢气和氮气的原料气。氮气来源于空气，可以在低温下将空气液化分离而得，也可在制氢过程中加入空气，氨的生产大多采用后者。

氢气的主要来源是水、碳氢化合物中的氢元素以及含氢的工业气体。

氮、氢原料气的生产，除需要含有氮、氢元素的原料外，还需要提供能量的燃料。因此，工业生产所需的原料既有提供氮、氢的原料，也有提供能量的燃料。因此，合成氨原料气的制备方法主要有以下几种。

1. 固体原料，如焦炭和煤，其工艺流程如图 4 -1 所示。

2. 气体原料，如天然气、油田气、焦炉气、石油废气、有机合成废气等，其工艺流程如图 4 -2 所示。

3. 液体原料，如石脑油、重油、石油等。

4. 常用的合成氨原料有焦炭、煤、焦炉气、天然气、石脑油和重油。

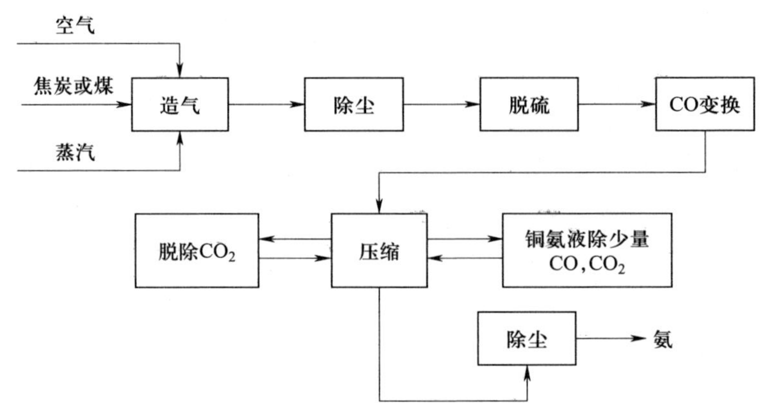

图4－1　以焦炭或煤为原料制造合成氨的工艺流程

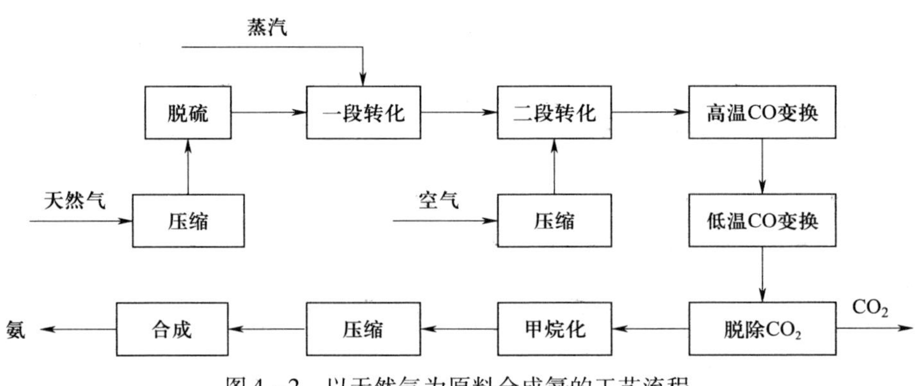

图4－2　以天然气为原料合成氨的工艺流程

三、原料气的制备与净化

不同合成氨厂，生产工艺流程不尽相同，但基本生产过程都包括以下工序。

1. 原料气制备工序

制备合成氨用的氢、氮原料气。可将分别制得的氢气和氮气混合而成，也可同时制得氢、氮混合气。

除电解水外，制取的氢、氮原料气都含有硫化物、一氧化碳、二氧化碳等杂质，这些杂质不仅腐蚀设备，而且是合成氨催化剂的毒物。因此，必须除去，制得纯净的氢、氮混合气。

2. 脱硫工序

采用适宜的脱硫技术除去原料中的硫化物。

3. 变换工序

利用一氧化碳与水蒸气作用生成氢气和二氧化碳，除去原料气中的大部分一氧化碳。

4. 脱碳工序

经变换工序，原料气含有较多的二氧化碳，其中既有原料气制备过程产生的，也有变换产生的。脱碳可除去原料气中的大部分二氧化碳。

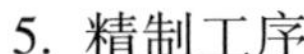

5. 精制工序

经变换、脱碳，除去了原料气中大部分一氧化碳和二氧化碳，但仍含有 0.3% ~3%（体积分数）的 CO 和 0.1% ~0.3%（体积分数）的二氧化碳，需进一步脱除以制取纯净的氢、氮混合气。

6. 压缩工序

将原料气压缩到净化所需要的压力，分别进行气体净化，得到纯净的氢、氮混合气，然后将纯净的氢、氮混合气压缩到氨合成反应要求的压力。

7. 氨合成工序

在高温、高压和有催化剂存在的条件下，氢气、氮气反应合成为氨。

在合成氨厂，原料气的制备通常也叫造气；脱硫、变换、脱碳、精制等工序，则统称为原料气的净化。因此，合成氨生产是由原料气的制备、净化和氨的合成等步骤组成。

（1）原料气的制备

目前，合成氨的原料主要有煤、焦炭、天然气、石脑油、重油。生产方法主要有固体燃料汽化法（煤或焦炭的汽化）、烃类蒸汽转化法（天然气、石脑油）、重油部分氧化法。由于合成氨原料气中的氮气容易制得，所以原料气的制备主要是制取氢气，而一氧化碳在变换过程能产生同体积的氢气，因此，把原料气中一氧化碳和氢气看作是有效气成分。

氨的合成是需要 H_2/N_2 为 3∶1 的原料气，要求造气制得的煤气中有效气成分与氮气比例为 3.1 ~3.2，即 $(CO+H_2):N_2$ 为 3.1 ~3.2，这就是通常所说的半水煤气。

1）固体燃料汽化法。煤或焦炭中主要是碳元素，与水蒸气反应生成的有效气成分是 CO 和 H_2。汽化过程中的主要反应有：

$$C+H_2O \longrightarrow CO+H_2 \qquad \Delta H_R=130\ \text{kJ/mol}$$

$$C+2H_2O \longrightarrow CO_2+2H_2 \qquad \Delta H_R=90.3\ \text{kJ/mol}$$

此过程为强吸热过程，需要提供能量，一般是用空气、富氧空气或氧气与碳作用来提供能量。其反应如下：

$$C+O_2 \longrightarrow CO_2 \qquad \Delta H_R=-393.8\ \text{kJ/mol}$$

$$2C+O_2 \longrightarrow 2CO \qquad \Delta H_R=-110.6\ \text{kJ/mol}$$

按操作方式，汽化过程有间歇式和连续式两种。

①固定床间歇汽化法制半水煤气。燃烧与制气分阶段进行，所用设备称为煤气发生炉，炉中装填块状煤或焦炭，首先吹入空气使煤完全燃烧生成二氧化碳并产生大量热（该过程称吹风），使煤层升温，烟道气放空，但部分回收作为氮气的来源。煤层温度达 1 200 ℃左右时，停止吹风，转换水蒸气，使之与高温煤层反应，产生一氧化碳、氢气等气体（称为水煤气）送入气柜，汽化吸热使温度降低，降至 950 ℃，停止送蒸汽，重新吹风，如此交替操作。为防止高温下空气接触水煤气而发生爆炸和保证煤气质量，一个工作循环由吹风、一次上吹制气、下吹制气、二次上吹制气和空气吹净五步构成。

此法虽然不需要纯氧，但对煤的机械强度、热稳定性、灰熔点要求较高；非制气时间较长，生产强度低；阀门开关频繁，阀门易损坏，维修工作量大；能耗高。

②连续汽化法分为固定床、流化床和气流床三类。

加压鲁奇汽化法是世界上最早采用的加压汽化法，由德国鲁奇公司开发。以氧气和蒸汽为汽化剂，采用固定床，操作压力为2～10 MPa，块状煤或焦炭由炉顶定时加入，汽化剂为水蒸气和纯氧或富氧空气混合气，在汽化炉中同时进行碳和氧的燃烧放热反应和水蒸气的汽化吸热反应，通过调节H_2O/O_2比例，控制和调节炉中温度。

该法连续制气，生产强度较高，煤气质量稳定；但对燃料要求较高，生成气中甲烷含量高，而且大量焦油和含氧废水使合成氨流程复杂化。

德士古汽化法由美国德士古公司开发，也称为水煤浆汽化法。以高浓度水煤浆（煤含量达70%）进料，用泵送入汽化炉，纯氧以亚音速或音速由炉顶喷嘴喷出，使料浆雾化，于1 300～1 500 ℃下进行汽化反应，水煤浆在炉中的停留时间仅5～7 s，液态排灰。该法可利用劣质煤，汽化强度高，可直接获得低含量烃（甲烷体积分数小于0.1%）的原料气，无须加入蒸汽，但是耗氧量高。

2）烃类蒸汽转化法。烃类主要是指天然气和石脑油，一般采用蒸汽转化法。石脑油的蒸汽转化原理与天然气蒸汽转化原理相近。天然气的主要成分为CH_4。以天然气为原料的蒸汽转化反应为：

$$CH_4 + H_2O\ (g) \longrightarrow CO + 3H_2 \qquad \Delta H_R = 206.3\ kJ/mol$$

$$CH_4 + 2H_2O\ (g) \longrightarrow CO_2 + 4H_2 \qquad \Delta H_R = 165.1\ kJ/mol$$

该转化过程吸热，需外界提供热量。

转化一般分两个阶段进行。在一段转化炉，大部分烃类与蒸汽在催化剂作用下转化成氢气、一氧化碳、二氧化碳，接着一段转化气进入二段转化炉，在此加入空气，一部分氢气燃烧放出热量，床层温度升至1 200～1 250 ℃，继续进行甲烷的转化反应；二段转化炉出口温度为950～1 000 ℃，二段转化的目的是降低转化气中残余甲烷的含量，使其含量小于0.5%（体积分数）。

以天然气为原料合成氨，在工程投资、能量消耗和生产成本等方面具有显著的优越性。目前，大型合成氨厂多数以天然气为原料。

3）重油部分氧化法。重油是350 ℃以上馏程的石油炼制产品。重油部分氧化可制取合成氨原料气。重油先与氧气进行部分燃烧反应，放出的热量使碳氢化合物热裂解，在水蒸气作用下，裂解产物发生转化反应，制得以氢气和一氧化碳为主要成分的合成氨原料气。

（2）原料气的脱硫

由于各种燃料中均含有一定量的硫或硫化物，因此制得的合成氨或甲醇原料气中都含有硫化物。脱除原料气中硫化物的过程称为脱硫。

原料气中硫化物的含量，取决于汽化所用燃料中硫的含量。以煤为原料制得的煤气中，一般含硫化氢1～6 g/m^3，有机硫0.1～0.8 g/m^3。用高硫煤作原料时，硫化氢含量高达20～30 g/m^3。而天然气、轻油及重油作原料时，因产地不同，制得的煤气中硫化物含量差别很大。

1）原料气中硫化物的存在形式。原料气中的硫化物，主要以无机硫、硫化氢的形式存

在，其次是少量的有机硫化物，如硫氧化碳（COS）、二硫化碳（CS_2）、硫醇（RSH）、噻吩（C_4H_4S）等。

2）原料气脱硫原因。原料气中的硫化物，不仅能腐蚀设备和管道，而且使生产过程所用催化剂中毒，如对甲烷化催化剂、中低温变换催化剂、甲醇合成、氨合成催化剂的活性有显著影响。此外，硫又是一种重要的化工原料，应回收利用，故原料气中的硫化物必须脱除干净。

3）脱硫工序的任务。不同催化剂对原料气中硫含量要求不同。烃类蒸汽转化所用的镍催化剂，要求原料气中总硫体积分数小于 0.5×10^{-6}；铜锌系低变催化剂，要求原料气中总硫体积分数小于 1×10^{-6}；铁铬系中变催化剂，要求原料气中硫化氢体积分数小于 300×10^{-6}，有机硫体积分数小于 150×10^{-6}。

4）脱硫方法的分类与特点。脱硫方法按照脱硫剂物理形态的不同，可分为湿法脱硫和干法脱硫两大类。用液体脱硫剂脱除原料气中硫化物的过程称为湿法脱硫，用固体脱硫剂脱除原料气中硫化物的过程称为干法脱硫。不同脱硫方法及优缺点比较见表 4－1。

表 4－1　　不同脱硫方法及优缺点比较

<table>
<tr><th colspan="3">脱硫方法</th><th>优点</th><th>缺点</th><th>常用方法</th></tr>
<tr><td rowspan="4">湿法脱硫</td><td rowspan="2">化学法</td><td>中和法</td><td>操作简单</td><td>不能直接回收硫黄，脱硫效率低，排放的硫化氢污染环境</td><td>纯碱法、烷基醇胺法、甲基二乙醇胺（MDEA）法等</td></tr>
<tr><td>湿式氧化法</td><td>能直接回收硫黄，反应速度快，气体净化度高，技术成熟</td><td>主要脱除无机硫硫化氢，很难脱除有机硫</td><td>改良 ADA 法、氨水对苯二酚催化法、铁氨法、栲胶法、$MnSO_4$－水杨酸－对苯二酚法等</td></tr>
<tr><td>物理法</td><td colspan="2">物理吸收过程</td><td>不能直接回收硫黄。脱硫液再生放出的硫化氢，用克劳斯法回收硫黄</td><td>低温甲醇洗法、聚乙二醇二甲醚法（NHD 法）、碳酸丙烯酯法、磷酸三丁醇法</td></tr>
<tr><td>物理化学法</td><td colspan="2">既能脱除硫化氢，又能脱除有机硫。吸收剂为环丁砜和烷基醇胺的混合液</td><td>不能直接回收硫黄。脱硫液再生放出的硫化氢，用克劳斯法回收硫黄</td><td>环丁砜法</td></tr>
<tr><td colspan="2">干法脱硫</td><td colspan="2">既能脱除无机硫硫化氢，又能脱除有机硫，净化度高，可将总硫含量降至小于 1×10^{-6}（体积分数）</td><td>脱硫剂再生困难，硫黄回收困难，设备庞大</td><td>氧化锌法、钴钼加氢转化法、活性炭法、分子筛法、离子交换树脂法等</td></tr>
</table>

5）改良 ADA 法。湿法脱硫的脱硫剂为溶液，根据脱硫液吸收过程不同可分为化学吸收法、物理吸收法、物理化学吸收法。化学吸收法又分为中和法和湿式氧化法。

湿法脱硫中的湿式氧化法，由于其反应速度快，气体净化度高，能直接回收硫黄而被广泛采用，目前国内使用较多的湿式氧化法是改良 ADA 法和栲胶法。

ADA 是蒽醌二磺酸钠的英文缩写。用含 ADA 的稀碳酸钠溶液吸收 H_2S，反应时间较长，所需反应设备大，硫容量低，副反应大，应用范围受到很大限制。为加快反应速率，提高硫容量和吸收效果，添加适量偏钒酸钠（$NaVO_3$）和酒石酸钾钠（$NaKC_4H_4O_6\cdot4H_2O$）作配合剂进行改良，使溶液吸收和再生反应的速率大大增加，同时也提高了溶液的硫容量，因此称为改良 ADA 法。其基本原理如下。

脱硫塔中，用 pH 值为 8.5 ~9.2 的稀碳酸钠溶液吸收原料气中的 H_2S，生成硫氢化钠。

$$Na_2CO_3 + H_2S = NaHS + NaHCO_3$$

硫氢化钠被溶液中的偏钒酸钠氧化，生成单质硫，而偏钒酸钠还原为焦钒酸钠。

$$2NaHS + 4NaVO_3 + H_2O = Na_2V_4O_9 + 2S\downarrow + 4NaOH$$

还原性焦钒酸钠被溶液中氧化态 ADA 重新氧化为偏钒酸钠，而 ADA 成为还原态 ADA。

$$Na_2V_4O_9 + 2ADA\text{（氧化态）} + 2NaOH + H_2O = 4NaVO_3 + 2ADA\text{（还原态）}$$

在再生塔中，还原态 ADA 在空气中被氧化为氧化态 ADA。

$$2ADA\text{（还原态）} + O_2 = 2ADA\text{（氧化态）} + 2H_2O$$

反应过程中生成的 $NaHCO_3$ 与 NaOH 作用，生成 Na_2CO_3，使吸收过程中消耗的 Na_2CO_3 得到补偿。

$$NaOH + NaHCO_3 = Na_2CO_3 + H_2O$$

再生后的脱硫溶液循环使用。

溶液中硫氢化物直接与 ADA 反应速率缓慢，但被偏钒酸钠氧化速率快，故加入偏钒酸钠改良后加快了反应速率。

当原料气中含 O_2、CO_2、HCN 时，会发生下列副反应。

$$2NaHS + 2O_3 = NaS_2O_3 + H_2O$$

$$Na_2CO_3 + H_2O + CO_2 = 2NaHCO_3$$

$$Na_2CO_3 + 2HCN = 2NaCN + H_2O + CO_2$$

$$NaCN + S = NaCNS$$

副反应消耗 Na_2CO_3，降低了溶液的脱硫能力，故生产中应尽量降低原料气中 O_2、CO_2、HCN 含量，当 NaCNS 和 NaS_2O_3 积累到一定程度后，应废弃部分脱硫液，补加相应数量的新鲜溶液。

6）氧化锌法。干法脱硫是用固体脱硫剂脱除原料气中的硫化物。干法脱硫既能脱除硫化氢，又能脱除有机硫，但再生困难，硫黄难以回收，脱硫剂较昂贵，主要用于脱除有机硫和精细脱硫。目前国内使用较多的干法脱硫是氧化锌法、钴钼加氢转化法、活性炭法。

氧化锌法基本原理如下。

脱硫原理：氧化锌脱硫剂能直接吸收硫化氢和硫醇，生成硫化锌。

$$ZnO + H_2S \longrightarrow ZnS + H_2O$$

$$ZnO + C_2H_5SH \longrightarrow ZnS + C_2H_5OH$$

$$\text{或 } ZnO + C_2H_5SH \longrightarrow ZnS + C_2H_4 + H_2O$$

对 COS 和 CS_2 等有机硫，在氧化锌作用下，先转化为硫化氢，然后被氧化锌吸收。

$$COS + H_2 \longrightarrow H_2S + CO$$

$$CS_2 + 4H_2 \longrightarrow 2H_2S + CH_4$$

由于噻吩转化能力极低，也不能直接吸收，故氧化锌不能将有机硫全部脱除。

氧化锌脱硫剂内表面积大，硫容量高，脱硫速率快，效率高，净化后气体中硫含量降至0.1 cm^3/m^3以下。但只能脱除硫化氢和一些简单的有机硫，对噻吩等复杂的有机硫无能为力，而且再生困难，价格昂贵，故只用做精细脱硫的手段。当原料气硫含量较高时，先采用湿法脱除大部分硫化氢，再串接氧化锌法。

(3) 一氧化碳的变换

一般合成氨原料气中均含有一氧化碳。一氧化碳不仅是合成氨的直接原料，而且能使氨合成催化剂中毒，因此在送往合成工序前必须脱除。一氧化碳的脱除分两步。首先进行一氧化碳的变换，即用一氧化碳与水蒸气作用，生成氢气和二氧化碳。经变换，大部分一氧化碳转化为易于除去的二氧化碳，并获得氢气。因此，一氧化碳变换既是原料气的净化过程，又是继续制造原料气的过程。少量的一氧化碳将在后续工序中除掉。

变换反应设备为变换炉，反应在催化剂存在下进行。

$$CO + H_2O \longrightarrow H_2 + CO_2 \qquad \Delta H_R = -206.3\ kJ/mol$$

这是一个可逆放热反应，低温有利于转化率的提高。工业生产中，根据反应温度的不同，变换过程分为中温变换（或称高温变换）和低温变换。中温变换使用的催化剂称为中温变换催化剂，反应温度为350～550 ℃，反应后气体中仍含有2%～4%（体积分数）的一氧化碳。低温变换使用活性较高的低温变换催化剂，操作温度为180～260 ℃，反应后气体中残余一氧化碳可降至0.2%～0.4%（体积分数）。

对重油和煤制氨工艺，采用冷激流程时，可用耐硫变换催化剂进行变换，该催化剂的活性温度为160～500 ℃。该催化剂的使用不仅局限于耐硫变换，也可与中温变换催化剂串联使用，进行低温变换。

(4) 二氧化碳的脱除

经变换的原料气含有大量的二氧化碳，二氧化碳是制造尿素、碳酸氢铵和纯碱的重要原料。原料气在进入合成工序前，必须将二氧化碳清除干净。因此，合成氨生产中，二氧化碳的脱除及其回收利用具有双重目的。习惯上，将二氧化碳的脱除过程称为脱碳。

目前，脱碳多采用溶液吸收法。根据吸收剂性能的不同，分为化学吸收法和物理吸收法两类。化学吸收法是二氧化碳与碱性溶液反应而被除去，常用的有改良热钾碱法、氨水法和乙醇胺法。物理吸收法是利用二氧化碳比氢气、氮气在吸收剂中溶解度大的特性，用吸收的方法除去原料气中的二氧化碳，常用的有低温甲醇法、聚乙二醇二甲醚法和碳酸丙烯酯法。

1）改良热钾碱法。改良热钾碱法也称本菲尔法，该法采用热碳酸钾吸收二氧化碳。

$$K_2CO_3 + CO_2 + H_2O \longrightarrow 2KHCO_3$$

碳酸钾溶液吸收二氧化碳后，应进行再生以使溶液循环使用，再生反应为：

$$2KHCO_3 \longrightarrow K_2CO_3 + H_2O + CO_2 \uparrow$$

产生的二氧化碳可回收利用。

加压有利于二氧化碳的吸收，故吸收在加压下操作；减压加热利于二氧化碳的解吸，故再生过程是在减压和加热的条件下完成的。

吸收溶液中，除碳酸钾外，并有活化剂二乙醇胺，并加有缓蚀剂偏钒酸钾、消泡剂聚醚或聚硅氧烷乳状液等。

2）聚乙二醇二甲醚法（国外商品代号为 Selexol，国内商品代号为 NHD）。该法也称谢列克索法，属于物理吸收。聚乙二醇二甲醚能选择性脱除气体中的 CO_2 和 H_2S，无毒，能耗较低。20 世纪 80 年代初，美国将此法用于以天然气为原料的大型合成氨厂，至今世界上仍有许多工厂采用。中国南化公司研究院开发的同类脱碳工艺（NHD 净化技术）在中型氨厂试验成功，NHD 溶液吸收 CO_2 和 H_2S 的能力均优于国外的 Selexol 溶液，而价格便宜，技术与设备全部国产化。

（5）原料气的精制

经变换和脱碳的原料气中尚有少量残余的一氧化碳和二氧化碳，为防止对氨合成催化的毒害，原料气在送往合成工序以前，还需要进一步净化。精制后的气体中一氧化碳和二氧化碳总含量要求小于 10 mg/L（大型厂）或小于 30 mg/L（中小型厂），此过程称为“精制”。常用的精制方法有以下三种。

1）铜氨液洗涤法。常用溶液为醋酸铜氨液，简称铜液，主要成分是醋酸二氨合铜（Ⅰ）[$Cu(NH_3)_2Ac$]、醋酸四氨合铜（Ⅱ）[$Cu(NH_3)_4Ac_2$]、醋酸铵和游离氨。

吸收 CO 的反应为：

$$Cu(NH_3)2Ac + CO + NH_3 \longrightarrow [Cu(NH_3)_3CO]Ac$$

吸收 CO_2 的反应为：

$$2NH_3 + CO_2 + H_2O \longrightarrow (NH_4)_2CO_3$$

生成的碳酸铵继续吸收 CO_2，反应式为：

$$(NH_4)_2CO_3 + CO_2 + H_2O \longrightarrow 2NH_4HCO_3$$

上述反应均为可逆反应，低温、加压吸收，减压、加热再生。

2）甲烷化法。甲烷化法是在催化剂作用下，少量一氧化碳和二氧化碳加氢生成对催化剂无害的甲烷，而使气体得到精制，反应式如下：

$$CO + 3H_2 \longrightarrow CH_4 + H_2O$$

$$CO_2 + 4H_2 \longrightarrow CH_4 + 2H_2O$$

该法消耗氢气，同时生成甲烷，只有当原料气中一氧化碳和二氧化碳的含量小于 0.7%（体积分数）时，才可采用此法。直到实现低温变换后，才为甲烷化精制提供了条件。甲烷化法工艺简单、操作方便、费用低，但合成氨原料气惰性气体含量高。

3）液氮洗涤法。该法属物理吸收过程。液氮洗涤法在脱除一氧化碳的同时，也脱除了合成气中的甲烷、氩气等，可使合成气中一氧化碳和二氧化碳的含量降至 10 mg/L，CH_4 和 Ar 降至 100 mg/L 以下，从而减少了氨合成系统的放空量。

工业上，液氮洗涤装置常与低温甲醇脱除二氧化碳的装置联用，脱除二氧化碳后的气体温度为 −62 ~ −53 ℃，进入液氮洗涤的热交换器降温至 −190 ~ −188 ℃，进入液氮洗涤塔脱除一氧化碳、二氧化碳、甲烷、氩气。

与铜氨液洗涤法和甲烷化法相比，液氮洗涤法的优点是除脱除一氧化碳外，还可脱除甲烷和氩气，惰性气体可降到100 mg/L以下，减少了合成循环气的排放量，降低了氢、氮损失，提高了合成氨催化剂的产氨能力。但此法需要液体氮，只有与设有空气分离装置的重油、煤气化制备合成氨原料气或焦炉气分离制氢的流程结合，才比较经济合理。实际生产中，液氮洗与空分、低温甲醇洗组成联合装置，冷量利用合理，原料气净化流程简单。

课后练习

一、判断题

1. 氨主要用来制造化学肥料。（　　）
2. 长期处于氨体积分数大于100×10^{-6}的环境中，不会引起慢性中毒。（　　）
3. 煤或焦炭中的碳元素与水蒸气反应生成的有效气成分是CO和H_2。（　　）
4. 干法脱硫工艺适用于硫含量较低、净化度要求较高的情况。（　　）
5. 脱碳多采用溶液吸收法，脱除原料气中的二氧化碳。（　　）

二、填空题

1. 合成氨的生产过程基本包括原料气制备工序、脱硫工序、________工序、__________工序、__________工序、压缩工序和__________工序。

2. 合成氨的原料主要有______、______、______、______、______。生产方法主要有__________、__________、____________。

3. __________工序利用一氧化碳与蒸汽作用生成氢气和二氧化碳，除去原料气中的大部分一氧化碳。采用的反应设备是____________。

4. ____________工序将原料气中尚存的少量残余的一氧化碳和二氧化碳除去，以达到氨合成工序对原料气的要求，可采用________、________、__________方法。

5. 实际氨生产中液氮洗与____________、____________组成联合装置，冷量利用合理。

任务二　氨的合成

学习目标

1. 掌握氨的合成原理，会分析选择氨合成工艺条件。
2. 了解氨合成塔的结构特点，熟悉典型氨合成工艺流程图。

一、氨的合成化学原理

1. 氨合成化学反应

在一定温度、压力，并有催化剂存在条件下，氢气与氮气直接化合生成氨。反应式为：

$$N_2 + 3H_2 \rightleftharpoons 2NH_3 + 92.44\ kJ$$

该反应是可逆的、放热的、气体体积缩小的反应，反应速率相当慢，只有在催化剂作用下，反应速率才较快。实践证明，当没有催化剂存在时，在 300 ~ 500 ℃下，氨合成反应需要若干年才能达到平衡。

2. 氨合成反应的化学平衡

（1）平衡常数

不同温度、压力及纯氢氮混合气（$H_2/N_2 = 3$）下的化学平衡常数 K_p 值见表 4 – 2。

表 4 – 2　不同温度、压力及纯氢氮混合气（$H_2/N_2 = 3$）下的化学平衡常数 K_p 值

温度（℃）	压力（MPa）				
	10.33	15.20	20.27	30.39	40.53
350	2.9796×10^{-1}	3.2933×10^{-1}	3.5270×10^{-1}	4.2346×10^{-1}	5.1357×10^{-1}
400	1.3842×10^{-1}	1.4742×10^{-1}	1.5759×10^{-1}	1.8175×10^{-1}	2.1146×10^{-1}
450	7.1310×10^{-2}	7.7939×10^{-2}	7.8990×10^{-2}	8.8350×10^{-2}	9.9615×10^{-2}
500	3.9882×10^{-2}	4.1570×10^{-2}	4.3359×10^{-2}	4.7461×10^{-2}	5.2259×10^{-2}
550	2.3870×10^{-2}	2.4707×10^{-2}	2.5630×10^{-2}	2.7618×10^{-2}	2.9883×10^{-2}

由表 4 – 2 可看出，氨合成反应的化学平衡常数值是随着温度的降低而升高，随着压力的增加而升高的。因此，降低温度，提高压力，反应平衡向右移动，平衡常数增大。

（2）平衡氨含量

反应达到平衡时，氨在合成混合气中的百分含量称为平衡氨含量。它是在一定操作条件下，氨合成反应所达到的最大浓度。

（3）影响平衡氨含量的因素

1）温度和压力。根据化学平衡移动原理，降低温度、提高压力，平衡氨含量增加。实际生产中，氨合成反应是在加压下进行的。同时在所用催化剂活性温度范围内，适当降低温度从而提高平衡氨含量。当氢氮比（r）为 3、惰性气体含量（y^*）为 0 时，不同温度、压力下的平衡氨含量见表 4 – 3。

表 4 – 3　$r = 3$、$y^* = 0$ 时，不同温度、压力下的平衡氨含量 $y^*_{NH_3}$

温度（℃）	压力（MPa）					
	0.101	10.13	15.20	20.27	30.40	40.53
360	0.72	35.10	43.35	49.62	58.91	65.72
380	0.54	29.95	37.89	44.08	53.50	60.59

续表

温度（℃）	压力（MPa）					
	0.101	10.13	15.20	20.27	30.40	40.53
400	0.41	25.37	32.83	38.82	48.18	55.39
420	0.31	21.36	28.25	33.93	43.04	50.25
440	0.24	17.92	24.17	29.46	38.18	45.26
460	0.19	15.00	20.60	25.45	33.66	40.49
480	0.15	12.55	17.51	21.91	29.52	36.03
500	0.12	10.51	14.87	18.81	25.80	31.90

2）氢氮比。氢氮比 r 对平衡氨含量有着显著影响。由氨合成反应原理可知，当 $r=3$ 时，平衡氨含量 $y^*_{NH_3}$ 为最大。但由于气体组成对化学平衡常数 K_p 的影响，使得具有最大平衡氨含量的氢氮比略小于3，为2.6～2.9，且平衡氨含量随压力的增加而增大，500 ℃时平衡氨含量与氢氮比的关系如图4－3所示。

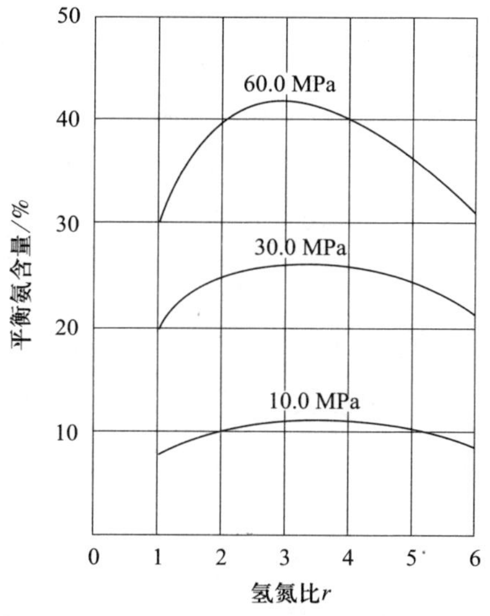

图4－3　500 ℃时平衡氨含量与氢氮比的关系

3）惰性气体含量。氨合成系统的惰性气体是指氢氮混合气中不参加氨合成反应的甲烷及氩气。惰性气体的存在，降低了氢氮混合气的有效分压，使平衡氨含量降低，惰性气体对平衡氨含量的影响如图4－4所示。由图4－4可知，平衡氨含量随惰性气体含量 y^* 的降低而增加。故生产中应尽量降低合成系统惰性气体含量。

综上所述，提高平衡氨含量的措施为降低温度，提高压力，保持循环气氢氮比略小于3，降低惰性气体含量。

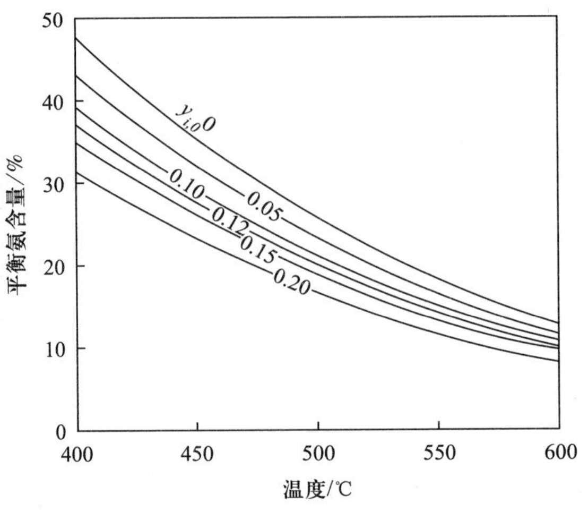

图 4-4 惰性气体对平衡氨含量的影响

3. 影响合成氨反应速率的因素

(1) 压力

氨合成正向反应速率与压力的 1.5 次方成正比，逆向反应速率与压力的 0.5 次方成反比，提高压力可加快总反应速率。

(2) 温度

一般化学反应速率随温度的升高而加快，对于可逆放热反应过程，随着温度的升高，正、逆向反应速率均增加。但温度较低时，正向反应速率起决定作用，提高温度可加快反应速率。随着温度的提高，逆向反应速率迅速增大，而反应速率增加幅度逐渐减小。当温度达到某一数值时，反应速率达到最大值，若再提高温度，反应速率反而减小。因此，压力及催化剂一定时，对应一定的气体组成，总有一个反应温度使此反应系统的反应速率大，此温度为最适宜温度。合成反应操作应尽可能使反应温度接近最适宜温度，以使反应速率保持最快。

(3) 氢氮比

由合成氨反应动力学特征可知，当其他条件一定时，在反应初期，氢氮比 $r=1$，反应速率最快；随着反应的进行，氨含量不断增加，欲保持反应速率最大，则最佳氢氮比也应随之增大；当反应趋于平衡时，最佳氢氮比接近于 3。

(4) 惰性气体的影响

由可逆反应动力学原理可知，当温度、压力、氢氮比、氨含量一定时，随着惰性气体含量的增加，正向反应速率减小，逆向反应速率增加，而总反应速率下降。

此外，催化剂活性和粒度对反应速率也有影响，一般来说，粒度减小，反应速率加快。

4. 氨合成的催化剂

目前，氨合成的催化剂仍是铁系催化剂，其主催化剂为 α-Fe。铁系催化剂一般是经过

精选的天然磁铁矿通过熔融法制备的，未还原前为 FeO 和 Fe_2O_3，其成分也可视为 Fe_3O_4，其中 FeO 占 24% ~38%（质量分数）。

主要助催化剂有 K_2O、CaO、MgO、Al_2O_3、SiO_2 等。

催化剂的毒物主要有氧及氧的化合物（如 CO、CO_2、H_2O 等）、硫及硫的化合物（如 H_2S、SO_2 等）、磷及磷的化合物（PH_3）、砷及砷的化合物（AsH_3）、卤素以及润滑油、铜氨液等。

二、氨的合成工艺条件的确定

氨合成是一个可逆反应，一般情况下反应缓慢，只有在催化剂存在下，反应才能正常进行，优化工艺条件可充分发挥催化剂效能，使生产强度最大、消耗定额最低。

1. 压力

压力对氨的合成反应非常重要，就催化剂而言，反应温度不可太低，由氨合成的基本原理可知，提高压力对反应平衡及速率均有利，故氨的合成需在高压下进行。压力越高，反应速率越快，出口氨含量增加，反应器生产能力就越大，而且高压下，氨分离流程可以简化。例如，高压下分离氨只需水冷却。但是，高压下反应温度一般较高，催化剂使用寿命短，高压对设备材质、加工制造要求高。操作压力选择的主要依据是能量消耗，以及原料费用、设备投资在内的综合费用。

能量消耗包括原料气压缩功、循环气压缩功和氨分离冷冻功，图 4 –5 给出了合成系统能量消耗与操作压力的关系曲线。

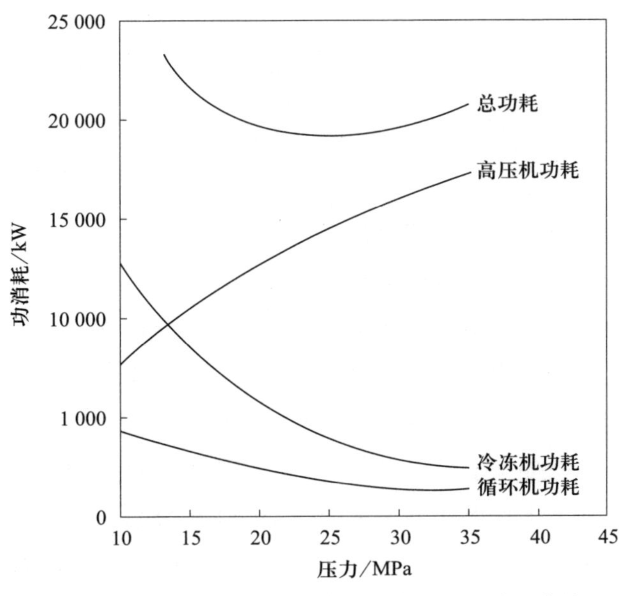

图 4 –5　合成系统能量消耗与操作压力的关系曲线

提高操作压力，原料气压缩功增加，循环气压缩功和氨分离冷冻功减少。总能量消耗在15～30 MPa 区间相差不大，且数值较小。压力过高，则原料气压缩功太大；压力过低，则循环气压缩功、氨分离冷冻功又太高。

实践表明，合成压力为13～30 MPa 是比较经济的。

中小型氨厂一般选择30 MPa 的合成压力，大型氨厂采用蒸汽透平驱动高压离心式压缩机，从能量消耗考虑，采用7.5～15 MPa 的压力，国产催化剂的合成压力一般为15 MPa。

2. 温度

氨合成为可逆放热反应，存在最适宜反应温度，从基本原理已知，其他条件一定时，气体组成改变，最适宜温度改变。由于催化剂床层不同区间的气体组成不同，因而对应有不同的最适宜温度，所有最适宜温度点的连线称为最适宜温度曲线。根据最适宜温度曲线随原料转化率的变化趋势来看，反应初期的最适宜温度高，反应后期的最适宜温度低，温度曲线如图4－6所示。

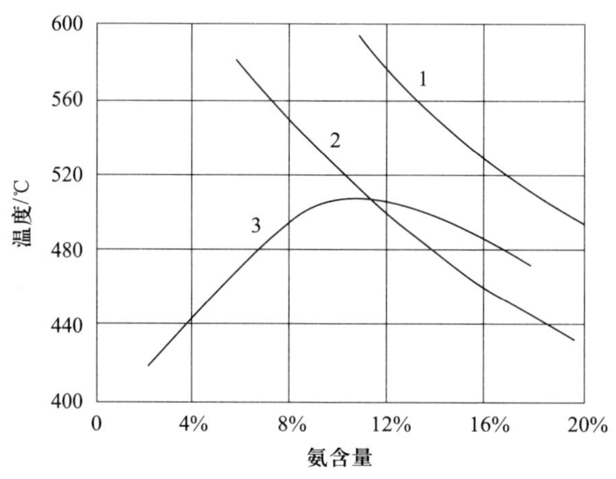

图4－6　温度曲线

1—平衡温度曲线；2—最适宜温度曲线；3—三套管式合成塔催化剂层温度分布曲线

反应按最适宜温度进行时，反应速率最快，催化剂用量最少，氨合成率最高，生产能力最大，但是实际生产中不可能完全按最适宜温度曲线操作。

由于反应初期氨含量低，合成反应速率高，实现最适宜温度应不是问题，但受条件的限制，实际上不能做到。例如，当合成塔入口气体中氨体积分数为4%时，相应的最适宜温度已超过600 ℃，超过了铁催化剂的耐热温度。此外，温度分布递降的反应器在工艺实施上也不尽合理，不能利用反应热使反应过程自热进行，还需另加高温热源，预热反应气体以保证入口温度。所以，实际生产中在催化剂床层的前半段不可能按最适宜温度操作，而是使反应气体达到催化剂活性温度的前提下（一般为350～400 ℃）进入催化剂层，先进行一段绝热反应过程，依靠自身的反应热升高温度，以达到最适宜温度。而在催化床床层下半段，才有可能使合成反应按最适宜温度曲线进行。

生产中应严格控制床层的入口温度和热点温度（催化床层中最高温度）。入口温度应等于或略高于催化剂活性温度下限，热点温度应低于或等于催化剂使用温度上限。生产后期由于催化剂活性下降，还应适当提高操作温度。

3. 空间速率

当操作压力、温度及入塔气组成一定时，对既定结构的氨合成塔，增加空间速率，气体通过催化剂床层的速度加快，气体与催化剂接触时间缩短，将使出塔气中氨含量降低，即氨净值降低。但由于氨净值降低的程度比空间速率增大的倍数少，因此当空间速率增大时，氨产量有所提高。但空间速率增加，使系统阻力增大，循环气的压缩功耗增加，氨分离的冷冻功耗也增大。同时，单位循环气的产氨量减少，反应热也相应减少。当单位循环气的反应热降到一定程度时，会使合成塔“自热”难以维持。

操作压力在 30 MPa 左右的中型氨厂，空间速率一般在 20 000 ~ 40 000 h^{-1}。大型氨厂为充分利用反应热、降低功耗及延长催化剂使用寿命，通常采用较低的空间速率，一般为 10 000 ~ 20 000 h^{-1}。

4. 合成塔进口气体组成

合成塔进口气体组成包括氢氮比、惰性气体含量及入口氨含量。

（1）氢氮比

从氨合成反应机理可知，氮的活性吸附为氨合成反应过程的控制步骤，因此适当提高循环气中氮的浓度，可加快氨合成反应速率。故实际生产中，进塔循环气的氢氮比控制在 2.5 ~ 2.9 为宜。但由于氨合成时氢氮比是按 3∶1 消耗的，故合成系统补充新鲜气的氢氮比应控制为 3，否则会造成循环系统氢氮比的失调。

（2）惰性气体含量

氨合成系统的惰性气体有甲烷和氩气。这两种气体既不参加反应，也不毒害催化剂，但它们的存在会降低氢氮气的分压，对化学平衡和反应速率不利，导致氨的合成率下降。同时，当它们通过合成塔时，会将塔内热量带走，使催化剂层温度下降。此外还使压缩机作虚功。

惰性气体来自新鲜气。随着循环合成反应的进行，生成的产品氨不断被分离送出系统。惰性气体残留在系统的循环气中，新鲜气又在不断地补充进入系统，因而循环气中的惰性气体含量则越积越多，故实际生产中，需要降低惰性气体含量。

通常采用不断排放少量循环气的办法来降低惰性气体含量。增加放空量，可降低循环气中惰性气体含量，从而提高合成率，但氢氮混合气损失也增大。故循环气中惰性气体含量控制过高或过低都不利。

循环气中惰性气体含量的控制，还与操作压力及催化剂的活性有关。当操作压力高、催化剂活性较好时，惰性气体含量可控制高一些，一般控制在 10% ~ 18%（体积分数）为宜。

(3) 入口氨含量

目前，一般采用冷凝法分离合成塔出口气体中的氨，由于存在气液相氨平衡，不可能把氨全部冷凝下来，因而返回合成塔的气体中，还含有一定量的氨。合成塔入口氨含量主要取决于氨分离的压力、冷凝温度和分离效率。当压力一定，冷凝温度越低，氨分离器的分离效果越好，入口氨含量就越低。降低入口氨含量，可加快氨合成反应的速度，提高氨净值及催化剂的生产能力。但若将入口氨含量降得越低，所需氨冷温度就越低，冷冻功耗就越大。

当氨合成压力高、反应速度快时，入口氨含量可控制高一些；当氨合成压力低时，为保持一定的反应速度，进口氨含量应控制低一些。当操作压力在 30 MPa 左右时，入口氨体积分数一般控制在 3.2% ~3.8%；而当操作压力为 15 ~23 MPa 时，体积分数一般控制在 2% ~3%。

三、合成氨生产工艺及合成塔

各合成氨厂采用的操作压力、氨分离的冷凝级数及热能回收形式各不相同，故氨合成工艺流程也不同。氨合成操作压力可在很大范围内选择。当操作压力在 60 ~100 MPa 时称为高压法，在 20 ~40 MPa 时称为中压法，在 15 MPa 左右时称为低压法。中压法氨合成工艺流程在技术及经济上均较优越，故目前国内外多采用中压法。

1. 中压氨合成工艺流程

传统中压氨合成工艺流程如图 4 -7 所示。由压缩工序来的温度为 30 ~50 ℃、压力为 32 MPa 的新鲜氢氮混合气，先入滤油器与循环机与带有氨气的循环气汇合，在此除去气体中的油、水及碳酸氢铵等杂质，自滤油器排出，入冷凝塔上部换热器管内，被从冷凝塔下部氨分离器上升的冷气体冷却后，入氨冷器的高压管内，液氨在管外吸热蒸发，使循环气体进一步被冷却至 -8 ~0 ℃，气体中的氨气则冷凝为液氨。

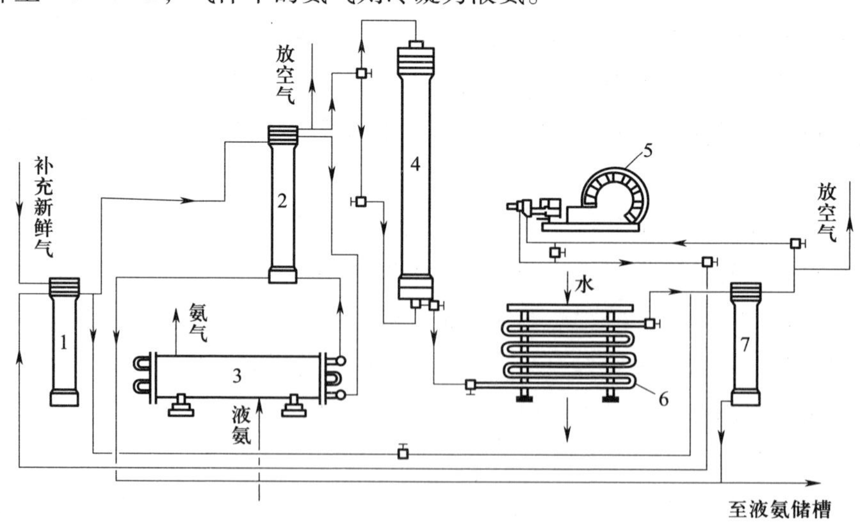

图 4 -7 传统中压氨合成工艺流程

1—滤油器；2—冷凝塔；3—氨冷器；4—氨合成塔；5—循环机；6—水冷器；7—氨分离器

从氨冷器出来的带有液氨的循环气，入冷凝塔下部氨分离器，分离出夹带的液氨。同时，气体中残余的微量水蒸气、油分及碳酸氢铵也被液氨洗涤除去。分离氨后的循环气，含氨量约为2.8% ~3.8%（体积分数）。上升到冷凝塔上部换热器管间，被加热至20 ~40 ℃，由冷凝塔上部排出，分两路入氨合成塔，大部分经主阀由塔顶入塔，少部分经副阀自塔底入塔，以调节催化剂层温度。

自塔顶部入塔的循环气，沿内件与外筒的环隙，自上而下流动，以降低合成塔外壁温度，延长其使用寿命，同时减少热损失。气体至塔下部入换热器管间，被管内反应后的高温气体预热至催化剂活性温度380 ~420 ℃后，入催化剂床层内进行放热的氨合成反应。

反应后470 ~500 ℃的热气体，入塔下部一段换热器管内，加热管间的冷气体，温度降至400 ℃以下排出塔外，入副产蒸汽锅炉管内，加热锅炉水，以产生1.2 ~1.4 MPa饱和蒸汽，气温降至300 ℃以下，再返回合成塔，入二段换热器管内，继续加热反应前的冷气体，而本身温度降至230 ℃以下，由塔底出塔。

自合成塔出来的气体，温度在230 ℃以下，氨含量为13% ~17%（体积分数），经水冷器被冷却至25 ~50 ℃，使部分氨气冷凝为液氨。带有液氨的循环气，入氨分离器，沿环隙盘旋而下至器底，再折流而上，经填料层或多层套筒，分离出液氨后，从上部引出。

为降低系统中惰性气体含量，在氨分离之后设有气体放空管，可定期排放部分循环气。大部分经循环压缩机补偿压力后，重新返回滤油器与新鲜气汇合，开始下一个循环。

氨分离器及冷凝塔下部分离出的液氨，减压至1.4 ~1.6 MPa后，由液氨总管输送至液氨储槽。

氨冷器所用液氨由液氨产品仓库供给。汽化后的氨气，经分离器除去液氨雾滴后，由氨气总管送冰机压缩后，再经水冷器冷凝为液氨后循环使用。

此流程特点：①放空位置设在氨分离器之后、新鲜气加入之前，气体中氨含量较低，而惰性气体含量较高，可减少氨及氢氮的损失；②循环机位于氨分离器之后，此时循环气温度较低，有利于气体的压缩；③新鲜气在滤油器前加入，在二次氨分离时，可利用冷凝下来的液氨除去气体中夹带的油、水分及二氧化碳，达到进一步净化气体的目的。

近年来，中压氨厂合成流程进行了如下几项技术改进。

（1）为充分回收氨合成反应热，降低能耗，中压氨厂除设置中置式副产蒸汽锅炉外，出塔气先经锅炉给水预热器，再入水冷器。有的氨厂的出塔气，先入后置式副产蒸汽锅炉，产生0.2 ~0.4 MPa的蒸汽，再经水加热器，最后入水冷器。也有厂在塔后不设置副产蒸汽锅炉，而只设水加热器。

（2）先将新鲜气温度由30 ~50 ℃降至0 ~5 ℃，经分离器分离出冷凝下来的油及水，从而降低新鲜气中水分及油雾含量，从而防止催化剂中毒。

（3）新鲜气加入位置改在氨冷器之前，使水分、油雾及碳酸氢铵被液氨洗涤下来，从而解决了滤油器堵塞及系统阻力大的问题。

（4）设置分子筛吸附器，除去新鲜气中的水分、一氧化碳、二氧化碳及油雾等杂质后，由氨合成塔入口加入系统，使得合成塔压力高，从而提高氨产量。

（5）采用无油润滑的往复式压缩机，消除了气体带油现象，从而取消滤油器，并将循环压缩机设在合成塔之前，从而提高合成塔操作压力。

（6）有些厂采用二级氨冷，从而降低合成塔入口氨含量。

2. 大型氨厂合成系统工艺流程

凯洛格氨合成工艺流程如图 4－8 所示，由甲烷化工序来的新鲜氢氮混合气（2.5 MPa，38 ℃）入离心式压缩机的低压缸，压力升至6.5 MPa，温度升至170 ℃左右。先后经甲烷化换热器、水冷器及氨冷器，逐步冷却至 8 ℃，经段间气水分离器分离出水分后，再入压缩机高压缸。高压缸内有 8 个叶轮，气体经 7 个叶轮压缩后，与含氨约 12%（体积分数）的循环气在缸内混合，继续在最后一个叶轮压缩至 15.5 MPa，温度 69 ℃。

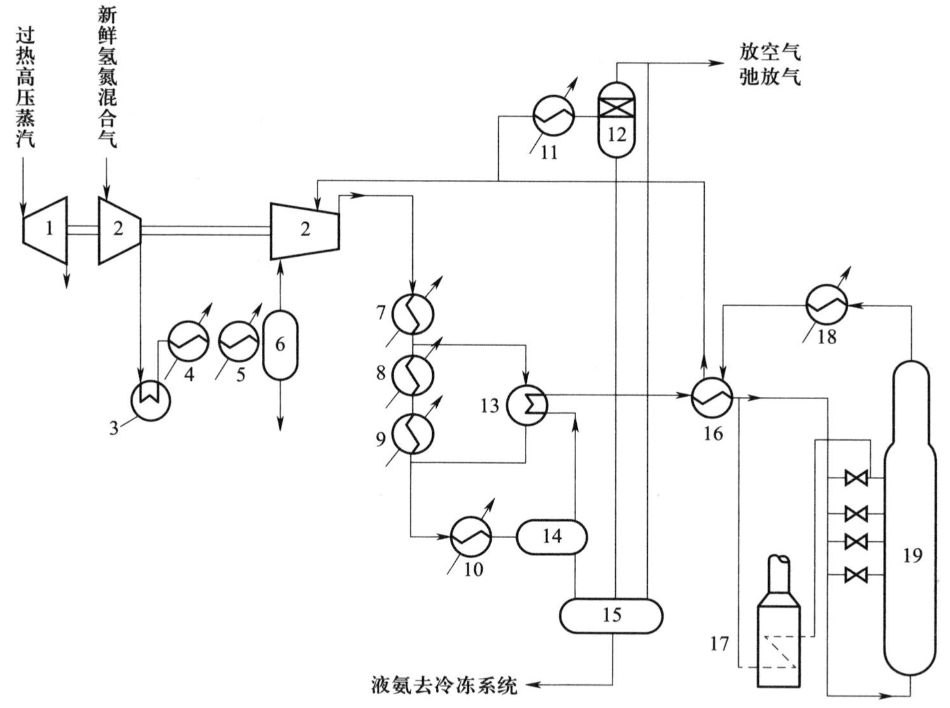

图 4－8　凯洛格氨合成工艺流程

1—汽轮机；2—离心式压缩机；3—甲烷化换热器；4，7—水冷却器；5，8～10—氨冷却器；6—冷凝液分离器；11—放空气氨冷却器；12—放空气分离器；13—冷热交换器；14—高压氨分离器；15—低压氨分离器；16—塔前换热器；17—加热炉；18—锅炉给水预热器；19—氨合成塔

压缩机出口气体，先入两台并联的水冷器，冷却至 38 ℃左右，汇合后又分两路，一路经 13 ℃的一级氨冷器，使气体温度降至 22 ℃，再经 －7 ℃的二级氨冷器，使气体温度降至 1 ℃；另一路气体在冷热交换器中，与高压氨分离器来的约 －23 ℃的气体换热，温度降

至 -9 ℃。两路气体混合后温度为 -4 ℃，再经三级氨冷器与 -33 ℃的液氨换热，使气体温度降至 -23 ℃，大部分氨气冷凝为液氨，入高压氨分离器进行氨的分离。分离氨后的气体含氨2%（体积分数）左右，温度约 -23 ℃，经冷热换热器和热热换热器，加热至141 ℃，入轴向冷激式氨合成塔。

合成塔上部为换热器，内装四层催化剂，为控制各层温度，设有一条冷副线和三条冷激线，少部分未经预热的气体，直接入第一、二、三、四层催化剂入口。合成塔出口气体含氨12%（体积分数）左右，温度约284 ℃，先经锅炉给水预热器，温度降至约166 ℃，再经热热换热器降至约43 ℃，入压缩机高压缸的最后一片叶轮，与补充的新鲜气混合，进行下一循环。

为控制循环气中惰性气体含量，在压缩机前放空部分循环气。放空的循环气在氨冷器使大部分氨冷凝，经放空气分离器分离回收氨后，送燃料系统。

该流程特点：①采用汽轮机驱动离心式压缩机，气体中不含油雾，可将压缩机设在氨合成塔之前；②氨合成反应热除预热反应前冷气体外，还用于加热锅炉给水，热能回收较完全；③采用三级氨冷，逐级将气体温度降至 -23 ℃；④放空位置选在压缩机循环段之前，此时惰性气体含量最高，但氨含量也最高，因放空气回收氨，故氨损失不大；⑤在压缩机后进行氨的冷凝分离，可进一步清除气体中夹带的密封油、二氧化碳等杂质。其缺点是循环功耗较大。

3. 氨合成塔

氨合成塔是氨合成系统的关键设备。其作用是使精制的氢氮混合气在高温、高压下，在塔内催化剂层内合成为氨。要求氨合成塔既要具有较高的机械强度，又应具有在高温下抗蠕变和松弛的能力。同时在高温、高压下，氢氮混合气对碳钢设备有明显的腐蚀作用，使得合成塔的工作条件更为复杂。

氢腐蚀的原因：一是氢脆，即氢溶解于金属晶格中，使钢材缓慢变形而发生脆性破坏；二是氢腐蚀，即氢渗透到钢材内部，使碳化物分解并生成甲烷。

$$Fe_3C + 2H_2 \longrightarrow 3Fe + CH_4$$

生成的甲烷聚积于晶格的微观孔隙内，形成局部压力过高、应力集中而出现裂纹，并在钢材中聚积形成鼓泡，使钢结构被破坏，机械强度下降。在高温、高压下，氮与钢材中的铁及许多合金元素生成硬而脆的氮化物，使钢材力学性能降低。

（1）结构特点

为适应氨合成反应条件，通常将氨合成塔制成内件和外筒两部分，内件外侧设有保温层，以减少向外筒散热。入合成塔的冷气体，流经内件与外筒间的环隙被预热。故外筒只承受高压，不承受高温，因而可用普通低合金钢或优质碳钢制作。正常情况下，使用寿命可超过50年。内件在500 ℃左右高温下工作，只承受高温，不承受高压。即只承受环隙气流与内件气流的压差，一般为1～2 MPa。从而可降低对内件材料及强度的要求，一般选用合金钢制作。内件使用寿命比外筒短得多。内件一般由催化剂筐、热交换器、电加热器三部分构成。大型氨合成塔的内件一般不设电加热器，而由塔外加热炉供热。

（2）分类

合成塔在结构上要求简单可靠，并能满足高温高压要求。在工艺方面必须使氨合成反应在接近最适宜温度条件下进行，以获得较大生产能力和较高氨合成率，同时塔的压力降要低，以减少循环气的动力消耗。

由于氨合成反应为可逆放热反应，随着反应的进行，需要移出反应热，降低反应温度。目前合成塔种类繁多，按照降温方法的不同，氨合成塔可分为冷管式、冷激式和间接换热式三类。

1）冷管式氨合成塔。催化剂层内设置冷管，使反应前的冷气体在冷管内流动，借助管壁与催化剂层内的高温气体换热，移除反应热。同时将冷原料气预热到反应的起始温度，进入催化剂层，借助催化剂作用进行氨合成反应。

根据冷管结构的不同，冷管式氨合成塔又分为单管并流式、双套管并流式、三套管并流式。冷管式氨合成塔结构复杂，一般用于直径为 500 ~ 1 000 mm 的中小型氨合成塔。

2）冷激式氨合成塔。该类合成塔是将催化剂分为几层（一般不超过 5 层），气体经每层催化剂进行绝热反应，气温升高后，在层间与冷的原料气汇合，降温后，再进入下一层催化剂，继续进行绝热反应。冷激式合成塔结构简单，但加入冷的原料气后，使氨合成率降低，一般多用于大型合成塔，近年来有些中小型合成塔也采用冷激式。

按气体在催化剂内流动方向的不同，冷激式氨合成塔又分为轴向塔和径向塔。其中，气体沿塔轴方向流动称为轴向塔，气体沿塔径方向流动称为径向塔。

3）间接换热式氨合成塔。该类合成塔是将催化剂分为几层，在层间设置换热器，经上一层反应后的高温气体，入换热器降温后，再进入下一层催化剂继续进行反应。此种塔的氨净值较高，节能降耗效果明显，近年来在生产中应用逐渐广泛，并成为一种发展趋向，但结构较为复杂。

（3）中小型氨厂合成塔结构

1）冷管式氨合成塔。

①三套管并流式氨合成塔内件结构图如图 4 – 9 所示。

气体流程如下：温度为 20 ~ 40 ℃的循环气由塔顶入塔，沿外筒与内件间环隙顺流而下，至底部入换热器管间，被管内反应后的高温气体加热到 300 ℃左右。另一部分气体由副阀入塔，经冷气管直接入分气盒下室，与换热器管间来的热气体汇合后，入各冷管内管。上升至内管顶部，沿内外管环隙折流而下，与管外催化剂层气体并流换热，被预热到 400 ℃左右。经分气盒及中心管入催化剂层，借助催化剂作用进行氨合成反应。反应后的气体温度为 480 ~ 500 ℃，入热交换器管内，将热量传给刚入塔的冷气体，自身温度降至 230 ℃以下，由塔底引出。

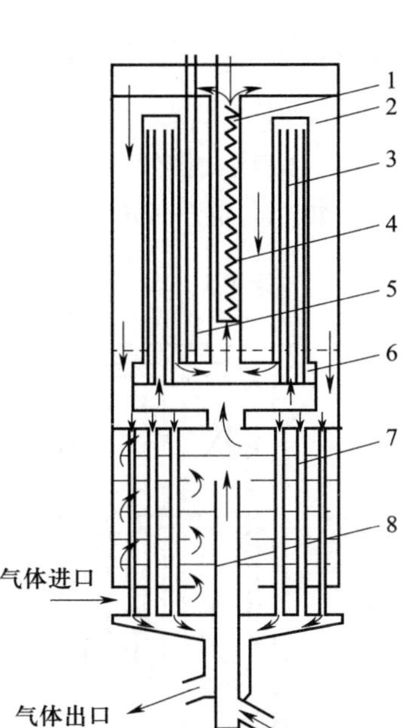

图 4－9　三套管并流式氨合成塔内件结构图
1—中心管；2—催化剂筐；3—冷管；4—电加热炉；
5—温度计套管；6—分气盒；7—热交换器；8—冷副线管

内冷管为双层，中间的滞气层起了隔热作用，因而气体在内冷管中温升很小，出内冷管后折入内外冷管环隙时，气体温度较低，与催化剂床层的温差较大，换热效果较好。并流三套管式内件催化剂床层的温度分布较合理，生产强度高、结构可靠、操作稳定、适应性强，但结构复杂，冷管与分气盒所占空间较多，催化剂装填量少，升温还原时床层底部催化剂还原不彻底。此类内件适用于直径为 600 mm 以上的中小型氨合成塔。

②单管并流式合成塔。单管并流式合成塔的催化剂筐结构图及轴向温度分布如图 4－10 所示。

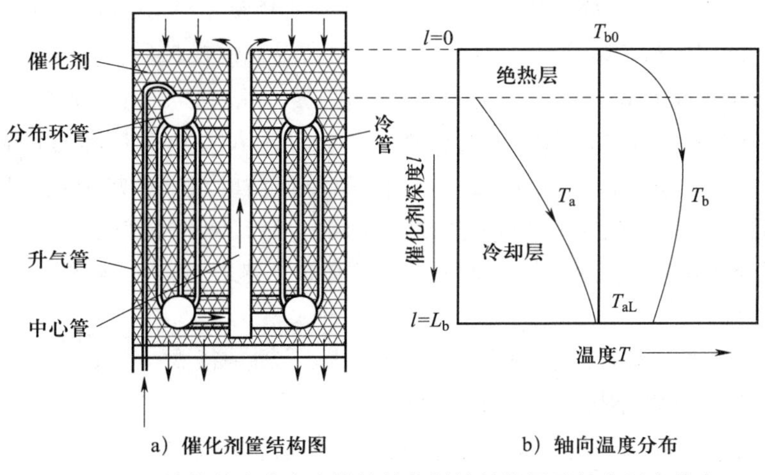

图 4－10　单管并流式合成塔的催化剂筐结构图及轴向温度分布

冷气体经合成塔下部热交换器预热后，经 2 ~3 根升气管送至催化剂床层上部分气环内，分配至各冷管内自上向下流动，与催化剂层中热气体并流换热后，汇合至下集气管，经中心管入催化剂层进行氨合成反应。反应后的热气体经换热器降温后从塔底引出。

③ⅢJ 型内冷式氨合成塔结构图如图 4 –11 所示。

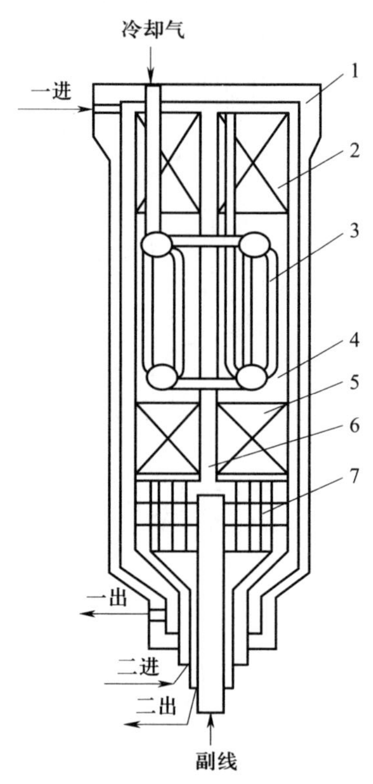

图 4 – 11　ⅢJ 型内冷式氨合成塔结构图

1—外筒；2—上绝热层；3—冷管；4—冷管层；5—下绝热层；6—中心管；7—换热器

催化剂层中部设有冷管，将催化剂层分为上绝热层、冷却层和下绝热层。塔下部为换热器。30 ~40 ℃的循环气分两路入塔，占总气量 35% ~45%（体积分数）的气体，由顶部两根导气管入催化剂层中的单冷管内，与催化剂层的高温气体换热后，沿导管由下而上到达催化剂层顶部。占总气量55% ~65%（体积分数）的另一路气体，由塔上侧入塔（一进），沿外筒与内件的环隙流至塔底，由塔下部出来（一出），入塔外换热器管内被加热至 170 ~180 ℃后，再入塔（二进）下部换热器的管间，被反应后的热气体加热到反应温度，经中心管上升到催化剂层顶部。两路气体在催化剂顶部汇合后，入催化剂层，由上而下经上绝热层、冷管层、下绝热层进行氨合成反应后，入塔下部换热器管内，预热反应前的冷气体后，由塔底引出（二出）。

2）轴径向合成塔。轴径向塔的结构有多种，如一轴一径式、二轴一径式和一轴二径式等。二轴一径式氨合成塔结构图如图 4 –12 所示。

催化剂分三层装填，第一、二层为轴向层，气体沿轴向流动，第三层为径向层，气体沿径向流动。

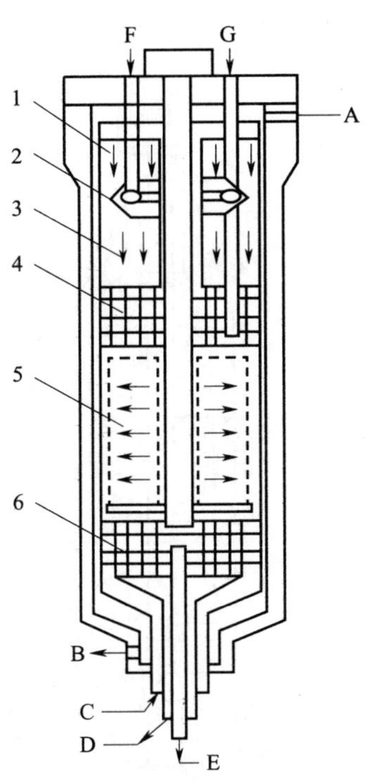

图 4－12　二轴一径式氨合成塔结构图

1—第一轴向层；2—菱形分布器；3—第二轴向层；4—层间换热器；5—径向层；6—下部换热器；
A—一次入塔气；B—一次出塔气；C—二次入塔气；D—二次出塔气
E—塔底冷副线；F—层间冷激气；G—层间冷却气

原料气从塔顶 A 进入（一进）外筒与内件之间的环隙，由塔底 B 去（一出）塔外换热器换热，换热后的气体再从塔底 C 进入（二进）塔内，经下部换热器加热至反应温度，通过中心管进入第一轴向层进行氨合成反应。反应后气体温度升高，向第一、二层间的菱形分布器通入冷激气体 F（未反应的冷原料气），使气体温度降低后进入第二轴向层进行反应。反应后温度升高的气体，先进入层间换热器被冷却后，进入径向层（一径）反应，气体自内向外沿径向流动，再进入塔下部换热器管内，与管外冷原料气换热后离开氨合成塔（二出）。

菱形分布器和层间换热器的冷原料气，均由塔顶引入。进入层间换热器的冷原料气被加热后，沿中心管的外套管自下而上流至中心管上部，与（二进）主气流混合后一起进入第一催化剂层。

轴径向塔的优点：大大降低了塔的阻力，从而可选用小颗粒催化剂，提高了氨产量，同时因塔不用冷管，结构简单，避免了冷管效应，又可多装催化剂，有利于提高氨净值。

（4）大型氨厂合成塔

1）轴向冷激式氨合成塔结构图如图 4－13 所示。

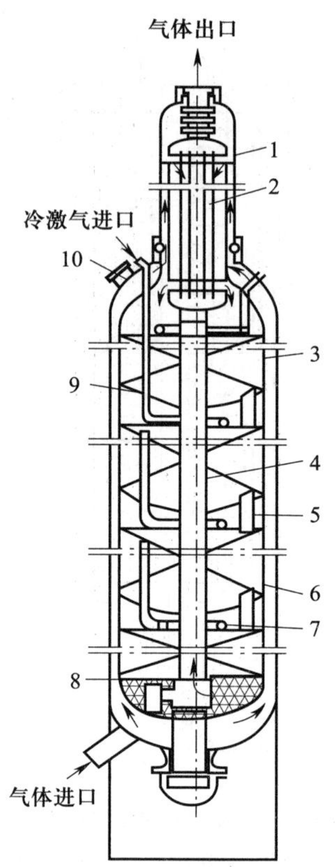

图 4－13　轴向冷激式氨合成塔结构图

1—上筒体；2—热交换器；3—催化剂筐；4—中心管；5—卸料管；6—下筒；7—冷激管；8—氧化铝；9—筛板；10—人孔

塔外筒形状为上小下大的瓶式结构，在缩口部位密封，克服了大塔径不易密封的困难。缩口部分的筒体内径为 1.118 m，主体内径为 3.188 m，总高约 27 m。上段较细部分为列管式换热器，下面是催化剂筐。催化剂分四层装填，每层催化剂上面均设有冷激管。

气体由塔底入塔，经内件与外筒间环隙，自下而上流动，以冷却外筒，入上部换热器管间，被预热至 400 ℃左右，入第一催化剂层进行绝热反应后，气体温度升至 500 ℃左右，在第一、二层间与冷激气汇合降温，再入第二催化剂层。依次类推，最后气体由第四催化剂层底部排出，折流向上经中心管，入换热器管内加热反应前的冷气体，由塔顶排出。

2）径向冷激式氨合成塔如图 4－14 所示。

该合成塔平顶盖，球形封底，外筒高约 17.6 m，内径为 2.035 m。内件下部为换热器，上部为催化剂筐。催化剂分两层装填，中间用隔板隔开。催化剂筐由三个同心圆筒组成。

内件外层是密封的外筒，中间有一个喷嘴，内层为多孔板筒体。二者焊在一起，构成双层的催化剂内筒。在多孔板内壁设有金属丝网，防止催化剂漏出。

冷原料气大部分自塔顶入塔，由上而下经外筒与内件间环隙，入换热器管间，被预热至约 400 ℃，与由塔底冷副线来的冷气体汇合后，沿中心管入第一催化剂层。由内向外气体沿

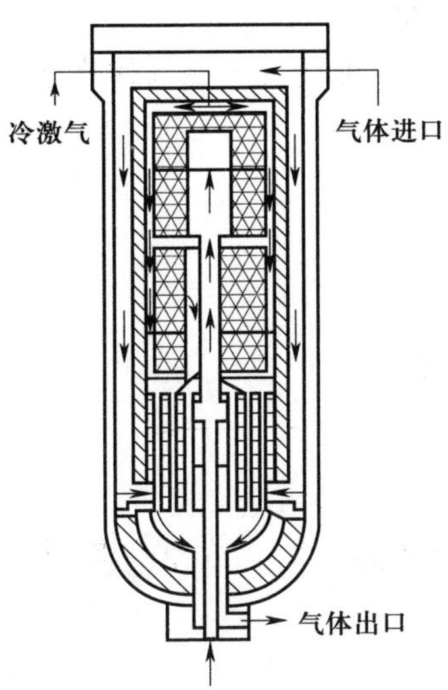

图 4－14　径向冷激式氨合成塔

径向流过第一催化剂层，温度升至约 525 ℃，与塔顶来的冷激气汇合，温度降至约 425 ℃，再由外向内沿径向穿过第二层催化剂，温度升至约 500 ℃。经中心管外的环形通道，入换热器管内，加热刚入塔的冷气体后，温度降至约 325 ℃，自塔底出塔。

课后练习

一、判断题

1. 氨合成反应是一种可逆、吸热、体积缩小的反应。（　　）

2. 操作压力的选择主要依据是能量消耗以及包括能量消耗、原料费用、设备投资在内的所谓综合费用。（　　）

3. 氨合成塔是一个高温高压设备。（　　）

4. 根据最适宜温度曲线，反应初期的最适宜温度高，反应后期最适宜温度低。（　　）

5. 循环气中惰性气体含量的高低对生产过程不产生大的影响。（　　）

6. 氨合成塔内件在生产中只承受高温，不承受高压。（　　）

二、填空题

1. 铁系氨合成催化剂的主催化剂是__________，所以使用前要进行还原。

2. 生产中应严格控制氨合成催化剂床层的__________温度和________温度。

3. 合成塔进口气体组成包括氢氮比、____________、____________。

4. 增加空间速率可提高生产强度，但使系统阻力____________，压缩循环气功耗______

______，分离氨需要的冷冻量也增大。

5. 氨合成塔由外筒和__________所组成，按气体在塔内的流动方向可分为________塔和径向塔。

三、简答题

1. 什么是平衡氨含量？
2. 简述凯洛格氨合成工艺流程。

任务三　氨的加工

学习目标

1. 掌握尿素和硝酸生产的化学反应原理。
2. 了解尿素和硝酸的生产方法。

氨主要用于生产化肥，可加工成尿素、硝酸铵、碳酸氢铵、硫酸铵、氯化铵以及磷酸铵等含氮肥料，为农作物提供氮元素。氨也是化学工业的重要原料，可以加工成硝酸及其他含氮化合物。下面介绍尿素和硝酸的生产。

一、尿素的生产

1. 尿素的理化性质

尿素化学名称为脲或碳酸酰，分子式为 $CO(NH_2)_2$，相对分子质量为60.06，纯尿素中氮的质量分数为46.65%。

纯尿素为白色、无臭的针状或棒状结晶体。工业或农业产品为白色略带微红色固体颗粒。尿素的熔点为132.7 ℃，密度为1.330 g/cm^3。尿素易溶于水和液氨，也能溶于醇类，不溶于乙醚。温度高于30 ℃时，尿素在液氨中的溶解度比在水中的溶解度大。尿素具有吸湿性，当空气的相对湿度大于尿素的吸湿点时，尿素吸收空气中的水分而潮解。

尿素在强酸溶液中呈弱碱性，能与酸作用生成盐类。例如，尿素与硝酸作用生成能微溶于水的硝酸尿素［$CO(NH_2)_2 \cdot HNO_3$］，尿素与磷酸作用生成易溶于水的磷酸尿素［$CO(NH_2)_2 \cdot H_3PO_4$］。尿素与盐类作用可生成络合物，如 $Ca(NO_3)_2 \cdot 4CO(NH_2)_2$、$NH_4Cl \cdot CO(NH_2)_2$等。尿素与磷酸钙作用可生成磷酸尿素［$CO(NH_2)_2 \cdot H_3PO_4$］和磷酸氢钙（$CaHPO_4$）。尿素在水中会进行水解，成为氨和二氧化碳，但常温下水解速度很慢。

尿素在常压下加热到接近熔点时开始异构化，形成氰酸铵，接着分解成氰酸和氨。尿素在高温下可以进行缩合反应，生成缩二脲、缩三脲，甚至三聚氰酸和三聚酰胺。

熔融态尿素在高温下会缓慢放出氨而缩合成多种化合物，最主要的是缩二脲；高浓度的尿素水溶液也可以生成缩二脲。

$$2NH_2CONH_2 \longrightarrow NH_2CONHCONH_2 + NH_3$$

降低压力、升高温度和延长加热时间都会加速缩二脲的生成。

尿素与直链有机化合物作用生成络合物。在盐酸作用下尿素同甲醛反应生成甲基尿素；在中性溶液中与甲醛作用生成二甲基尿素。尿素与甲醛进行缩合反应能生成脲醛树脂，与醇类作用生成尿烷，与丙烯酸作用生成二氢尿嘧啶，与丙二酸作用生成巴比妥酸等。

2. 尿素的合成反应

尿素的合成反应在液相中分两步进行。

第一步，液氨与 CO_2 反应生成中间化合物氨基甲酸铵（以下简称甲铵）。

$$2NH_3 + CO_2 = NH_2COONH_4 \qquad \Delta H_R = -119.2\ kJ/mol$$

该反应是快速、强放热的反应，且平衡转化率很高。

第二步，甲铵脱水生成尿素。

$$NH_2COONH_4 \rightleftharpoons CO(NH_2)_2 + H_2O \qquad \Delta H_R = 15.5\ kJ/mol$$

该反应是慢速、吸热的可逆反应，且需要在液相中进行，一般甲铵脱水是反应的控制步骤，其转化率一般为50%～70%。

合成尿素的总反应式为：

$$2NH_3 + CO_2 \rightleftharpoons CO(NH_2)_2 + H_2O + Q$$

合成尿素的副反应主要是缩合和水解反应。

$$2CO(NH_2)_2 \longrightarrow NH_2CONHCONH_2 + NH_3$$

$$CO(NH_2)_2 + H_2O \longrightarrow NH_2COONH_4$$

甲铵脱水是反应的控制步骤，反应为吸热反应，一般在较高温度（185～200 ℃）下进行。甲铵是一种不稳定的化合物，受热易分解，高温下甲铵的离解压力较高。为避免甲铵的分解，甲铵脱水要在较高压力下进行反应。

3. 尿素的生产方法

工业上用二氧化碳与氨合成尿素，由于反应物不能完全转化，未反应物需要回收。回收方式很多，早期有不循环法和部分循环法，现在均采用全循环法。

全循环法是尿素合成后，未转化的氨和二氧化碳经多段蒸馏和分离，以各种不同形式全部返回合成系统循环利用。

无论何种全循环法，尿素生产的基本工艺相同，分为四个基本步骤：①氨与二氧化碳的供应与净化；②氨与二氧化碳合成尿素；③尿素熔融液与未反应物质的分离与回收；④尿素熔融物的加工。

目前，工业上采用水溶液全循环法及汽提法。

（1）水溶液全循环法

尿素合成的未反应物氨和二氧化碳，首先经减压加热分解分离后，用水吸收成甲铵溶液，然后循环回合成系统称为水溶液全循环法。该法自20世纪60年代起迅速得到推广，在尿素生产中占有很大的优势，至今仍在完善提高。

典型的水溶液全循环法有荷兰斯塔米卡本的水溶液全循环法、美国凯米科的水溶液全循环法及日本三井东压的改良C法及D法等。我国中小型尿素厂多数采用水溶液全循环法。

水溶液全循环法优点是工艺可靠、设备材料要求不高、投资较低。缺点是反应热不能充分利用，一段甲铵泵腐蚀严重，甲铵泵的制造、操作、维修比较麻烦；为了回收微量的二氧化碳和氨气，使流程变得过于复杂。

（2）汽提法

使用汽提剂如二氧化碳、氨气、变换气或其他惰性气体，在一定压力下加热并汽提合成反应液，促进未转化的甲铵分解。

$$NH_2COONH_4 \rightleftharpoons 2NH_3\ (g) + CO_2\ (g)$$

该反应是吸热、体积增大的可逆反应，只要有足够的热量，并能降低反应产物中任意组分的分压，甲铵的分解反应就一直向右进行。汽提法就是利用这一原理，当通入二氧化碳时，气相中二氧化碳的分压接近于1，而氨气的分压趋于0，致使反应不断进行。同样，用氨气汽提也有相同的结果。

根据通入气体介质的不同，分为二氧化碳汽提法、氨气汽提法和变换气汽提法等。

汽提法工艺是当前尿素合成生产中重要的技术改进，与水溶液全循环法相比，具有流程简化、能耗低、生产费用低、单系列大型化和运转周期长等优点。

典型的汽提法有荷兰斯塔米卡本的二氧化碳汽提法、意大利斯那姆的氨气汽提法、意大利蒙爱公司的等压双循环法（IDR）及日本三井东的压低能耗法（ACES）等。

4. 尿素的用途

尿素的最主要用途是用作肥料，世界上80%～90%的尿素都用作肥料。尿素是高效优质的氮肥，既可作底肥又可作根外追肥。尿素中氮的质量分数在46%以上，是硝酸铵的1.3倍、氯化铵的1.8倍、硫酸铵的2.2倍、碳酸氢铵的2.6倍。尿素在土壤中的水分和微生物作用下，转变成碳酸铵，进一步水解及硝化供农作物吸收。在此过程中分解出的二氧化碳也可被农作物吸收利用。在土壤中尿素能增进磷、钾、镁、钙等元素的有效性。施用尿素后土壤中无残留物，适量使用一般不会使土壤板结。

尿素在工业上的用途也很广泛，尿素产量的10%用作工业原料，主要作为高聚物的合成材料。如作为尿素甲醛树脂和三聚氰胺－甲醛树脂的原料，用作塑料、喷漆、黏合剂；作为多种用途的添加剂，如油墨颜料、炸药、纺织等；还用于医药，如苯巴比妥、镇静剂、止痛剂、洁齿剂等。

二、硝酸的生产

硝酸是化学工业中的重要产品之一，可用于制造化肥、炸药及作为有机化工产品的原料，特别是染料的生产。

目前，硝酸是用氨催化氧化来生产的，产品有稀硝酸（质量分数为45%～60%）和浓硝酸（质量分数为96%～98%），这里介绍稀硝酸的生产。

用氨催化氧化的方法制稀硝酸，主要有三步。

（1）氨的氧化

从氨合成工段来的氨气和空气按一定比例混合，在铂网催化剂的作用下生成一氧化氮，反应式为：

$$4NH_3 + 5O_2 \longrightarrow 4NO + 6H_2O \qquad \Delta H_R = -907.3\ kJ/mol$$

（2）一氧化氮继续氧化生成二氧化氮

氨催化氧化后的气体中主要是一氧化氮、水蒸气以及没有参加反应的氮气、氧气，将该气体冷却降温到150～180 ℃，一氧化氮继续氧化便可得到二氧化氮，反应式为：

$$2NO + O_2 \longrightarrow 2NO_2 \qquad \Delta H_R = -112.6\ kJ/mol$$

（3）二氧化氮气体的吸收

水吸收二氧化氮气体生成硝酸和一氧化氮，反应式为：

$$3NO_2 + H_2O \longrightarrow 2HNO_3 + NO \qquad \Delta H_R = -136.2\ kJ/mol$$

从反应式中可以看出，用水吸收二氧化氮，只有三分之二生成硝酸，还有三分之一转化为一氧化氮。要利用这部分一氧化氮，必须使其氧化为二氧化氮，氧化后的二氧化氮仍只有三分之二被吸收，因此吸收后的尾气必有一部分一氧化氮排空，需要治理，否则污染环境。

工业上，氨的催化氧化，一般是在铂系催化剂存在下进行的。铂系催化剂具有良好的选择性，既能加快反应，又能抑制其他副反应。纯铂具有催化能力，但强度较差，若采用含铑10%（质量分数）的铂铑合金，不仅使机械强度增加，而且比纯铂的活性更高。但铑价格昂贵，因此多采用铂、铑、钯三元合金，常见组成的质量分数分别为铂93%、铑3%、钯4%。

根据操作压力的不同，氨氧化制稀硝酸工艺分为常压法、全加压法和综合法。

（1）常压法

氨氧化物和氮氧化物的吸收均在常压下进行。该法压力低，氨的氧化率高，铂消耗低，设备结构简单。吸收塔可采用不锈钢，也可采用花岗石、耐酸砖或塑料。但该法成品酸浓度低，尾气中氮氧化物浓度高，需经处理才能放空，吸收容积大，占地多，故投资大。

（2）全加压法

全加压法分为中压（0.2～0.5 MPa）与高压（0.7～0.9 MPa）两种。氨氧化物及氮氧化物吸收均在加压下进行。该法吸收率高，成品酸浓度高，尾气中氮氧化物浓度低，吸收容积小，能量回收率高。但加压下的氨氧化率略低，铂损失较高。

（3）综合法

氨氧化物和氮氧化物的吸收在两个不同压力下进行，该法可分为常压氧化、中压吸收及中压氧化、高压吸收两种流程。综合法集中了常压法和全加压法的优点。氨消耗、铂消耗低于全高压法，不锈钢用量低于中压法。如果采用较高的吸收压力和较低的吸收温度，成品酸的质量分数一般可达60%，尾气中氮氧化物体积分数低于0.02%，不经处理即能直接放空。

课后练习

一、判断题

1. 尿素是含氮量最低的氮肥，而且长期使用会使土质板结。（ ）

2. 汽提法是当前尿素合成生产中的重要技术，可分为二氧化碳汽提法、氨气汽提法和变换气汽提法。（ ）

3. 氨的催化氧化制硝酸，一般是在铂系催化剂存在下进行的。（ ）

二、填空题

1. 尿素的化学名称为＿＿＿＿＿＿，分子式为＿＿＿＿＿＿，合成尿素的总反应式为＿＿＿＿＿＿＿＿＿＿＿＿＿＿。

2. 工业上采用水溶液全循环法或＿＿＿＿＿＿＿＿＿＿＿＿＿＿制得尿素。

3. 用氨催化氧化的方法制硝酸主要有三步：＿＿＿＿＿＿＿＿＿＿＿、氧化生成二氧化氮和＿＿＿＿＿＿＿＿＿＿。

4. 根据操作压力的不同，氨氧化制稀硝酸工艺分为＿＿＿、＿＿＿和＿＿＿。

项目五

氯碱生产技术

氯碱工业是重要的基本化工原料工业，在国民经济中起着重要的作用。工业上用电解饱和食盐水来制备产品，其主要产品为氢氧化钠、液氯、氢气、盐酸、聚氯乙烯等，广泛应用于轻工、纺织、冶金、造纸、食品、建材、化工、塑料等行业。本项目以氯碱生产工业总体认识为基础，以氯碱生产工业重要产品氢氧化钠、盐酸生产过程工艺为主线，通过氢氧化钠的性质及其产品规格、氯化钠水溶液的电解原理、氢氧化钠的生产方法、电解法制备氢氧化钠的基本原理、电解食盐水制氢氧化钠的生产工艺及工艺条件的分析选择、氯化氢的合成原理、盐酸生产工艺流程、吸收操作的影响因素的学习，全面掌握氯碱生产工业主要产品生产技术。

任务一　认识氯碱生产工业

学习目标

1. 掌握氯碱工业的基本概念和主要产品。
2. 了解我国氯碱工业的发展历程、发展现状和发展趋势。
3. 了解氯碱工业主要产品性质及氢氧化钠产品规格。
4. 掌握电解食盐水溶液的基本原理。

一、氯碱工业的基本概念和主要产品

工业上用电解饱和食盐水溶液的方法来制取氢氧化钠、氯气和氢气，并以它们为原料生

产一系列化工产品，称为氯碱工业。氯碱工业是最基本、最重要的化学工业之一，它的产品除应用于化学工业本身外，还广泛应用于轻工业、纺织工业、冶金工业、石油化学工业以及公用事业。

二、我国氯碱工业的发展历程、 发展现状和发展趋势

1. 我国氯碱工业的发展历程

（1） 第一阶段（探索阶段）

中国第一家氯碱厂上海天原电化工厂（现上海天原化工厂）于1929年成立，爱国实业家开始探索生产氢氧化钠。国内氢氧化钠企业在1949年产量仅1.5万t。那时氢氧化钠企业主要以自发的形式开展，未取得规模效应，未受到国家支持。氢氧化钠生产技术从欧美国家引进，以水平隔膜电解槽为主，氢氧化钠品质较差。

（2） 第二阶段（初步发展阶段）

1949年中华人民共和国成立后，中国政府鼓励化工产业发展。此阶段中国氢氧化钠行业主要由政府主导，在提高设备生产能力的基础上，对电解技术和配套设备进行改进。但与欧美发达国家相比，中国氢氧化钠制备技术还处于隔膜法阶段，尚未在离子交换膜电解法上有所突破，行业整体处于初步发展阶段。

（3） 第三阶段（快速发展阶段）

1978年至2010年，中国进入改革开放阶段。截至2010年，本土氯碱企业先后从日本、美国、德国、英国等国家引进数十种离子交换膜法电解槽，总产能超过1 300万t/年。

（4） 第四阶段（平稳发展阶段）

2010年后，政府大力支持生产技术革新，推动中国氢氧化钠行业快速发展，但同时，氢氧化钠行业产能过剩、污染环境问题也日益受到公众关注。

2. 我国氯碱工业的发展现状和发展趋势

近年来，我国的氯碱工业无论是在产量、质量还是品种上都得到了长足发展。随着氯碱工业生产力的不断增加和规模的扩大，氢氧化钠的产量也在不断成倍地增长。2020年我国氢氧化钠产量为3 674万t，与2019年相比上涨6.25%；2021年产量为3 891万t，与2020年相比同比上涨5.9%。展望氯碱化工行业的未来发展趋势，一是氯碱化工行业的规模将持续壮大，二是氯碱化工企业将承担更重的社会责任，三是节约生产能源、改善生产效益将是氯碱化工企业在管理过程中的目标，依托研发、技改推动氨碱行业技术进步，向着环保低碳、低能耗、规模化效益方向发展。后续符合政策要求的先进工艺改造提升项目的等量或减量置换工作正逐步开展，有竞争力的企业能进一步发展，无竞争力的企业能有序退出，氯碱产业集中度和核心竞争力不断提升。

近年来，氯碱工业的生产技术有了很多新发展，特别是在食盐水处理、膜法脱硝技术、自动控制系统等方面有了很大的发展与改观。粗盐水的精制处理中膜法精制食盐水技术的提

出，使食盐水的一次精制技术有了较大提升。其中，戈尔膜过滤技术是最早引进行业内的一次盐水精制技术，运用戈尔膜盐水处理技术，不仅缩短工艺流程，而且因为去掉了澄清桶、砂滤器等装置，大大减少装置费用。戈尔膜之后出现的凯膜一次盐水精制技术、CN 一次盐水过滤技术和陶瓷膜一次盐水过滤技术，近年来在行业内也获得了较好应用。膜法脱硝技术是针对国产盐及卤水中 SO_4^{2-} 含量较高而出现的一种脱除 SO_4^{2-} 的技术。该工艺采用内循环纳滤/反渗透膜法浓缩配合冷却技术，不仅将食盐水中含量较高的 SO_4^{2-} 脱除掉，而且最后产出芒硝（$Na_2SO_4 \cdot 10H_2O$）副产品。该工艺无毒无害，不会产生二次污染，而且运行成本远低于普通的化学脱除法。自动化控制水平是氯碱行业技术进步的一个集中体现。这种国产化的自动化控制装置可靠性强，可保证氯碱企业长周期、高负荷稳定运行，不仅提高了氯碱行业的工艺水平和生产能力，同时也大大减少了维修费用。

三、氯碱工业的主要产品

氯碱工业的氢氧化钠、氯气和氢气三种产品都是重要的基本化工原料，其中氢氧化钠和氯气尤为重要。

1. 氢氧化钠

（1）氢氧化钠的物理化学性质

氢氧化钠即烧碱，又称苛性钠，为白色不透明的羽状结晶，相对密度为 2.1，熔点为 328 ℃，氢氧化钠吸湿性很强，易溶于水，溶解时强烈放热。水溶液呈强碱性，也易溶于乙醇和甘油，不溶于丙酮。氢氧化钠有强烈的腐蚀性，对皮肤、织物、纸张等腐蚀剧烈；易吸收空气中的二氧化碳变为碳酸钠；与酸起中和作用而生成盐。

（2）氢氧化钠的用途

氢氧化钠是基本化工原料“三酸两碱”中的一种，是一种基本的无机化工产品，广泛应用于造纸、纺织、印染、医药、染料、农药、制革、石油精炼、动植物油脂加工、橡胶、轻工等工业部门，也用于氧化铝的提取和金属制品加工。

2. 氯气

（1）氯气的物理化学性质

氯气，化学式为 Cl_2，常温常压下为黄绿色，密度为 3.170 g/L，剧毒，有强烈刺激性气味，主要通过呼吸道侵入人体并溶解在黏膜所含的水分里，会对上呼吸道黏膜造成损害，具有窒息性。氯气易压缩可液化为黄绿色的油状液态氯，是氯碱工业的主要产品之一，可作为强氧化剂。氯气中混合体积分数为 5% 以上的氢气时遇强光可能会有爆炸的危险。可溶于水，且易溶于有机溶剂（如四氯化碳），难溶于饱和食盐水。一体积水在常温下可溶解两体积氯气，形成黄绿色氯水。

氯气具有漂白性，这与它和水的反应有关。氯气与水反应为：

$$Cl_2 + H_2O \xlongequal{} HCl + HClO$$

氯气能与水发生歧化反应生成盐酸和次氯酸，而次氯酸具有强氧化性，具有漂白性，同时也有消毒作用。氯气还具有助燃性，能支持燃烧，许多物质都可在氯气中燃烧（除少数

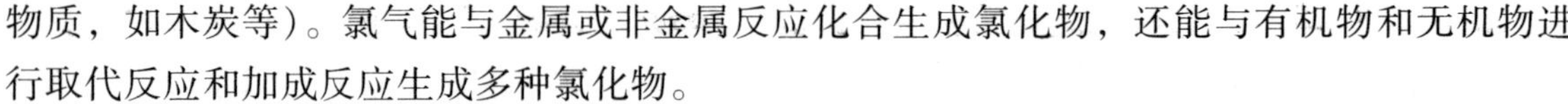

物质，如木炭等）。氯气能与金属或非金属反应化合生成氯化物，还能与有机物和无机物进行取代反应和加成反应生成多种氯化物。

（2）氯气的用途

氯气在早期可作为造纸、纺织工业的漂白剂，在化学工业中还可以生产塑料（如聚氯乙烯）、合成纤维、染料、农药、消毒剂、漂白剂以及各种氯化物、次氯酸钠、氯化铝、三氯化铁、漂白粉、三氯化磷等无机化工产品；还用于生产有机氯化物，如氯乙酸、环氧氯丙烷、一氯代苯、氯丁橡胶、塑料及增塑剂等。在日用化学工业中可用于生产合成洗涤剂原料烷基磺酸钠和烷基苯磺酸钠等。

四、氢氧化钠的产品规格

氢氧化钠按其产品规格可分为固体氢氧化钠（以下简称固碱）、液体氢氧化钠（以下简称液碱）及片状氢氧化钠（以下简称片碱）。工业氢氧化钠有液体和固体，液体为氢氧化钠水溶液，固体呈白色、不透明，常制成片、棒、粒状或熔融态。氢氧化钠广泛应用于造纸、纺织、印染、搪瓷、医药、染料、农药、制革、石油精炼、动植物油脂加工、橡胶、轻工等工业部门，也用于氧化铝的提取和金属制品加工。

固碱、液碱、片碱产品规格分别见表 5 - 1、表 5 - 2 和表 5 - 3。

表 5 - 1　　固碱产品规格

产品所含成分	各成分质量分数
氢氧化钠	≥98%
氯化钠	≤0.12%
碳酸钠	约 1.5%
水分	约 1%

表 5 - 2　　液碱产品规格

产品	生产工艺	产品所含成分	各组分质量分数
30% 液碱	离子交换膜法	氢氧化钠	约 30%
		氯化钠	≤0.05%
		碳酸钠	≤0.06%
		氯酸钠	≤0.002%
		二氧化铁	≤0.006%
50% 液碱	隔膜法	氢氧化钠	约 50%
		氯化钠	约 1%
		碳酸钠	约 0.25%
		氯酸钠	约 0.1%
		硫酸钠	约 0.025%
		铁	约 0.001%

表 5-3　片碱产品规格

产品所含组分	各组分质量分数
氢氧化钠	≥97%
碳酸钠	≤2.0%
氯化钠	<1.0%

五、电解食盐水溶液的基本原理

电化学装置中的化学电池能够实现化学能与电能的相互转化。电解是电能转化成化学能的过程。食盐水主要是氯化钠水溶液，氯化钠水溶液电解时，溶液中的 Cl^- 向阳极迁移，在阳极上失去电子结合成 Cl_2；H^+ 向阴极迁移，在阴极上得到电子结合成 H_2；溶液中的 Na^+ 和 OH^- 结合生成 NaOH。

用石墨或金属阳极时，阳极上析出氯气，电极反应为：

$$2Cl^- - 2e = Cl_2\ (g)$$

用铁阴极时，阴极上析出氢气，电极反应为：

$$2H_2O + 2e = H_2\ (g) + 2OH^-$$

钠离子与氢氧根离子在阴极区生成氢氧化钠，反应为：

$$Na^+ + OH^- = NaOH$$

氯化钠水溶液电解的总化学反应方程式为：

$$2NaCl + 2H_2O \xlongequal{电解} Cl_2\uparrow + H_2\uparrow + 2NaOH$$

电解食盐水溶液的次级反应主要是溶解氯的水解引起的，即阳极反应析出的氯气会有一部分溶解在阳极溶液中，并生成次氯酸、盐酸，反应为：

$$Cl_2 + H_2O \longrightarrow HClO + HCl$$

次氯酸是强氧化剂，但是一个弱酸，电离度较小，并不能改变电极反应。但是随着阴极氢氧化钠浓度的增大，它必然向阳极扩散，此时就会发生中和反应：

$$NaOH + HClO \longrightarrow NaClO + H_2O$$

$$NaOH + HCl \longrightarrow NaCl + H_2O$$

生成的次氯酸钠是盐，随着次氯酸根增多，更加促进氯气的溶解，而次氯酸钠、次氯酸均为强氧化剂，还可进行歧化反应：

$$NaClO + 2HClO \longrightarrow NaClO_3 + 2HCl$$

次氯酸根浓度增大时，还会参与阳极反应：

$$12ClO^- + 6H_2O \longrightarrow 4HClO_3 + 8HCl + 3O_2\uparrow + 12e$$

当次氯酸钠到达阴极时，被还原为氯化钠：

$$NaClO + H_2 \longrightarrow NaCl + H_2O$$

在阳极附近的 OH^- 浓度增大时也会参与阳极反应，放出 H_2 和 O_2，即：

$$2OH - 2e \longrightarrow H_2\uparrow + O_2\uparrow$$

以上均为电解食盐水溶液的副反应。

课后练习

一、填空题

1. 氯碱工业的主要产品有__________、____________、____________。
2. 电解食盐水过程中生成 H_2 的是________极，生成 Cl_2 的是________极。

二、选择题

1. 下列哪项不是氢氧化钠的理化性质（　　）。

A. 易溶于水　　B. 水溶液呈强碱性

C. 在空气中不会变质　　D. 腐蚀性

2. 下列哪项不是氢氧化钠的产品规格分类（　　）。

A. 固碱　　B. 气碱　　C. 液碱　　D. 片碱

三、判断题

氢氧化钠是一种基本的有机化工产品。（　　）

四、简答题

请写出电解氯化钠水溶液的主要化学方程式。

任务二　氯碱生产技术

学习目标

1. 了解氢氧化钠的主要生产方法和固体碱的主要制备方法。
2. 掌握电解法制备氢氧化钠的基本原理。
3. 掌握电解食盐水制氢氧化钠的生产工艺。
4. 会分析选择隔膜法和离子交换膜法制烧碱的生产工艺条件。

一、氢氧化钠生产方法简介

目前，氯碱工业上生产氢氧化钠主要有苛化法和电解食盐水法（以下简称电解法）。

1. 苛化法

苛化法是通过将10%～12%（质量分数）纯碱水溶液与石灰乳混合进行苛化反应来制取氢氧化钠（苛性钠）。主要反应如下：

$$Na_2CO_3 + Ca(OH)_2 = 2NaOH + CaCO_3 \downarrow$$

苛化后的溶液经静置沉降、分离等工序，即得到含NaOH近于10%（质量分数）的氢氧化钠溶液。若再经蒸发浓缩、熬固等工序可得固碱。

2. 电解法

电解法生产氢氧化钠是基于电化学原理，在直流电作用下使食盐溶液发生电解反应：

$$2NaCl + 2H_2O = 2NaOH + H_2 \uparrow + Cl_2 \uparrow$$

电解食盐溶液可以获得氢氧化钠、氯气和氢气，囊括了氯碱工业的主要产品，因此，电解法生产氢氧化钠又称为氯碱工业。出于现代化工行业对高纯度氢氧化钠和氯气的迫切要求，苛化法由于生产效率低、产品单一，已逐渐被电解法所取代。根据选用电极材料的不同，电解法分为隔膜法、水银法（汞阴极法）和离子交换膜法。

（1）隔膜法

隔膜法利用多孔渗透性的隔膜材料作为隔层，把阳极产生的氯气与阴极产生的氢氧化钠和氢气分开，以免它们混合后发生爆炸和生成氯酸钠。由于过程产生的氯气和氢氧化钠是强腐蚀性物质，因此阳极材料和隔膜材料的选择是隔膜法工业生产中的关键性问题。隔膜电解槽制得的电解液含NaOH约10%（质量分数），经蒸发后可获得含NaOH约50%（质量分数）的液碱。隔膜法能耗较大，使用的石棉隔膜使用寿命短且对环境和人体有害。

（2）水银法

水银电解槽由电解室和解汞室组成。在汞阴极上，钠离子放电生成金属钠，立即与汞作用得到钠汞齐：

$$Na^+ + nHg + e \longrightarrow NaHg_n$$

钠汞齐从电解室排出后，在解汞室中与水作用生成氢氧化钠和氢气。

$$NaHg_n + H_2O \longrightarrow NaOH + \frac{1}{2}H_2 + nHg$$

由于在电解室中产生氯气，在解汞室中产生氢氧化钠和氢气，阳极产物和阴极产物的分离得以解决。水银法的优点是电解槽流出的溶液中NaOH浓度较高（质量分数可达50%），不需蒸发增浓，产品质量高，杂质盐含量低（质量分数约0.003%）。但由于水银是有害物质，且易汽化，对人体毒害作用很强，此法已逐渐被淘汰。

（3）离子交换膜法

离子交换膜法用离子交换膜将电解槽的阳极室和阴极室隔开，阳极和阴极上发生的反应与一般隔膜法相同。但此法所用离子交换膜的性能良好，不允许Cl^-透过而生成NaCl盐类杂质。因此，阴极室得到的氢氧化钠纯度高，电能和蒸汽消耗比隔膜法和水银法低20%～25%。此外，建设投资和环境保护等方面均优于其他方法，因此，离子交换膜法是氯碱工业的主要发展方向和投资领域。

二、电解法生产氢氧化钠原理

电解是电能转化成化学能的过程。当用直流电通过熔融状态氯化钠电解质或氯化钠水溶液时，阴阳离子分别迁移至相反的电极并发生放电现象，阴离子（Cl^-和OH^-）移向阳极，阳离子（Na^+和H^+）移向阴极，阴阳离子在电极上发生氧化还原反应，其放电数量与参加电化学反应的反应物和生成物的反应量理论上存在着严格的定量关系，这就是法拉第（Faraday）电解定律。电极上析出产物的种类取决于当时条件下各离子在该电极上的放电电位，析出的量则取决于通过电解液的电量。

1. 法拉第电解定律

法拉第定律是电解过程的基本定律，包括法拉第第一定律和法拉第第二定律，适用于电解质水溶液的电解过程和熔融电解质的电解过程。

法拉第第一定律：电解质溶液通电时，电极上析出物质的质量（G）与通过电解液的电量成正比。对于稳恒电流，则与电流强度（I）及通电时间（t）成正比。其数学表达式为：

$$G = KIt$$

式中G是电极上析出物质的质量，单位为g或kg；K为比例系数，也称为电化当量；I为通过电解液的电流强度，单位为A；t为电解反应时间，单位为s或h。

法拉第第二定律：将等量的直流电流通过不同电解质时，在电极上析出物质的量与电解质的化学当量成正比。即析出1 g化学当量的任何物质都要消耗同样多的电量F。一个F约等于96 500库仑（以符号C表示），称为1法拉第；96 500 C约等于26.8 A·h。第二定律的数字表达式为：

$$Q = \mathrm{F}N$$

式中Q为通入电解液的电量，单位为C或A·h；F为法拉第常数，数值为96 500 C，即96 500 C或26.8 A·h；N为析出物质的摩尔质量。

在工业生产中，常以26.8 A·h来表示1法拉第电量。当电解氯化钠水溶液时，理论上1 A·h电量能生成以下量的生成物：

生成物质	H_2	Cl_2	NaOH
生成量（g）	1.32	0.037 3	1.492

但是，由于实际生产中的各种因素，生成物的实际析出量总是少于理论量，因此把生成物的实际析出量与理论析出量之比称为电流效率，即：

$$\text{电流效率}\ \eta_1 = \frac{\text{实际产量}}{\text{理论产量}} \times 100\%$$

电流效率可以根据阳极析出物（Cl_2）的质量来计算，称为阳极效率；或者用阴极析出物（NaOH）的质量来计算，称为阴极效率。电流效率是电解生产中非常重要的化工经济指标。电流效率越高，电流损失越少，以同样的电量获得的电解产物越多，现代氯碱厂电流效率一般为95%～97%。

2. 电极反应

电解食盐水溶液时，溶液中由于NaCl和水的电离，主要有Na^+、H^+、Cl^-、OH^-四种离子存在。直流电通入后，阳离子（Na^+、H^+）向阴极迁移，阴离子（Cl^-、OH^-）向阳极迁移，电位低的离子先在电极上放电析出。

在阳极进行的主要电极反应：

$$2Cl^- - 2e = Cl_2(g)\uparrow$$

在阴极进行的主要电极反应：

$$2H_2^+ + 2e = H_2(g)\uparrow$$

随着电极反应的不断进行，未参加阴极反应的Na^+和溶液中OH^-的结合生成氢氧化钠：$Na^+ + OH^- \longrightarrow NaOH$，并富集在阴极附近；而在阳极的NaCl浓度则由于不断反应消耗而下降。所以食盐水电解的总反应式为：

$$2NaCl + 2H_2O \xlongequal{电解} Cl_2(g) + H_2(g) + 2NaOH$$

阳极电极反应生成的Cl_2少量溶解在水中，可能引起一系列副反应，这些副反应不仅消耗电解产物Cl_2、H_2和NaOH，而且生成了次氯酸盐、氯酸盐等，降低了产品Cl_2和NaOH的纯度，增加了生产的危险程度，加大了能耗，降低了生产效率。因此，为了让氯碱工业生产出纯度高、能耗低、副反应少的产品，必须有效改进工艺和设备，采取有效措施。例如，生产过程中控制较高的温度，降低生成的氯气在溶液中的溶解度等。

3. 理论分解电压、槽电压与电能效率

（1）理论分解电压

电解质进行电解时，要在电极上析出所需产物，必须在电极上外加电压，并且电压要达到一定的数值。理论上电压只要等于或略大于阳极与阴极电极电位之差即可，电解过程能够发生所需要的最小电压称为理论分解电压。可用能斯特方程或吉布斯－亥姆霍兹方程计算。

食盐水电解时用的是接近饱和的食盐水，浓度以5 $kmol \cdot m^{-3}$计算，阴极附近的溶液一般含NaOH浓度为2.5 $kmol \cdot m^{-3}$。根据表中数据计算出25 ℃时氯化钠和氢氧化钠的活度系数，计算出电解食盐水的理论分解电压E为－2.17 V，即外加至少2.17 V电压才能使食盐水电解。

（2）超电压（过电压）

超电压是电解时离子在电极上的实际放电电位与理论放电电位的差值，超电压也称为超电位（过电位）。电解时，如果是金属离子在电极上放电，超电压并不大，大部分情况下可以忽略。但如果电极上析出的是气体，如Cl_2、H_2、O_2时，则有不同程度的超电压，数值较大，其中以H_2和O_2最为明显。

超电压的数值大小与电极材料等因素有关系。在一定条件下，超电压的存在要求消耗更多的电能，不利于生产过程节能。如果利用超电压的性质选择适当的电解条件，也可以使电解过程符合生产的要求。对氢超电压来说，电极材料可分为以下三类：

1）高超电压的金属，即铝、镉、汞、锌等；

2）中超电压的金属，即铁、钴、镍、铜等；

3）低超电压的金属，即铂、钯等。

电解食盐水时，在阳极上放电的有多种离子。恰当地选择电极材料和电解条件，可以控制各离子在电极上的超电压，使电解按指定方向进行。实际生产中，降低电流密度、增大电极表面积、使用海绵状或粗糙表面的电极、提高电解质温度等措施均可使超电压降低。

（3）槽电压

在电解生产氢氧化钠过程中，由于电解液的浓度不均匀，阳电极的钝化，导线和接点、电解液和隔膜等因素也需要额外消耗外加电压电流，所以在实际生产过程中，实际的分解电压大于理论分解电压，把电解槽两电极上所加的电压也称为槽电压，槽电压包括理论分解电压 E，过电位 E_0，电流通过电解液的电压降 ΔE_L 和通过电极、导线、接点等的电压降 ΔE_R，即：

$$E_{槽} = E + E_0 + \Delta E_L + \Delta E_R$$

隔膜法的槽电压一般为3.5～4.5V。

（4）电压效率及电能效率

氯碱工业生产中，将理论分解电压和槽电压之比称为电压效率，即：

$$电压效率\ \eta_E = \frac{理论分解电压}{槽电压} \times 100\% = \frac{E_{理}}{E_{槽}} \times 100\%$$

由此可知，可通过降低槽电压来提高电压效率，降低产品电耗和能耗，故电压效率也可作为衡量产品经济性的指标。隔膜法的电压效率能达到60%左右。电解法生产氢氧化钠的效率不高，主要是因为槽电压比理论分解电压高得多。生产上要采用多种方法来降低槽电压。

氯碱工业生产中，由于电解过程是用电能转换为化学能从而获得电解产品的过程，电解中消耗多少电能是衡量产品经济性的重要指标。实际生产中，常以生产1 t电解产品理论所需电能来与实际消耗电能之比计算电能效率，即：

$$电能效率\ \eta_W = \frac{理论电能耗量}{实际电能耗量} \times 100\% = \frac{W_{理}}{W_{实}} \times 100\%$$

电能效率也可用电流效率与电压效率的乘积来表示，即：

$$电能效率\ \eta_W = \eta_I \times \eta_E$$

【例】电解槽的理论电压为2.11 V，槽电压为3.35 V，电流效率为96%，生产1 t NaOH，实际需要多少电能？电能效率为多少？（$W_{理} = 5.23 \times 10^9$ J）

解：电压效率 $\eta_E = \dfrac{理论分解电压}{槽电压} \times 100\% = \dfrac{2.11\ V}{3.35\ V} \times 100\% \approx 63\%$

电能效率 $\eta_W = \eta_E \times \eta_I = 63\% \times 96\% \approx 60.5\%$

$$电能效率\ \eta_W = \frac{理论电能耗量}{实际电能耗量} \times 100\% = \frac{W_{理}}{W_{实}} \times 100\%$$

实际需用的电能为：$W_{实} = W_{理}/60.5\% \approx 8.65 \times 10^9 J$

从以上计算可知，电能的消耗与槽电压的大小及电流效率的高低有密切关系。为了降低电耗，应尽量从各方面降低槽电压，提高电流效率。工业生产中，电流效率一般为90%～96%。

4. 隔膜法和离子交换膜法电解原理

工业生产氢氧化钠主要采用隔膜法和离子交换膜电解法。中国的氢氧化钠工业发展迅速，其中隔膜法在氢氧化钠工业中占主导地位，而离子交换膜电解法被公认为当今的先进技术，故以下重点讨论这两种方法。

（1）隔膜法原理

隔膜法是目前生产氢氧化钠最主要的方法之一，隔膜法是指在阳极与阴极之间设置隔膜，把阴、阳极产物隔开。隔膜是一种多孔渗透性隔层，它不干扰正负离子向阴阳电极的迁移和电流通过，并使离子和电子以一定的速率流向阴极，但可阻止 OH^- 向阳极扩散，防止阴、阳极产物间的机械混合。目前，工业上较多使用立式隔膜电解槽，示意图如图5－1所示，典型代表是虎克电解槽，隔膜将电解槽隔成阳极区和阴极区。立式隔膜电解槽的阳极用石墨或金属，阴极用铁丝网或冲孔铁板。当输入直流电进行电解时，食盐水溶液中的部分氯离子在阳极上失去电子（放电）生成氯气并逸出。剩余的钠离子随溶液向阴极迁移，流入阴极的电解液，其中的氢离子在阴极得到电子（放电）生成氢气自电解槽阴极室逸出。由于氢离子不断放电析出氢气，从而进一步促使水电离。溶液中所剩的

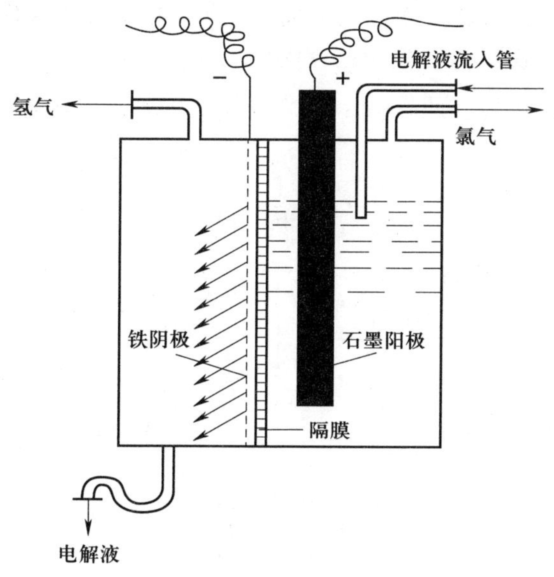

图5－1　立式隔膜电解槽示意图

氢氧根离子与钠离子形成碱溶液，与未电解的氯化钠溶液一起不断自电解槽中排出。新的食盐水不断得到补充，在电解槽的阳极室进行连续生产。由前可知，电解槽阴极溶液中的氢氧根离子浓度不断增大，向阳极扩散的可能性就不断增加。为了防止氢氧根离子的扩散，除依靠隔膜外，还采取上述逆流的方法，即电解液流动方向是自阳极流向阴极，恰与氢氧根离子移动方向相反。这样既可取得比较高浓度的碱液，也可提高电流效率，保证了连续生产，因而这种电解槽在氯碱工业上得到了广泛应用。

（2）离子交换膜法电解原理

离子交换膜法电解是一项较新的电化学技术。研究始于20世纪60年代，经过了20余年的发展逐渐成熟。相比传统的隔膜法和水银法，此法具有能耗低、产品质量高、占地面积小、生产能力大及适应电流昼夜变化等优点，并能彻底解决了石棉、水银对环境的污染。因此离子交换膜法被人们普遍认为是氯碱工业发展的方向。

离子交换膜法电解的核心是离子交换膜。它是一种能耐氯碱腐蚀、具有选择透过性能的阳离子交换膜。在离子交换膜法电解槽中，离子交换膜将阳极室和阴极室隔开，仅允许阳离子（Na^+）通过，而阴离子（Cl^-、OH^-）则不能通过。在阳极上和阴极上所发生的反应与普通隔膜电解法相同。离子交换膜法制碱原理示意图如图5－2所示。饱和精制食盐水进入阳极室，去离子水加入阴极室。通电时，阴极室中的去离子水电离生成的H^+放电生成H_2逸出，促使去离子水电离，而Na^+可以自由通过交换膜而进入阴极室与电极反应后剩余的OH^-结合成NaOH。阳极室中Cl^-在阳极表面放电生成Cl_2逸出，饱和精制食盐水通过电解消耗掉NaCl后，精制食盐水浓度降低，因此在阳极室将有淡盐水排出。而阴极室中去离子水由于不断电解消耗需进行一定量的补充，通过调节加入阴极室的去离子水量，可以得到一定浓度的NaOH溶液。由上述过程可知，由于离子交换膜的选择透过作用，使得渗透到阴极室的Cl^-、迁移入阳极室的OH^-量是极少的。因此离子交换膜法电解生成的碱液内含NaCl盐量极少，碱的质量和纯度较高，而且由于副反应少让电流效率更高。

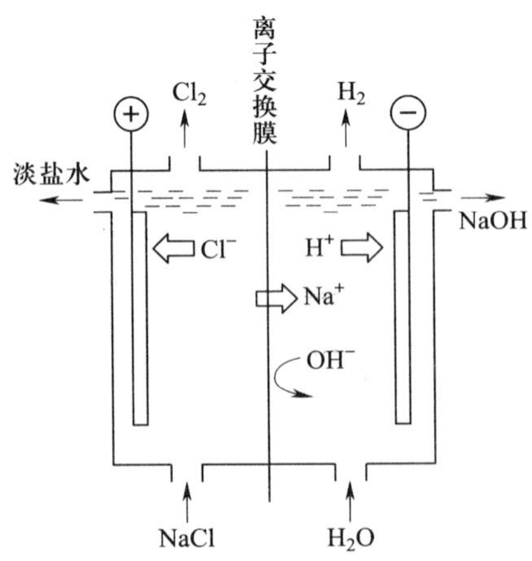

图5－2　离子交换膜法制碱原理示意图

三、食盐水的制备和净化

1. 食盐水溶液的制备

普通的工业食盐主要含 NaCl，但还含有少量的杂质，包括化学杂质和机械杂质。化学杂质一般为 $MgCl_2$、$MgSO_4$、$CaCl_2$、$CaSO_4$ 和 Na_2SO_4 等，机械杂质一般为泥沙及其他不溶性的杂质。目前我国氯碱工业所用的原料以海盐为主，海盐原盐溶解是在化盐桶和化盐池内进行的。海盐原盐从盐仓用皮带输送到化盐桶上部，加入桶内，上部往桶底的配水管均匀喷出化盐水，让它与食盐水逆流相遇。当水通过盐层时，将盐溶化制成饱和的精制食盐水，质量浓度应保持在 310 g/L 以上，最后由上部通过箅子除去一部分机械杂质，通过溢流管流出。

2. 食盐水的净化

普通的工业食盐中含有钙盐、镁盐、硫酸盐和机械杂质，食盐水精制的目的就是除去这些对电解法生产氢氧化钠有害的杂质。隔膜法电解生产氢氧化钠过程中，钙离子和镁离子可生成沉淀而积聚在隔膜上，使隔膜堵塞，影响隔膜的渗透性，使电解槽工作效率低下。处理方法同氯碱法制纯碱过程的食盐水精制。如果硫酸盐的质量浓度较高，SO_4^{2-} 将在电解槽的阳极发生氧化反应，增加阳极腐蚀，缩短阳极电极的使用寿命。其反应如下：

$$2SO_4^{2-} \xlongequal{\text{电解}} 2SO_2\ (g) + O_2\uparrow + 4e^-$$

$$2SO_2\ (g) + 2H_2O \xlongequal{} 2H_2SO_4$$

$$2H_2SO_4 \xlongequal{} 4H^+ + 2SO_4^{2-}$$

反应中放出的氧气将石墨电极氧化，生成 CO_2 更加速了电极的腐蚀，造成了电能的消耗，降低了氯气的纯度。通常加入氯化钡来除去硫酸盐杂质，反应为：

$$BaCl_2 + Na_2SO_4 \xlongequal{} BaSO_4\downarrow + 2NaCl$$

氯化钡的加入量按食盐水中 SO_4^{2-} 不超过 5 g/L 来控制。

食盐水净化过程中 $Mg(OH)_2$ 易形成胶体，影响食盐水的澄清速度，常用凝聚剂加快食盐水澄清速度。凝聚剂可使食盐水的澄清速度提高 0.5～1 倍，常用的凝聚剂是苛化麸皮或苛化淀粉。有些氯碱厂采用羧甲基纤维素，可以节省粮食，也有的采用聚丙烯酰胺高分子凝聚剂。

食盐水经中和后，应达到如下要求：NaCl 质量浓度应达到 310～315 g/L，Ca^{2+} 和 Mg^{2+} 质量浓度 $<3\sim5$ mg/L，SO_4^{2-} 质量浓度 ≤ 5 g/L，盐水 pH 值在 7～7.5。

3. 食盐水的二次精制

对于隔膜法采用一次净化食盐水可满足工艺要求，但对于离子交换膜法需对一次净化食盐水进行二次精制，先将第一次净化的食盐水以碳素管或过滤器过滤，使悬浮物质量分数 $<1\times10^{-6}$，再采用螯合树脂塔或其他超过滤系统，使 Ca^{2+} 与 Mg^{2+} 的总质量分数 $<2\times10^{-3}$，并保证 SO_4^{2-} 的质量浓度在 4 g/L 以下，将微量钙镁离子除去。

四、电解生产工艺条件的确定

1. 隔膜法电解生产工艺流程

隔膜法电解的生产工艺流程如图 5－3 所示。

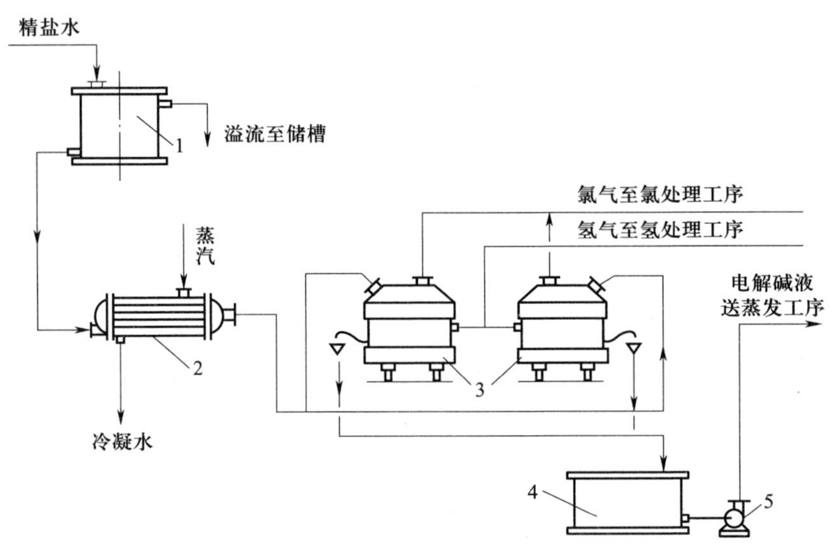

图 5－3　隔膜法电解的生产工艺流程

1—高位槽；2—预热器；3—电解槽；4—电解碱液集中槽；5—鼓风机

自食盐水工序送来的精制食盐水进入高位槽，槽内食盐水液位维持恒定，以使进入电解槽的食盐水流量稳定。高位槽的食盐水入电解槽前先经预热器预热至约 70 ℃，食盐水入电解槽后可维持槽温约为 95 ℃。电解过程中阳极生成的氯气从电解槽顶逸出导入氯气总管送氯处理工序。阴极生成的氢气导入氢气总管送到氢处理工序。生成的电解碱液导入总管，汇集在电解碱液集中槽中，经碱液泵送到碱液蒸发工序。电解槽间是串联组成的，电解槽的个数应与直流电源的电压相适应。为避免电流顺食盐水和碱液导出漏电，食盐水管道和水流不能与电解槽直接相连，需设置一水流阻断器。电解液通过滴液器呈滴状流出，不能连成一线，否则管道将被迅速腐蚀。另外，线路电压超过人体安全电压（＞36 V）时还会威胁人身安全。因此操作人员应严格执行安全操作规程。氯气管道大多由陶瓷和塑料制成，氯气导管安装应略微倾斜，以便水蒸气凝液可以流出。为了抽送氯气，在氯气导管系统中应装置鼓风机，使阳极室内维持约 29.42～40.04 Pa 的真空。导出氢气所用的铁管安装也要倾斜，以利于凝液流出，氢气由鼓风机或蒸汽喷射器吸出，且使阴极室的真空度略大于阳极室，以避免在食盐水液面较低时，有氢气混到氯气中。

2. 隔膜法电解生产工艺条件的确定

隔膜法电解生产过程既受电解质溶液本身性质的影响，也受电解过程工艺条件的影响。选择合适的工艺条件有助于降低槽电压，提高电流效率和产品纯度。

（1）食盐水温度和浓度

电解食盐水溶液的导电性依赖于阴、阳离子的迁移。氯化钠水溶液的电导率随浓度的增加和温度的升高而增强。为使电导率最大，电解过程应使用氯化钠饱和溶液，并维持电解槽温度约为 95 ℃，这不仅提高了盐水电导率，还能降低氯气的溶解度，从而提升阳极效率并减小电极的超电压。

（2）碱液成分和盐水流量

电解过程中食盐水流量的大小与电流效率、氢氧化钠的浓度之间存在一定的联系。出于提高化工经济性的考虑，应尽量提高氢氧化钠的浓度，这对减小蒸发程度和节约蒸汽能量有重要意义。食盐水流量越小，食盐水中氯化钠分解率越高，氢氧化钠浓度越高。但氢氧化钠浓度越高，副反应越多，电流效率下降，氯酸盐含量升高，降低碱液纯度。而增大食盐水流量会导致食盐水中氯化钠分解率降低，氢氧化钠浓度降低，电流效率低下。所以食盐水流量大小应结合生产实际情况控制适宜。

（3）电极液的 pH 值与阳极电流效率

进电解槽食盐水的 pH 值对氯气纯度、电流效率有直接的影响。酸性食盐水能有效抑制氯气在阳极中的溶解，从而减少副反应的发生，提高电流效率，降低氯气中的氧含量和阴极液氯酸盐的含量，因此许多氯碱厂都采用酸性食盐水进行电解。但也有些氯碱厂为了设备防腐采用中性或微碱性食盐水电解，酸性食盐水 pH 值太低时，对金属阳极的涂层和隔膜都不利。所以酸性食盐水的 pH 值应控制在 3.5 ~4.5，金属阳极电解槽阳极食盐水 pH 值为 4.1 ~ 4.5 时，阳极效率可达约为 96%。

（4）氯气纯度与压力

氯气是电解过程阳极反应的产物，电解出的氯气中通常含有少量杂质气体（如氧气、氢气等），并携带饱和水蒸气，饱和水蒸气经干燥后基本可以除去。干燥后的氯气中，氯气体积分数要占到 97% ~98%。由于氯气是有毒气体，必须采取有效措施防止氯气泄漏。需要保证生产设备正常运转时，氯气总管内保持微正压（表压约 98 Pa），而在拆卸电解槽时保持微负压（真空度约 98 Pa）。

（5）氢气纯度与压力

电解得到的氢气纯度很高，一般体积分数在 99% 以上。为防止氢气与空气混合发生爆炸，一般电解槽的氢气系统都保持正压约 98 Pa（表压），有的工厂还设有负压警报器或自动调压装置。通常严禁在电解厂房内使用明火。

3. 离子交换膜法电解生产工艺流程

图 5 -4 是用食盐为原料，离子交换膜法电解食盐水溶液的工艺流程简图。

流程分为四个流程：一次盐水精制、二次盐水精制、电解槽、氢氧化钠蒸发装置。

首先，从离子交换膜电解槽流出的淡盐水经过脱氯塔脱去溶解的氯气后，进入食盐水饱和槽，用原料食盐增浓为饱和食盐水，然后加入少量氢氧化钠、碳酸钠等精制试剂除去食盐水中的钙、镁离子等杂质，并在澄清槽中沉淀分离，为保证一次精制效果，从澄清槽出来的一次精制食盐水中还含有少量悬浮物，对螯合树脂塔将产生不良影响，所以再经过盐水过滤

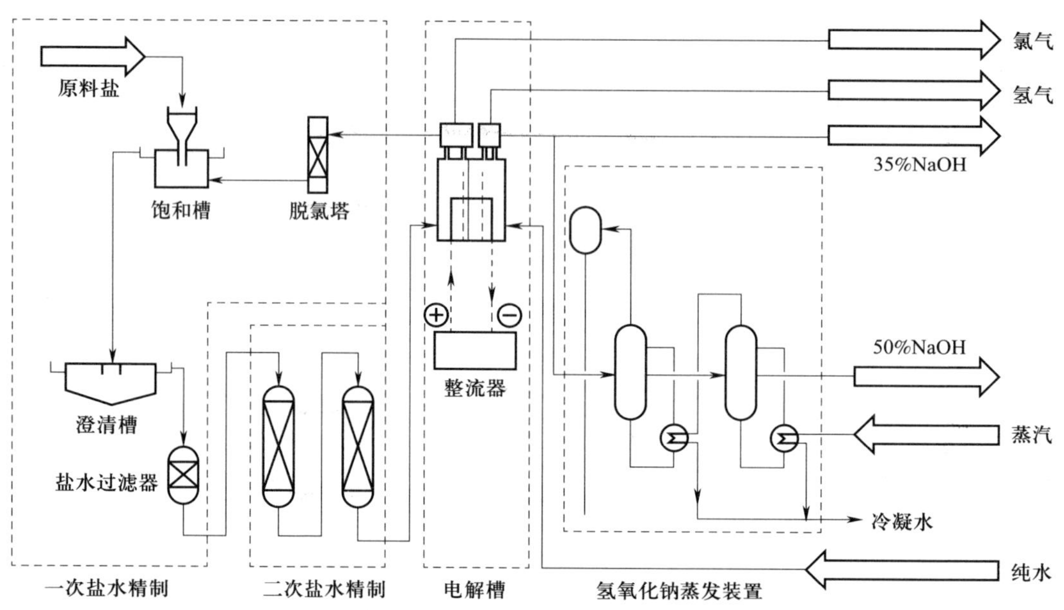

图 5-4 离子交换膜法电解食盐水溶液的工艺流程简图

器，使悬浮物含量低于 1×10^{-6}。然后，食盐水通过树脂塔进行二次精制，除去其中的钙、镁、重金属等杂质，之后即可送到离子交换膜电解槽的阳极室。与此同时，纯水和碱液送入阴极室（正常生产时只加纯水），通入直流电进行电解。在阳极室产生的氯气与淡盐水引出，经分离器分离，氯气送氯气总管，淡盐水一般含 NaCl 为 200～220 g/L，经脱氯塔脱去溶解 Cl_2后送饱和塔循环使用。在电解槽阴极室，产生的氢气和液碱同样经分离器分离后，氢气送到氢气总管，碱液质量分数可达 30%～35%，可作为液碱出售，也可送去氢氧化钠蒸发装置再浓缩，以制取更浓的液碱或固碱。

4. 离子交换膜法电解生产工艺条件的确定

离子交换膜价格较高，为了控制企业生产成本，离子交换膜法电解生产工艺条件应尽量控制在最佳范围，保证离子交换膜长时间正常使用。为了保证离子交换膜长期稳定使用，需要对相关工艺条件优化控制。

（1）食盐水质量

食盐水质量是离子交换膜电解槽能否正常运行的关键因素之一，食盐水质量对离子交换膜的寿命、槽电压和电流效率有重要影响。食盐水中的 Ca^{2+}、Mg^{2+} 和其他重金属离子与阴极室反渗透过来的 OH^- 结合生成难溶的氢氧化物会沉积在膜内，使膜电阻增加，槽电压上升，导致离子交换膜的性能发生不可逆恶化而缩短其使用寿命。SO_4^{2-} 和其他离子（如 Ba^{2+} 等）生成难溶的硫酸盐沉积在离子交换膜内，也使槽电压上升，电流效率下降。

所以用于离子交换膜电解的盐水纯度远远高于隔膜法，故离子膜电解用的食盐水须在原来一次精制的基础上，再进行第二次精制，以保证离子交换膜的使用寿命和较高的电流效率。

（2）阴极液中的氢氧化钠浓度

阴极液中的氢氧化钠浓度与电流效率的关系存在一极大值，即氢氧化钠浓度升高，离子

交换膜阴极一侧的含水率减小，固定离子浓度增大，因此，电流效率增大；但氢氧化钠浓度继续升高时，离子交换膜中氢氧根离子浓度增大，反迁移增强，当氢氧化钠质量分数超过36%时，电流效率明显下降。

氢氧化钠浓度升高时，槽电压也升高。因此，长期稳定地控制氢氧化钠质量分数是非常重要的，一般控制在30%～35%。可通过阴极室加入的去离子水量来调节。

（3）阳极液中氯化钠浓度

阳极液中氯化钠浓度太低，会导致电流效率下降、碱中含盐量上升，而且会成为离子交换膜鼓泡的主要原因，当阳极液中氯化钠质量浓度为50 g/L时，离子交换膜就会出现分层现象，导致离子交换膜的永久性损坏。故生产中通常要保持阳极液中的氯化钠质量浓度稳定在190～210 g/L，至少不能低于170 g/L。

（4）食盐水的pH值

有时为降低氯气中的含氧量，可以在进电解槽的食盐水中加入少量盐酸以中和从阴极室反迁移来的氢氧根离子。但要严格控制阳极液的pH值不低于2，否则会因为加入过量盐酸或搅拌不匀，使离子交换膜的阴极室一侧羧酸层受酸化，破坏其导电性，造成电压急剧上升并使离子膜永久性损坏。如果生产上确有必要在食盐水中连续加盐酸，为防离子交换膜损坏，应采用连锁装置，当食盐水停止或电源中断时，盐酸立即停止加入。

（5）纯水供应量

正常生产时，应按要求连续向阴极室供应纯水，向阳极室供应精制食盐水。阴极液中的氢氧化钠浓度以加入的纯水量来控制。加水太多，氢氧化钠浓度低，不符合生产需要；加水太少，氢氧化钠浓度太高，电流效率下降。实验表明，当停止向阴极加水而继续通电的情况下，会造成电流效率的永久性下降。所以实际运转中一定要防止纯水供应中断，一般食盐水和纯水一定要保证连续供应，以确保稳定生产。

（6）气体压力

如果阳极室的氯气和阴极室的氢气的压差变化，会使离子交换膜与电极因反复摩擦而受到机械损伤。因此要自动调节阳极室和阴极室的压差，使其保持在一定的范围。基本上所有的离子交换膜电解槽都是控制阴极室的压力大于阳极室的压力，压差一般为1 kPa。

（7）操作温度

离子交换膜在一定的电流密度下，有一个取得最高电流效率的温度范围，在此范围内，温度升高会使电解槽电流效率提高。当电流密度下降时，为了取得高的电流效率，电解槽的温度也必须相应降低。因此，在生产中根据电流密度，电解槽温度控制在70～90 ℃。

五、固体碱的制备

电解法生产的电解液含NaOH为10%～20%（质量分数），含NaCl为16%～18%（质量分数），需要经过浓缩，并分离NaCl，使NaOH浓度提高到近50%（质量分数）才成为商品氢氧化钠（液碱）。

1. 氢氧化钠溶液的蒸发

电解液的蒸发常在多效蒸发器中进行，采用多效蒸发器的目的是减少加热蒸汽的耗量。目前国内大多采用双效顺流和三效顺流流程，图5-5所示为三效四体两段顺流蒸发工艺流程。两段蒸发是指电解液经过两次蒸浓，第一次将氢氧化钠从约10%（质量分数）浓缩至25%~30%（质量分数），第二次进一步浓缩至近50%（质量分数）；顺流是指碱液与蒸汽的走向相同；三效是指第一次蒸发是由1、2、3三级蒸发串联的；四体是指三级蒸发串联由四个蒸发器组成，其中一效为两个蒸发器并联。

电解工序来的电解碱液先用泵送往预热器进行预热，然后进入一效蒸发器。碱液从一效蒸发器出来后依次进入二效、三效蒸发器，进入三效蒸发器时，碱液质量分数已达23%~25%，并析出大部分食盐。出三效蒸发器的碱液用泵输送至倾析器，使氯化钠沉降，溢流的澄清碱液送至中间碱液储槽，以备进一步浓缩。倾析器中增稠的晶浆送往离心机分离，分离出母液也送往中间碱液储槽。分离出的氯化钠用水化成食盐水，送往食盐水精制工序。

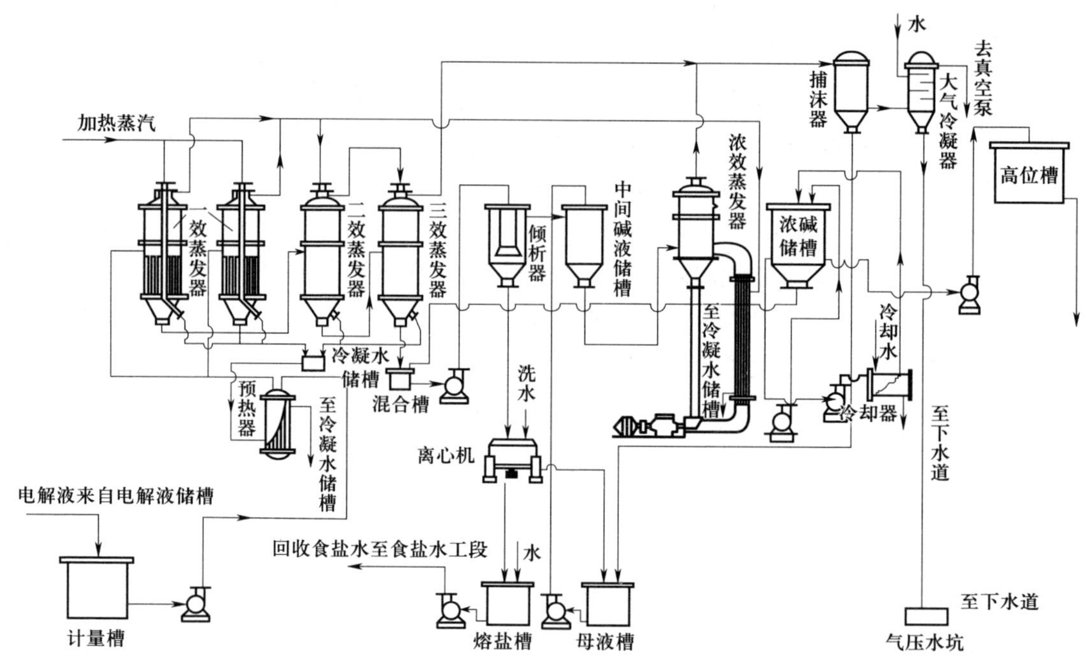

图5-5 三效四体两段顺流蒸发工艺流程

2. 固体碱的制造

由于液碱产品用途有限，不宜长途运输和储存，而固体碱产品可以运输到距离远或交通不方便的地方销售，并且可以用于其他特殊用途，所以通常会将一部分液碱制成固体碱。固体碱是将含50%（质量分数）左右氢氧化钠的液碱浓缩到98.5%（质量分数）的氢氧化钠产品，由于氢氧化钠溶液沸点会随浓度的提高而升高，制碱过程需要更高的温度，目前常用生产方法有间歇锅式蒸煮法和连续膜式蒸发法。

(1) 间歇锅式蒸煮法

采用铸铁锅以直接明火加热，生产过程分为蒸发、熔融和澄清，整个生产过程都在熬碱锅中进行。

液碱被加热至沸点时水分不断蒸发，随着碱液纯度的提高，沸点也相应升高。当温度升至 500 ℃时，水分已全部蒸出，温度不再升高，此时，为了防止熔融碱液中因含有铁、锰而带有颜色，可向碱液中加入少量硝酸钠和适量硫黄，除去铁、锰杂质，保证碱色洁白。铁锅在高温下被碱液腐蚀生成氢氧化亚铁，加入硝酸钠使氢氧化亚铁氧化，脱水变成氧化铁。反应析出的氧化铁慢慢沉降至锅底，当碱的温度降至 400 ℃时，加入硫黄后即发生反应，使带有颜色的高锰酸钠转变为二氧化锰而沉至锅底。待熔融碱液的温度降到 330 ℃左右后，可用碱液泵注入铁桶包装，自然冷却降温后得到商品。

（2）连续膜式蒸发法

连续膜式蒸发法是根据薄膜蒸发的原理，采用升、降膜蒸发器，分别用蒸汽和熔融盐将质量分数为 45% 或 50% NaOH 的液碱浓缩为熔融碱液经冷却后制得固体碱。连续膜式蒸发法中的降膜法制固体碱是目前使用最广的生产方法，其流程简单、操作容易、占地面积小、热利用率高（可达 60% ~65%）、操作人员少、可自动化，故投资少、成本低。

将质量分数为 45% 或 50% NaOH 的液碱与质量分数为 10% 的糖液（按质量分数 0.2% 配比）混合进入预浓缩器，用降膜蒸发器闪蒸出来的二次蒸汽加热，在 8.1 kPa 真空下，使碱液先浓缩到 61%（质量分数），再进入降膜蒸发器中，在此用 430 ℃高温熔融盐加热蒸发，碱液沿管壁呈膜式流下浓缩成为含 98%（质量分数）NaOH 的熔融状碱，再经下部储槽闪蒸后可浓缩到 99.5%（质量分数），由液下泵抽出送到固体碱成型工序。

降膜蒸发制固体碱工艺流程如图 5-6 所示。从蒸发来的浓碱液进入中间储槽后用碱泵输送到高位槽，依靠位差流入预热器预热后送到预蒸发器。预蒸发使碱液浓缩到 60%

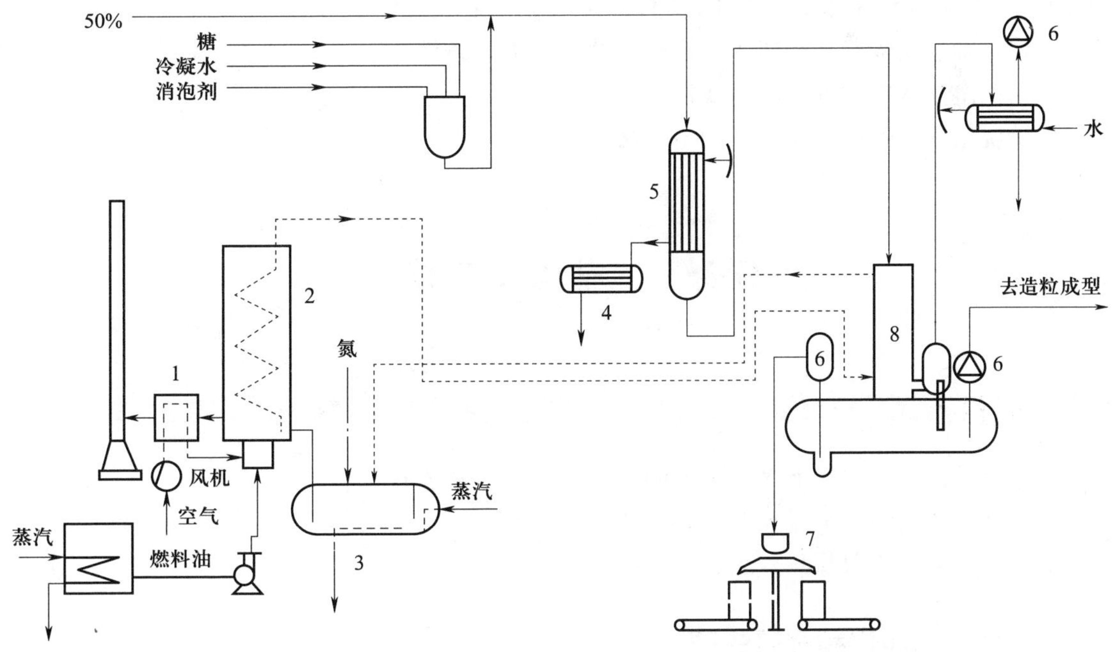

图 5-6 降膜蒸发制固体碱工艺流程

1—预热器；2—熔盐加热炉；3—熔盐槽；4—冷凝器；5—顶浓缩器；6—真空泵；7—熔碱灌筒站；8—降膜蒸发器

（质量分数）之后，碱液送入降膜蒸发器，被加热和脱水后以熔融状态进入分离器分出水蒸气，熔碱送往造粒机或片碱机。片碱机的转鼓用冷水间接冷却，熔碱在转鼓表面凝结成片状，随转鼓旋转，被铲切后定量包装；也有将熔融碱灌铁桶包装，每桶 100 kg 或 200 kg。

降膜法设备一般为镍制。高温浓碱中含有一定数量的氯酸钠时，加速对镍制设备的腐蚀，要加入还原剂除去碱液中的氯酸钠，常加入的还原剂是蔗糖。

课后练习

一、填空题

氢氧化钠生产方法主要有：__________、____________。

二、选择题

下列哪项不是电解法制备氢氧化钠的经济性评价指标（　　）。

A. 电流效率　　B. 电能效率　　C. 电压效率　　D. 电解效率

三、简答题

1. 请说出隔膜法和离子交换膜法各自的原理，并查阅资料说明为什么离子交换膜法是电解法制备氢氧化钠未来的主要工艺路线。
2. 请分别总结隔膜法和离子交换膜法的主要工艺条件。
3. 请说出盐水净化处理的必要性。
4. 请说出固体碱的主要生产制备方法。

任务三　盐酸生产技术

学习目标

1. 掌握氯气的净化、液氯的生产和氢气的精制主要流程。
2. 掌握氯化氢的合成原理和盐酸生产工艺流程。
3. 会分析影响吸收操作的因素。

一、氯气的净化和液氯生产

氯气是氯碱工业重要的化工产品，在化学工业可用于生产多种无机化工产品，还可用于生产有机氯化物，也可用于日用化工产品合成等领域。电解得到的氯气需要经过一系列工艺流程才能得到最终的商品液氯，或者应用于氯化氢的合成。

1. 氯气的净化及生产注意事项

氯气是在电解过程中阳极产生的。氯气中还含有少量的 O_2 和 H_2，并为水蒸气所饱和，水蒸气的体积约为氯气体积的一半。水蒸气经冷却、干燥后可以基本除去。从电解槽出来的湿氯气一般温度在 90 ℃左右，带着相同温度的饱和水蒸气、盐雾先进入氯气洗涤塔，以工业给水系统直接循环喷淋洗涤冷却到 40～50 ℃，再经钛制鼓风机送入氯气冷却塔，以 8～10 ℃的冷冻水将氯气进一步冷却到 10～20 ℃，除雾后进入三或四塔串联的干燥塔，与 98% 的浓硫酸逆流接触除去氯气中水分，干燥后的氯气经除酸雾后含水 0.1 mg/L，温度 20 ℃。其主要成分的体积分数为：Cl_2 为 96.5%～98%，H_2 为 0.1%～0.4%，O_2 为 1.0%～3.0%。之后，氯气进入下一个工序，即氯压缩、液化。

氯气是毒性气体。生产厂房中操作地带的空气中，含氯量最高允许质量浓度为 2 mg/m^3，因此必须采取措施防止氯气泄漏到厂房中。具体措施要保证电解槽、管道及连接处密封，操作必须认真严格。此外，在正常运转时，氯气总管内保持正压为 98.07 Pa 左右，在拆卸电解槽时保持负压为 -98.07 Pa 左右。

为了避免在电解槽内发生爆炸，必须防止氢气漏到氯气中，因此必须控制阳极室的液面高于隔膜，同时密切注意隔膜情况。一般控制总管氯气中 H_2 体积分数≤0.4%；当 H_2 体积分数 >1% 时就应立即采取紧急措施；当 H_2 体积分数 >2.0% 时，则立即停电处理。个别单槽氯气中 H_2 体积分数 >2.5%，则停槽处理。

2. 液氯生产

氯气是一种易于液化的气体。纯氯在绝对压力为 1.013×10^5 Pa、-35 ℃时就可液化成液体，随着压力升高，液化温度也可提高。液化方法有高温高压、中温中压及低温低压三种。液化氯气可将氯气中的杂质清除，同时使体积缩小，便于储存及远距离输送。以体积分数计，液氯规格为：Cl_2 为 99.5%～99.8%，O_2 为（400～500）$\times10^{-6}$，CO_2 为 300×10^{-6}，N_2 为 500×10^{-6}，H_2O 为（15～20）$\times10^{-6}$。

干燥氯气经离心式压缩机加压到 0.392 MPa，温度 55 ℃，进入列管液化器，冷却到 -10 ℃～-6 ℃进入气液分离器。气相氯气体积分数为 60%～70%，送去回收或制造盐酸、次氯酸钠等。液氯进入液氯槽用泵送入储槽，氯气液化率为 85%～95%。未液化的稀氯气，经缓冲器进入往复式压缩机加压到 0.784 MPa（表压），经冷却器冷却到 40 ℃后导入冷冻器，在此部分氯气液化，经分离器分出的液氯一部分进入储槽，另一部分进入解吸塔顶部。未液化的氯气进入吸收塔下部被塔顶喷下的 CCl_4 吸收，剩下的气体经碱洗塔，清除氯气，CCl_4 后排入大气。吸收塔底含氯的 CCl_4 进入解吸塔上部，塔底的再沸器用蒸汽加热。解吸塔出来的氯气经塔顶液氯淋洗后去氯液化工段的压缩机入口。塔底出来的 CCl_4 经冷却器、冷冻器冷却后，进入吸收塔吸氯。用四氯化碳法回收氯气的回收率在 99.5% 以上。

二、氢气的精制

隔膜电解槽出来的氢气温度约 90 ℃，含有 H_2O、CO_2、O_2、N_2 及 Cl_2 等，同时还带有盐和碱的雾状沫。首先在洗涤塔内用水冷却到 50 ℃，经鼓风机加压送入冷却塔，以冷冻水冷却到 20 ℃并降低水分（水蒸气冷凝后分离）。然后进入四个串联的洗涤塔，分别用质量分数为 10% ~15% 硫酸、10% ~15% 氢氧化钠、4% ~6% 硫代硫酸钠、10% ~15% NaOH 及纯水，先除去 CO_2、Cl_2、含氮物及碱等杂质，再经干燥除去 H_2O 得到精制氢气。

三、氯化氢及盐酸产品的生产原理及工艺流程

在得到净化后的氯气和精制的氢气后，就可以合成氯化氢，氯化氢溶于水后生成盐酸。盐酸是化学工业最基础的原料“三酸两碱”之一，有广泛的用途。氯化氢与盐酸不仅用途广，而且其生产装置的投资费用及维修费用较低，工艺简单，控制方便，原料来源直接。因此，所有氯碱厂均建有生产氯化氢及盐酸的装置。

1. 氯化氢及盐酸的产品性质及质量标准

（1）物理性质

氯化氢的化学式为 HCl，相对分子质量为 36.45，是一种无色、有刺激性气味且易溶于水的气体。在标准状态下，1 L 水可以溶解 525.2 L 的氯化氢，1 mol 氯化氢溶解于水时产生 22.47 kJ 热量。在标准状态下，氯化氢气体密度为 1.639 g/cm^3，熔点为 −111 ℃，沸点为 −83.1 ℃。

盐酸是氯化氢在水中溶解形成的产物，纯盐酸是无色透明的液体；但工业用盐酸因含铁或其他杂质而呈黄色。31%（质量分数）的盐酸在 15 ℃时相对密度为 1.158。

（2）化学性质

氯化氢被碱液中和生成盐和水，还可以和乙炔等不饱和烃起加成反应，生成的氯乙烯是合成聚氯乙烯树脂的单体。

盐酸是一种强酸，其腐蚀性很强，与还原性较强的金属单质生成该金属的氯化物并析出氢气；盐酸还能与碱性氧化物及碱产生中和反应生成盐类和水。

（3）氯化氢产品质量标准

HCl 纯度 >94%；含游离氯 <0.005%；含水量≤0.05%。

（4）盐酸质量标准（见表 5 −4）

表 5 −4　　盐酸质量标准

类别	工业用合成盐酸			食品安全国家标准 食品添加剂 盐酸
执行标准	GB/T 320—2006			GB 1886.9—2016
具体类别	优等品	一等品	合格品	—
项　目	指　标			
总酸度（以 HCl 计）· w/% ≥	31.0			
铁（以 Fe 计）· w/% ≤	0.002	0.008	0.01	0.000 5
硫酸盐（以 SO_4^{2-} 计）· w/% ≤	0.005	0.03	—	0.007
砷（As）· w/% ≤	0.000 1			10^{-6}
外观	无色或浅黄色透明液体			

2. 氯化氢及盐酸的生产原理

（1）氯化氢合成的反应机理

主要化学反应是氯气和氢气在光的照射下迅速化合并放出大量的热生成 HCl 气体，其反应为连锁反应：

$$H_2 + Cl_2 \xrightarrow{\text{燃烧}} 2HCl$$

在合成氯化氢的生产过程中，点炉时氢气先在空气中燃烧，再通氯气。氯分子吸收光能而激化为 Cl·，Cl·又与 H_2 反应继续连锁进行生成 HCl。

（2）盐酸的制造原理

氯化氢气体溶解于水即生成盐酸，同时放出大量的溶解热。氯化氢在水中的溶解度随温度的降低而增加。氯化氢在 30 ℃时溶解度为每立方米水中可溶解氯化氢 411.5 kg，可生成 36%（质量分数）左右的盐酸；当温度在 50 ℃时，溶解度降为每立方米水中可溶解氯化氢 361.6 kg，可生成 31%（质量分数）左右的盐酸；当温度升到 60 ℃时，只能生成 30.6%（质量分数）左右的盐酸。

3. 盐酸的生产工艺流程

（1）主要技术控制指标

氢气体积分数：$H_2 > 98\%$；氯气体积分数：$Cl_2 > 94\%$，含 $H_2 < 0.4\%$。

氢气压力：$5.33 \times 10^4 \sim 6 \times 10^4$ Pa；氯气压力：8×10^4 Pa。

点炉抽空置换时间及抽空压力：在灯头氢入口处试有抽力时，抽空时间为 20 min 以上，抽空压力为 -2.67×10^3 Pa。

氢气压与炉压差 $> 1.07 \times 10^4$ Pa；合成炉出口温度：400 ~ 500 ℃。

氯化氢入石墨冷却器的温度 < 120 ℃；冷却后氯化氢气体的温度 < 40 ℃。

氯化氢气体体积分数：$HCl > 94\%$，含 $Cl_2 < 0.005\%$；合成盐酸质量分数：31% ~ 32%。

（2）生产工艺流程

盐酸生产工艺流程如图 5 - 7 所示，经过氢水分离器和阻火器的精制氢气与经过氯水分离器和分配站的净化后氯气，按摩尔比为 1.05∶1 同时进入合成炉内燃烧，生成氯化氢气体。出合成炉的气体温度约为 500 ℃，经空冷管冷却后，由顶部进入石墨冷却器再次冷却至 40 ℃以下，进入分配站。一路由调节阀门控制经酸雾分离器后送往聚氯乙烯分厂生产使用；另一路由调节阀门控制，由塔顶进入膜式吸收器与来自填料吸收塔或酸高位槽来的酸在管内壁形成薄膜，并向下流沉，管外用水冷却除去吸收热。下部出来的没有被吸收的气体，由填料吸收塔下部进入与顶部加入的水充分接触吸收。剩下的尾气由水喷射泵处理。

膜式吸收器顶部的酸来自高位槽，高位槽的酸又来自酸泵，一直循环到合格时可把成品酸送入成品储槽。通过阀门控制先把填料吸收塔下来的稀酸送至浓酸储槽，再用酸泵打至高位槽，以便再次循环制酸，这是适应氯化氢量不太大的情况下生产盐酸的工艺路线。

对于处理较大量氯化氢气体时，可在填料吸收塔顶部加水吸收，生成的稀酸加入膜式吸收器，根据氯化氢气体的量，在膜式吸收器下部出酸口控制浓度，并随即调节填料吸收塔顶部的加水量，直至控制到一次出酸为合格产品。

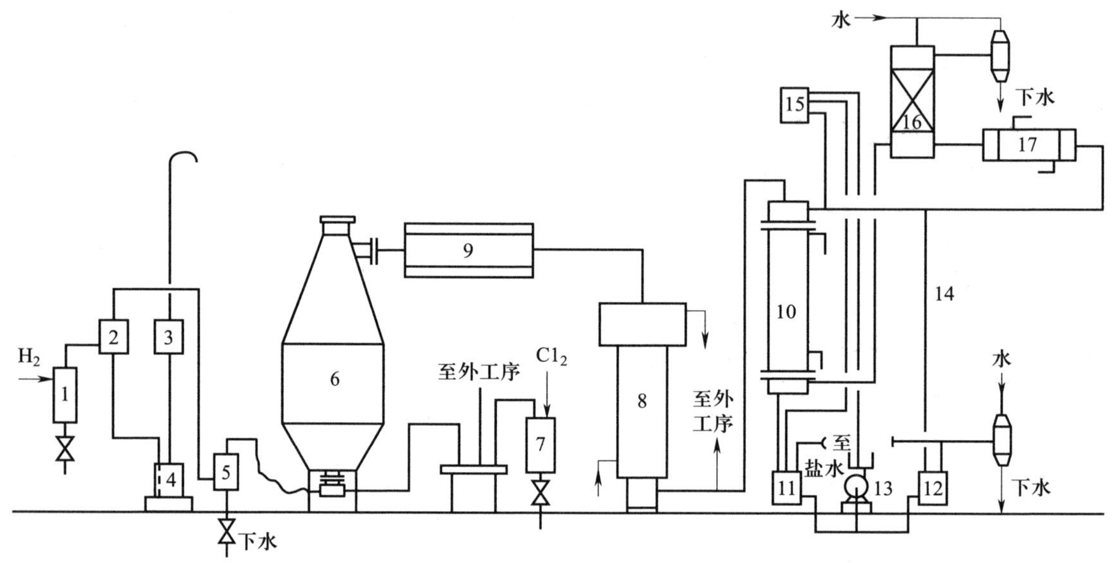

图5－7　盐酸生产工艺流程

1—氢气水分离器；2、3、5—阻火器；4—水封；6—合成炉；7—氯水分离器；8—石墨冷却器；9—空冷管；10—膜式吸收塔；11、12—浓、稀酸循环槽；13—酸泵；14、18—水喷射泵；15—盐酸高位槽；16—填料吸收塔；17—酸冷却器

四、氯化氢气体的吸收操作

1. 氯化氢气体吸收操作基本要求

在合成炉内合成的氯化氢气体，通过使用高纯水对其吸收，即生成高纯盐酸。这个吸收过程的本质就是氯化氢分子穿过气液两相界面向水中扩散的过程。

在氯碱生产中，目前生产盐酸主要采用的方法包括一段降膜式吸收法、二段降膜式吸收法和二段绝热式吸收法。

降膜式吸收法是指溶液与氯化氢气体在膜式吸收塔管内进行并流式吸收，在吸收过程中所放出的反应热，通过管间的冷却介质（水）带走制得盐酸的方法。这种方法的特点是生产能力较大。

绝热式吸收法是指通过利用水自身的潜热，不与外界发生热交换，来制得盐酸的方法。当氯化氢溶于水时，所放出的热量将会使酸的温度升高，当达到一定限度时，水分就会大量蒸发，并吸收带走大量热量，造成盐酸溶液的温度降低，从而降低氯化氢的吸收，因此这种方法与降膜式吸收法相比，生产能力较小.

不论是哪一种方法，生成盐酸都是一个放热反应，为了使反应向有利于生成氯化氢或盐酸的方向进行，生产中就必须设法将反应热或溶解热移走。

2. 吸收操作的影响因素

高纯盐酸生成过程中吸收操作的影响因素主要有以下三个方面。

（1）氯化氢的纯度

当氯化氢组分的气体分压高于在溶液面上的平衡压力时，气体就能与溶剂充分接触，气体的分压越高，吸收过程就越充分。气体的分压主要取决于组分中气体的纯度，所以在一定的温度下，氯化氢的溶解过程主要取决于氯化氢气体的纯度，纯度越高，制取的盐酸溶液的浓度就越高。

（2）氯化氢的流量

氯化氢溶于水的过程是一个分子扩散的过程，而扩散的阻力主要来自气膜，气膜的厚度又取决于氯化氢气体的流量，氯化氢气体流量越大，形成的气膜越薄，造成的阻力越小，氯化氢的扩散速度越大，形成的盐酸浓度就越高。

（3）盐酸溶液的温度

在用高纯水吸收氯化氢的过程中，伴随着溶解的进行将会释放出大量的溶解热，造成盐酸的温度升高，使得盐酸的挥发程度加大，这将不利于后续对氯化氢气体的吸收。因为温度越高，氯化氢气体在水溶液中的溶解度越低，制得的盐酸浓度就越低。因此必须将这部分热量移走，才可以使溶液向有利于生成盐酸的方向进行。

课后练习

一、填空题

1. 氯气的净化主要是除去____________________等物质。
2. 氢气的精制主要是除去____________________等物质。
3. 氯碱生产盐酸主要采用的方法有______、________、________。

二、选择题

1. 盐酸生产工艺流程不涉及下列哪种装置（　　）？

A. 阻火器　　　　B. 合成炉

C. 真空泵　　　　D. 膜式吸收塔

2. 吸收操作的影响因素不包含下列哪一项（　　）？

A. HCl 纯度　　　　B. Cl_2纯度

C. HCl 气体流量　　　　D. 盐酸溶液温度

三、简答题

请写出合成氯化氢的主要化学反应式。

项目六

纯碱生产技术

纯碱工业属于基础化学工业之一，纯碱是重要的工业原料，在国民经济中占有重要的地位，它的产量和用量标志着一个国家工业的发达程度。广泛应用于玻璃、制皂、纺织、石油化工、造纸、合成纤维、染料、冶金、鞣革、无机盐、化肥、医药、食品、石油精炼、动植物油脂加工等石油化学工业和日常生活等。本项目以纯碱生产工艺为主线，通过学习纯碱的理化性质、生产方法，氨碱法和联合制碱法生产纯碱的基本原理、工艺条件、工艺流程等内容，全面掌握纯碱生产技术。

任务一　认识纯碱

学习目标

1. 认识纯碱的理化性质和用途。
2. 了解纯碱的生产方法。

一、纯碱的理化性质

纯碱即碳酸钠（Na_2CO_3），俗称苏打或碱灰，白色细粒结晶粉末，相对分子质量为105.99，20 ℃时密度为2 532 kg/m^3，比热容为1.04 kJ/(kg · K)，熔点为851 ℃。易溶于水，水合时放热，水合物有$Na_2CO_3 \cdot H_2O$，商品名为碳氧。$Na_2CO_3 \cdot 7H_2O$和$Na_2CO_3 \cdot 10H_2O$，又称晶碱或洗涤碱。Na_2CO_3易溶于水，微溶于无水乙醇，不溶于丙酮，长期暴露于空气中能缓慢地吸收空气中的水分和二氧化碳，生成碳酸氢钠，碳酸氢钠受热易分解成碳酸

钠。工业纯碱产品纯度为98% ~99%（质量分数），依颗粒大小、堆积密度不同，可分为超轻质纯碱、轻质纯碱和重质纯碱，具体产品类别见表6－1。

表6－1　工业纯碱产品类别表

品类	平均粒径/μm	堆积密度/(t/m^3)
超轻质纯碱	<100	0.3 ~0.44
轻质纯碱	100 ~150	0.45 ~0.69
重质纯碱	>180	0.90 ~1.00

碳酸钠能在水溶液中发生水解反应，水溶液呈碱性且有一定的腐蚀性，可使酚酞变红。稳定性较强，但高温下也可分解，生成氧化钠和二氧化碳。碳酸钠能与酸反应，生成相应的钠盐和碳酸，不稳定的碳酸立刻分解成二氧化碳和水，这个反应可以用来制备二氧化碳。碳酸钠还能和氢氧化钙、氢氧化钡等碱发生复分解反应，生成沉淀和氢氧化钠。工业上常用这种反应制备氢氧化钠，碳酸钠还能和钙盐、钡盐等发生复分解反应，生成沉淀和新的钠盐。

二、纯碱的用途

纯碱在化学工业中用化学法制取氢氧化钠，用来生产碳酸氢钠、洗涤剂、铬化合物、亚硫酸盐和氟化物、磷酸盐、亚硝酸钠、硝酸钠，以及用于精制食盐水等；同时平板玻璃、压延玻璃、光学技术玻璃、硅酸盐料块、瓶罐、精制玻璃器皿、优质容器等生产中也都使用纯碱；在所有这些产品和制品的组分中，纯碱呈 Na_2O 形式。在玻璃工业中，纯碱是熔料的主要组分。

有色冶金工业中，主要是用烧结冰晶石法由铝土矿制取氧化铝，精炼铝锌矿石、钴镍矿石以及钨铂矿石时，大量使用纯碱。在制取铝、镍、钨和其他有色金属时，纯碱不仅用于冶炼过程，而且用于有色金属矿石的浮选。

相当多的纯碱用于造纸工业，如纸和纸板上胶，生产羊皮纸、酵母、揉料，尤其是用于亚硫酸盐蒸煮纸浆。

石油化学和炼油工业中也大量应用纯碱生成合成脂肪酸、合成洗涤剂，以及炼油和其他生产过程。在石油钻井时，与使用其他化合物的同时使用纯碱可加固井壁，防止钻井坍落，同时可避免损失钻探工具，提高钻探速度。

在黑色冶金中，碳酸钠用来脱除铸铁中的硫和磷，并从焦化生产中形成的焦油内提取一系列化工产品。铸铁脱硫可借助于原料石灰石用量的降低和用酸性熔渣化铁，使高炉生产过程强化。酸性熔渣化铁能提高高炉生产能力2% ~3%，提高铸铁质量并降低成本。此外，在机械制造工业中，机器零件和工具的钝化处理和清除杂质；医药工业中生产药物；电子工业中制造电真空玻璃；其他如污水处理、肉加工及乳制品工业、纺织工业、皮革和制鞋工业、生产洗衣粉和合成洗涤剂等方面都离不开纯碱。因此，纯碱是基本的化工原料，在国民经济中占有重要地位。

三、纯碱的生产方法

1. 氨碱法（索尔维制碱法）

1861 年，比利时人索尔维在煤气厂从事煤气生产副产稀氨水的浓缩工作，发现用食盐水吸收 NH_3 和 CO_2 的试验中可以得到碳酸氢钠，时年 23 岁的他因此获得用海盐和石灰石为原料制取纯碱的专利，此法被称为索尔维制碱法。因为氨在生产过程中起媒介作用，故又称氨碱法。

2. 联合制碱法（侯氏制碱法）

1938 年，天津塘沽的永利碱厂在侯德榜主持下开展改进氨碱法的试验研究工作，历经四年时间，“索尔维制碱工艺和合成氨工艺联合起来，既产纯碱，又产氯化铵”的新工艺取得满意结果，可以连续生产，原料利用率达 98%。1943 年底中国化学会第 11 届年会命名此法为“侯氏制碱法”，也称联合制碱法，简称联合法。

3. 天然碱加工

天然碱是指含有 Na_2CO_3 和 $NaHCO_3$ 等可溶盐类的矿物，在天然碱资源丰富的国家，优先发展以天然碱为原料制造纯碱，因为天然碱生产成本低、竞争能力高，如美国现在已全部取代氨碱法。

4. 氢氧化钠碳化法

随着氯碱工业的不断发展，有时氢氧化钠过剩，为了既能满足氯气需要，又能解决多余的氢氧化钠，发展出首先将含 NaOH 的电解液碳化制成一水物（$Na_2CO_3 \cdot H_2O$），然后分离、焙烧成重质纯碱的方法，称为氢氧化钠碳化法。

百余年来，纯碱工业从利用制碱资源、提高原料利用率、降低成本等方面出发，开发了各种制取纯碱的生产方法。迄今为止，全世界仍以氨碱法产量所占比例最大，2019 年全球氨碱法制备纯碱产量所占比重为 40%，联合制碱法占比为 27%，天然碱法占比为 23%，其他为 10%。

5. 中国纯碱工业发展概况

1949 年新中国成立时，我国仅有永利塘沽碱厂和大连碱厂两家纯碱企业，年产量只有 6 万 t。1989 年，三大纯碱厂先后建成投产，至此我国彻底摘掉了纯碱净进口国的帽子。在国内纯碱产量迅速增长后，我国也逐渐成为纯碱净出口国。“十五”时期是纯碱行业发展最快，也是最平稳的时期。2003 年，国内纯碱产量达到 1 105 万 t，一举超过美国成为全球最大的纯碱生产国。2021 年，国内纯碱产能已达 3 239 万 t，产量达 2 913. 3 万 t。中华人民共和国成立 70 多年来，我国已成为名副其实的纯碱生产大国和净出口国，生产技术居世界领先地位，并取得了多项全球第一。纯碱工业的发展史具有传统工业的特色，即首先从依赖进口到自主生产，再到产能快速攀升，出现结构性产能过剩之后，进行行业调整和洗牌，最后通过技术创新迈向产业链更高端。我国纯碱行业中联合制碱法、氨碱法、天然碱法三种纯碱生产方法并存，同时我国还研究了芒硝联合制碱、含硝盐联合制碱等方法，各项技术不断取得创新进步，绿色化发展水平快速提升。

课后练习

一、填空题

1. 纯碱化学名为__________，俗称____________、____________。
2. 纯碱的传统生产方法中由中国提出的方法是__________________。
3. 目前纯碱产量最大的国家是____________。

二、选择题

1. 下列哪项不是纯碱的理化性质（　　）。

A. 易溶于水　　B. 水溶液呈强碱性

C. 在空气中会变质　　D. 与酸反应

2. 下列哪项不是纯碱的应用领域（　　）。

A. 石油化学　　B. 冶金工业

C. 炼油工业　　D. 有机合成

任务二　氨碱法制纯碱

学习目标

1. 掌握氨碱法制纯碱生产各工序基本原理。
2. 会分析选择氨碱法制纯碱各主要生产工序工艺条件。
3. 熟悉氨碱法制纯碱各工序生产工艺流程图。

氨碱法是我国生产纯碱的主要方法之一。氨碱法制纯碱的主要原料是食盐水、氨、二氧化碳。氨碱法制纯碱的主要反应为：

$$NaCl + NH_3 + CO_2 + H_2O \longrightarrow NaHCO_3\ (s) + NH_4Cl$$

生成的碳酸氢钠经煅烧分解为纯碱、二氧化碳和水，该反应称为氨盐水碳酸化。可用上述反应所得的 NH_4Cl 与石灰乳共煮来回收氨。

氨碱法生产过程可分为以下步骤：

（1）将石灰石在窑内煅烧，分解为氧化钙及二氧化碳，二氧化碳经除尘后用于碳化；石灰用水硝化制成石灰乳用于蒸氨及盐水精制；

（2）用原盐制成饱和食盐水，用石灰碳酸氨法或石灰纯碱法除去其中钙、镁等杂质；

（3）精制食盐水氨化和碳酸化，用精制食盐水吸氨后再进行碳酸化生成重碱，滤出重碱用水洗涤以除去盐分送去煅烧，滤液送去蒸馏；

（4）重碱煅烧是用洗好的湿重碱送到回转式煅烧炉内经煅烧制成轻质纯碱，并回收二氧化碳作碳化用；

（5）蒸馏回收氨是将碳化过滤母液加石灰乳分解，然后将分解出来的氨用蒸馏方法加以回收。

回收后的蒸馏液称为废液，每制 1 t 纯碱有 9 ~ 10 m^3 废液和含有 250 ~ 300 kg 的废渣，须澄清并分别加以排放和堆存，部分或全部综合利用。

氨碱法整体流程示意图如图 6－1 所示。

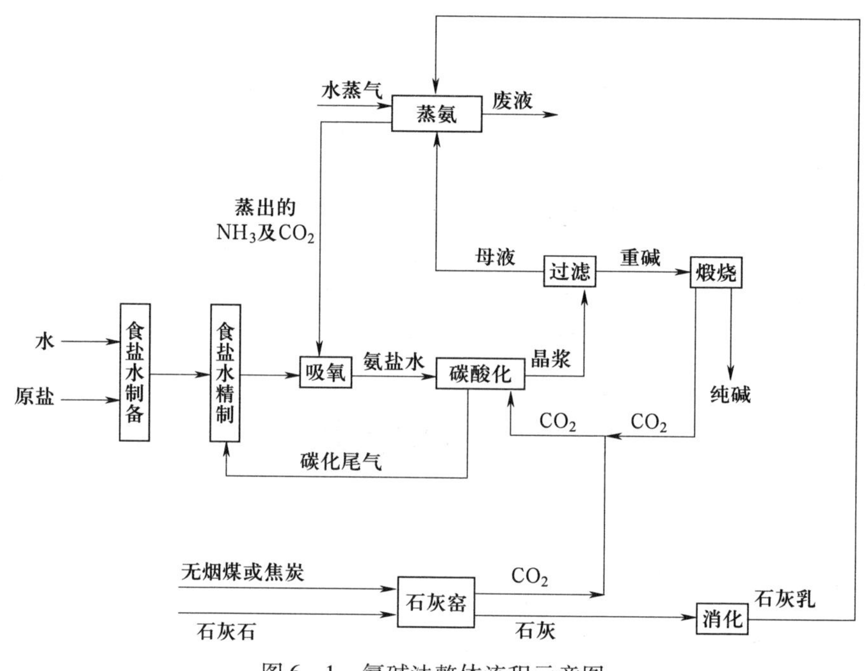

图 6－1　氨碱法整体流程示意图

一、石灰乳及 CO_2 的制备

由石灰石煅烧制取 CO_2 及石灰石，再由石灰消化制取石灰乳，CO_2 可供给碳酸化过程，石灰乳用于蒸氨及食盐水精制，因此，石灰石煅烧与石灰乳制备为氨碱法生产中必不可少的准备工序。

1. 石灰石煅烧原理

石灰石煅烧反应为：

$$CaCO_3 \xlongequal{\text{煅烧}} CaO + CO_2 \uparrow \qquad \Delta H = -179.6\ kJ/mol$$

当某温度下 $CaCO_3$ 的分解压力大于系统中 CO_2 的实际分压时，$CaCO_3$ 即可分解。当温度为898 ℃时，纯$CaCO_3$分解压力大于760 mmHg，即在CO_2分压等于760 mmHg的系统中，温度略高于898 ℃时，可不断分解。

在石灰窑工作条件下，窑气体积分数仅为40%，窑气中的CO_2分压仅为300 mmHg，在此条件下$CaCO_3$的分解温度约为840 ℃。实际上，由于石灰石物理化学性质的特点，为达到石灰石较快的分解速度，同时提高石灰石的分解率，煅烧温度应维持在1 100～1 200 ℃范围内。

2. 石灰窑构造简述

石灰石与焦炭或无烟煤在壁式石灰窑内煅烧时，沿窑外的高度自上而下顺序分为三段或三个区。石灰窑简图如图6－2所示。

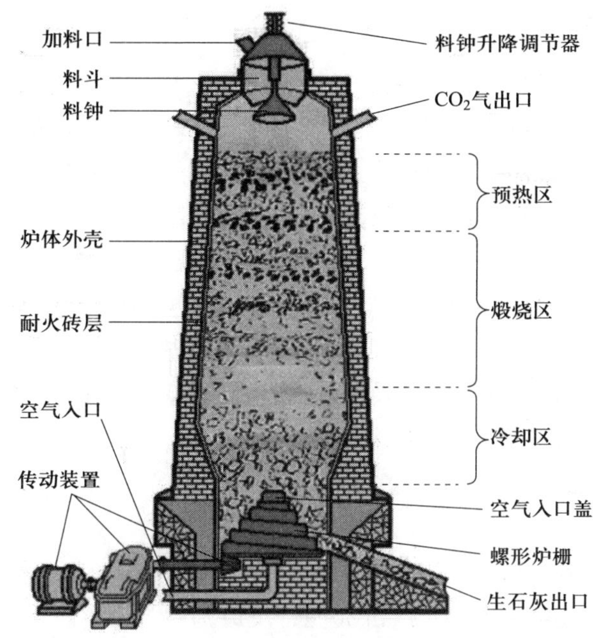

图6－2　石灰窑简图

（1）预热区

固体物料由下一区段（煅烧段）上升的热气体预热，温度由常温提高到850 ℃左右，发生固体物料的水分蒸发，燃料的挥发分热解挥发至气相。预热固体物料的气体温度由900～1 000 ℃逐渐下降至窑顶出气温度，约140 ℃。

（2）煅烧区

固体物料到此段时的温度已达850 ℃，$CaCO_3$开始分解，燃料在燃点开始燃烧并逐渐下移。气体和固体物料温度上升到1 050～1 150 ℃，燃料燃烧完后，固体物料随之逐渐下降并被上升的气体冷却，至850～900 ℃，进入冷却段，此时燃料的煅烧过程完成。

（3）冷却区

石灰在此被鼓风机送入的空气冷却到80 ℃左右，而空气则被加热，由常温到700～

800 ℃。

在正常生产中，以上三个热工区的界面是随时变化的，如出料慢，上石量小及风量大时煅烧段上移；石灰石及燃料质量差且块度大小不均匀，煅烧段伸长。

3. 石灰乳的制备

用少量水仅能使 CaO 转化为 $Ca(OH)_2$，石灰成为粉末，这种粉末叫熟石灰，也叫消石灰。这个过程叫作消化过程。化学反应如下：

$$CaO\ (s) + H_2O\ (l) = Ca(OH)_2\ (s) + 66.6\ kJ/mol$$

消石灰的溶解度很小，加入适量水时，成为 $Ca(OH)_2$悬浮液，此悬浮液即为石灰乳。纯碱生产中所用的石灰乳，要求有较高的 $Ca(OH)_2$浓度以减小蒸氨液体体积，节约蒸汽。

二、食盐水的制备

氨碱法用的饱和食盐水可以来自海盐、池盐、岩盐、井盐水和盐湖水等。工业上的饱和食盐水因含钙、镁等杂质而含 NaCl 约 300 kg/m^3，制 1 t 纯碱大约消耗饱和食盐水 5.0 ~ 5.3 m^3。制饱和食盐水的化盐桶底部有带嘴的水管，水从下而上溶解食盐成饱和食盐水，从桶上部溢流而出，化盐用水来自碱厂的含氨、二氧化碳或食盐的洗涤水。

1. 食盐水的精制

接近饱和的 NaCl 水溶液作为粗盐水导入系统。粗盐水中所含钙盐和镁盐，其量虽然不大，但在以后各工序中，因能与 NH_3 与 CO_2 作用形成复盐沉淀，引起设备管道结垢甚至堵塞，而且会增加原盐和氨的损失。这些杂质还会混入重碱中，最终将影响纯碱的质量。因此，生产中都采用预先精制的措施除去这些杂质。

2. 食盐水精制的方法

(1) 石灰纯碱法

用 $Ca(OH)_2$（石灰乳）、沉淀镁（Mg^{2+}）得到一次食盐水和一次沉淀泥，用 Na_2CO_3、沉淀钙（Ca^{2+}）得到二次食盐水和二次沉淀泥，反应为：

$$Ca(OH)_2 + Mg^{2+} = Mg(OH)_2 \downarrow + Ca^{2+}$$

$$Na_2CO_3 + Ca^{2+} = CaCO_3 \downarrow + 2Na^+$$

$Mg(OH)_2$和 $CaCO_3$以沉淀形式析出，而 $CaCl_2$、NaCl 和 Na_2SO_4仍存在于食盐水中。随 $CaCO_3$带入的 Na^+，也可用于制碱。但是在制碱塔中，由于受转化率的限制，所以这种 Na^+只有一部分转化成 Na_2CO_3。$CaCO_3$会与 $Mg(OH)_2$结晶聚合长大变成聚合体，其沉降速度很快。在生产过程中，采用二次沉淀泥返回一次精制设备中来加速沉出物的凝聚与下沉就是这个道理。

(2) 石灰 - 塔气法（石灰 - 碳酸铵法）

用 $Ca(OH)_2$（石灰乳）沉淀镁（Mg^{2+}）得到一次食盐水后，以碳化塔顶含 NH_3及 CO_2 的尾气处理一次食盐水，以析出溶解度极小的 $CaCO_3$，除去 Ca^{2+}，反应为：

$$2NH_3 + CO_2 + H_2O + Ca^{2+} = CaCO_3 \downarrow + 2NH_4^+$$

石灰 - 塔气法食盐水精制流程如图 6 - 3 所示。

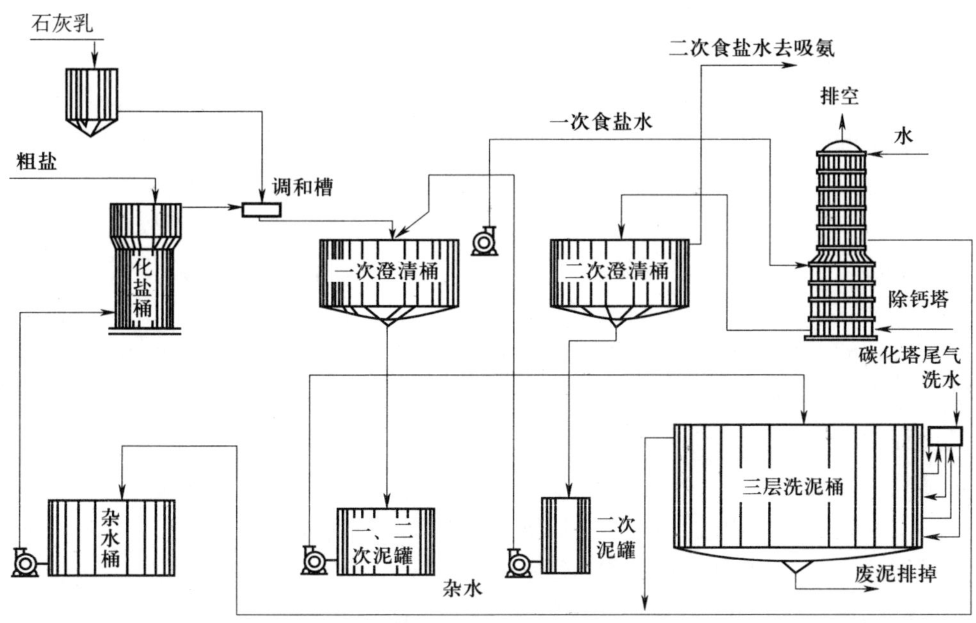

图 6-3　石灰-塔气法食盐水精制流程

三、精制食盐水的氨化

吸氨是为吸收 CO_2 做准备的，CO_2 在食盐水中的溶解度很小，但易溶于氨盐水中。因此在纯碱生产中先吸氨制成氨盐水，氨盐水再进行碳酸化。

1. 精制食盐水氨化的相关理论

吸氨所用的氨气来自蒸氨塔，其中除氨外还有 CO_2 和水蒸气。此外，过滤机所抽入空气以及碳化塔尾气中都含有一定量的氨，都应回收利用，使之进入食盐水中。

（1）食盐水氨化的基本反应

吸氨反应及氨盐水上方气体平衡分压。精制食盐水与蒸氨塔送来的氨主要发生以下反应：

$$NH_3\ (g) + H_2O\ (l) = NH_4OH\ (aq) + 35.2\ kJ/mol,$$

$$2NH_3\ (aq) + CO_2\ (g) + H_2O\ (l) = (NH_4)_2CO_3\ (aq) + 95.0\ kJ/mol$$

此外，气体还与盐水中残余微量 Ca^{2+}、Mg^{2+} 产生少量的沉淀物。

（2）食盐水氨化的气液平衡

食盐水吸氨是伴有化学反应的吸收过程，由于液相中含 NH_3 及 CO_2 量逐渐增加，且化合生成碳酸铵，致使氨分压较同一浓度氨水的氨平衡分压有所降低；溶液中 CO_2 越多则溶液上方氨的平衡分压就越低，在 65 ℃以下，温度对 CO_2 分压的增加影响不大。尤其在氨浓度高时，温度对 CO_2 分压影响更小，但温度对水蒸气及氨的分压影响却很大。温度升高，氨分压明显上升。在温度较高时，溶液中 CO_2 含量增加，会使氨分压很快下降，而水蒸气分压下降不多。上述规律对氨碱法生产中的吸氨、碳化及蒸氨等过程都很重要。

（3）原盐和氨溶解度的相互影响

NaCl 在水中的溶解度随温度的变化不大，但在饱和食盐水中吸氨会使 NaCl 溶解度稍为降低。氨在水中的溶解度很大，但在食盐水中有所降低，即氨盐水上方氨的平衡分压较纯氨水上氨的平衡分压为大。温度对氨溶解度的影响与一般气体相同，温度高溶解度小。在食盐水吸氨过程中，因气相有 CO_2 存在，CO_2 溶于液相能生成 $(NH_4)_2CO_3$，故可提高氨的溶解度。因此，氨盐水中氨与盐的相对浓度必须兼顾两个方面，食盐水吸氨过程中，由于它们的相互影响、相互制约作用，饱和食盐水的吸氨量应该控制适宜。否则，氯化钠在液相中的溶解度将因氨浓度的升高而下降，这对制碱过程中钠的利用率及收率是不利的。

（4）吸氨过程的热效应

吸氨过程中有大量热放出，其中有 NH_3 和 CO_2 的溶解热，相互中和的反应热及蒸氨来气中所含水蒸气的冷凝热。在正常生产条件下，每制 1 t 纯碱，约放出热量 2.16×10^6 kJ。此热量如不引出系统，将足以使溶液温度上升至 120 ℃，致使吸氨塔完全失去作用，所以，冷却问题是吸氨过程的关键。因此吸氨塔附有多个塔外水冷却器，将吸氨盐水导出多次冷却，使吸氨塔中部温度不超过 65 ℃，塔底的氨盐水冷却至 30 ℃，吸氨后的食盐水去碳酸化。

（5）吸氨过程的体积变化

食盐水吸氨后，相对密度减小，体积增大，又因气体带来的水汽冷凝而稀释了饱和食盐水，使体积更加增大，一般情况下，经过吸氨，体积增加约 13.5%。

（6）吸氨过程的实质

由于蒸氨来气中含 NH_3 与 CO_2 分子比约 4∶1～5∶1，因此，盐水吸氨过程，实质上为液相同时吸收 NH_3 及 CO_2 气的过程。吸收包括物理吸收和化学吸收，其中化学吸收为部分 NH_3 与 CO_2 在液相的结合，且该化学吸收的速度正比于游离氨浓度。根据近年生产检查数据，沿塔的不同高度液相中 CO_2 与 NH_3 二者的浓度大约为一常数，故可知盐水对两者吸收成正比例。

2. 精制食盐水氨化的工艺流程和工艺条件选择

（1）精制食盐水吸氨的主要设备

精制食盐水吸氨的主要设备是吸氨塔，其结构图如图 6－4 所示。

它是多层塔板的铸铁单泡罩塔。饱和精制食盐水从塔的上部加入，逐层下流；塔板上有单个泡罩，气液间逆流流动，气体通过泡罩边缘时散成细泡，扩大了气液间的接触。吸氨是放热的，在塔的上段、中段和下段分别将吸氨的食盐水导出，先经过淋水的冷却排管冷却，再送回吸收。氢气从塔的中下部引入，在引入区域吸氨进行得最剧烈，约有 50% 的氨被吸收，需要加强冷却，因此将部分冷却的氨盐水循环，以提高吸收率。塔的顶部是洗涤段，用清水洗涤尾气以回收氨，所得的稀氨水用去化盐。塔的中段有些区域是空的塔圈，其作用是为保持一定的位差，使通过排管的吸氨盐水能靠重力流回塔内。塔的下部和底部是循环氨盐水的储罐和澄清氨盐水的储罐。吸氨的食盐水已经过精制，除去 90% 以上的钙和镁，但残余的少量杂质在吸氨时会形成碳酸盐和复盐沉淀，主要是碳酸镁的复盐，为了除去固体沉淀，吸氨后经过澄清桶澄清，澄清的氨盐水含固体杂质不大于 0.1 $kg\cdot m^{-3}$。吸氨塔顶是在稍减压（绝对压强为 75～85 kPa）的条件下操作的，可以减少吸氨过程中氨的散失，且便

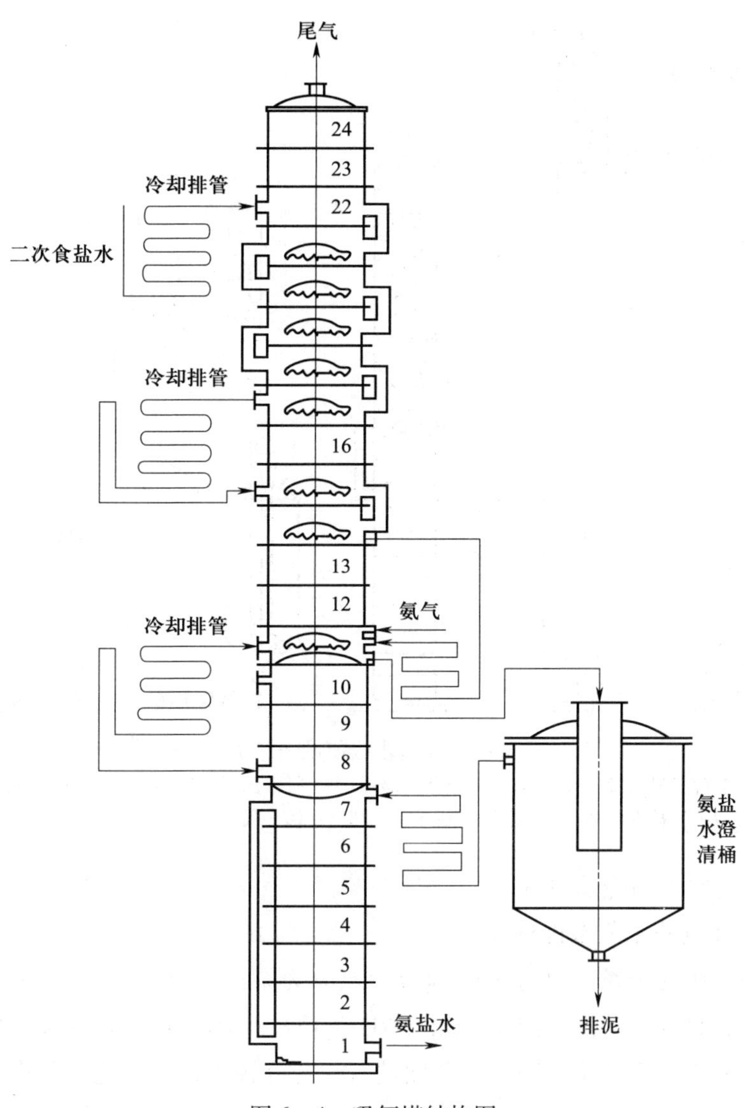

图 6－4　吸氨塔结构图

于蒸氨塔中 NH_3 和 CO_2 引入吸氨塔。

（2）食盐水吸氨的工艺流程

食盐水吸氨的工艺流程如图 6－5 所示。

上述工艺流程以石灰纯碱法精制食盐水吸氨及塔外中间冷却为例。由盐水工段送来的 20～30 ℃不含 NH_3 的精制食盐水，分成三部分，一小部分（0.2～0.3 m^3/t 碱）进入过滤净氨器，一小部分（0.2～0.3 m^3/t 碱）进入吸氨净氨器，大部分（4.4～4.5 m^3/t 碱）进入碳酸化尾气洗涤塔，以吸收其中的 NH_3 和 CO_2。这三部分净氨后的食盐水均进入吸氨塔顶部，以吸收自下而上的氨气。从蒸氨来的 58～63 ℃氨气进入吸塔底圈。氨及二氧化碳被食盐水吸收后，尾气由塔顶出来，进入吸氨净氨气底圈，气体中残留的氨气在吸氨净氨器内被食盐水吸收，最后尾气经真空泵排空。

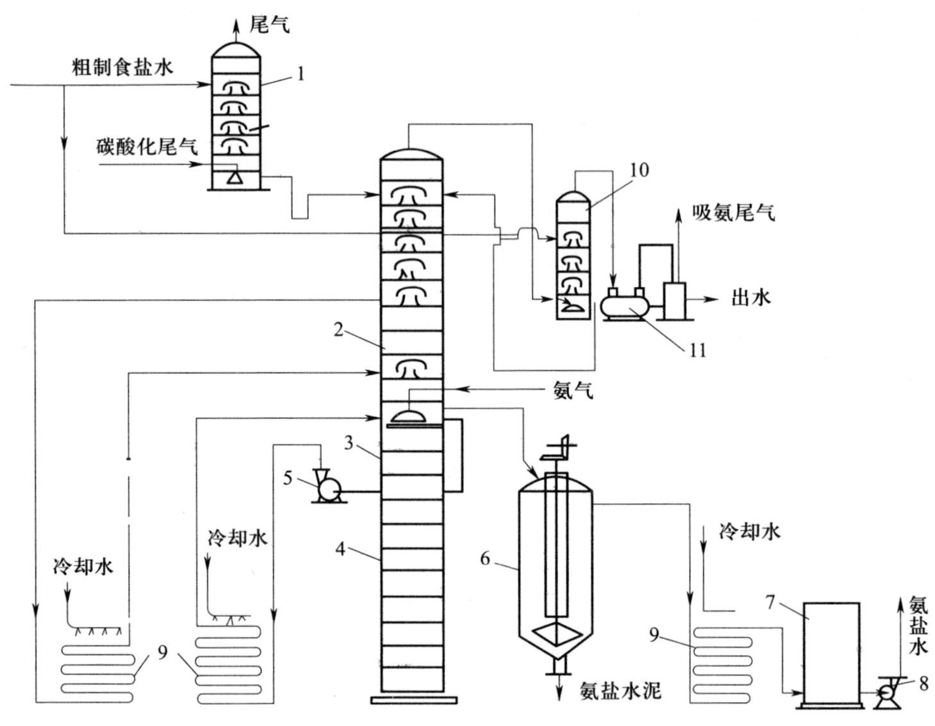

图6-5　食盐水吸氨的工艺流程

1—碳酸化尾气洗涤塔；2—吸氨塔；3—循环卤储桶；4—氨水储桶；5—循环泵；6—氨盐水澄清桶；7—氨盐水储桶；8—氨盐水泵；9—冷却器；10—吸氨净氨器；11—真空泵

该流程采用一次中间冷的方式。

（3）食盐水吸氨的工艺条件选择

1）$NH_3/NaCl$ 比的选择。氨盐水或母液中氨分为游离氨和结合氨。游离氨是指在水溶液中受热分解出氨的铵化合物中的氨，如 $(NH_4)_2CO_3$、NH_4HCO_3 中的氨。结合氨也称为固定氨，是指在水溶液中受热并不分解，需加碱后才会分解出氨的铵化合物中的氨，如 NH_4Cl 中的氨。氨盐水中的游离氨与 NaCl 的物质的量之比大小，直接影响着原料利用率和设备利用率的高低。吸氨不足，氯化钠分解不完全，盐耗增加；吸氨太多，氯化钠溶解度降低，会有多余的 NH_4HCO_3 随 $NaHCO_3$ 一同结晶，氨利用率降低。实际生产经验表明，生产中选择 $NH_3/NaCl$ 比为 1.08～1.12，氨稍有过量，则获得氨盐水的浓度较高，原料利用率及设备利用率达到最好。

2）温度的设定。设定吸氨温度主要考虑两方面：一是吸氨反应放热，温度低对正反应有利；二是吸氨过程反应温度如低于 60 ℃，将产生结晶，造成堵塞。所以综合考虑这两点，工艺流程中设多个冷却器，以保证吸氨顺利进行。生产中食盐水进入吸氨塔前一般冷却至 35～40 ℃，来自蒸氨塔的氨气一般冷却至 55～60 ℃，出塔氨盐水温度一般 35～45 ℃。

3）压力的选择。整个吸氨塔系统在负压下进行，但要注意减压要适当，不能影响食盐水的下流。减压虽然稍不利于吸氨反应，但可避免氨气逸漏损失并利于蒸氨相关操作。

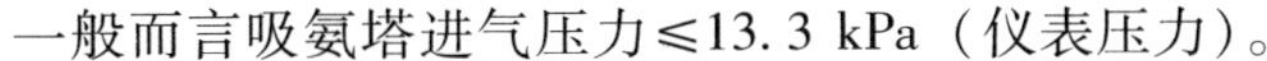
一般而言吸氨塔进气压力≤13.3 kPa（仪表压力）。

四、氨盐水的碳酸化

氨盐水的碳酸化是氨碱法生产纯碱过程的中心环节和关键步骤。其目的是使氨盐水吸收CO_2，产生碳酸化，生成碳酸氢钠结晶。要求碳酸化时有较快的吸收速率，碳酸化完成液有较高的碳酸化度，重要的是制得粗大而又均匀的碳酸氢钠结晶。

1. 碳酸化相关原理

氨盐水碳酸化过程的反应机理包括以下步骤：

（1）甲铵的生成

当CO_2通过氨盐水时，生成甲铵：

$$CO_2 + 2NH_3 \rightleftharpoons NH_4^+ + NH_2COO^-$$

该反应是以下两个反应的结果：

$$CO_2 + NH_3 \rightleftharpoons H^+ + NH_2COO^-$$

$$NH_3 + H^+ \rightleftharpoons NH_4^+$$

甲铵的反应速率中等，但比CO_2水化速率要快许多，CO_2的水化反应为：

$$CO_2 + H_2O \rightleftharpoons H_2CO_3$$

$$CO_2 + OH^- \rightleftharpoons HCO_3^-$$

此时碳酸化液中氨的浓度比OH^-浓度大很多倍。因此，吸收的CO_2绝大多数生成甲铵。

（2）甲铵的水解

甲铵的水解反应为：

$$NH_2COO^- + H_2O \rightleftharpoons HCO_3 + NH_3$$

$$或\ 2NH_2COONH_4 \rightleftharpoons NH_4HCO_3 + 2NH_3$$

甲铵的水解速度很慢。水解生成的游离氨继续碳酸化：

$$2NH_3 + CO_2 \rightleftharpoons NH_2COONH_4$$

HCO_3^-生成后也存在反应平衡：

$$HCO_3^- \rightleftharpoons H^+ + CO_3^{2-}$$

或可写为：

$$NH_3 + HCO_3^- \rightleftharpoons NH_4^+ + CO_3^{2-},$$

在强碱性的溶液中（pH 值>11）主要形成CO_3^{2-}，在 pH 值为 8～10.5 时，主要形成HCO_3^-。

（3）$NaHCO_3$的析出

碳酸化到一定程度以后，HCO_3^-在溶液中浓度增大，HCO_3^-与Na^+的离子积超过该温度下$NaHCO_3$的溶度积时，发生下列反应：

$$Na^+ + HCO_3^- \rightleftharpoons NaHCO_3\ (s)$$

生成碳酸氢钠结晶。

2. 氨盐水碳酸化工艺流程及主要设备

氨盐水碳酸化工艺流程如图 6－6 所示。

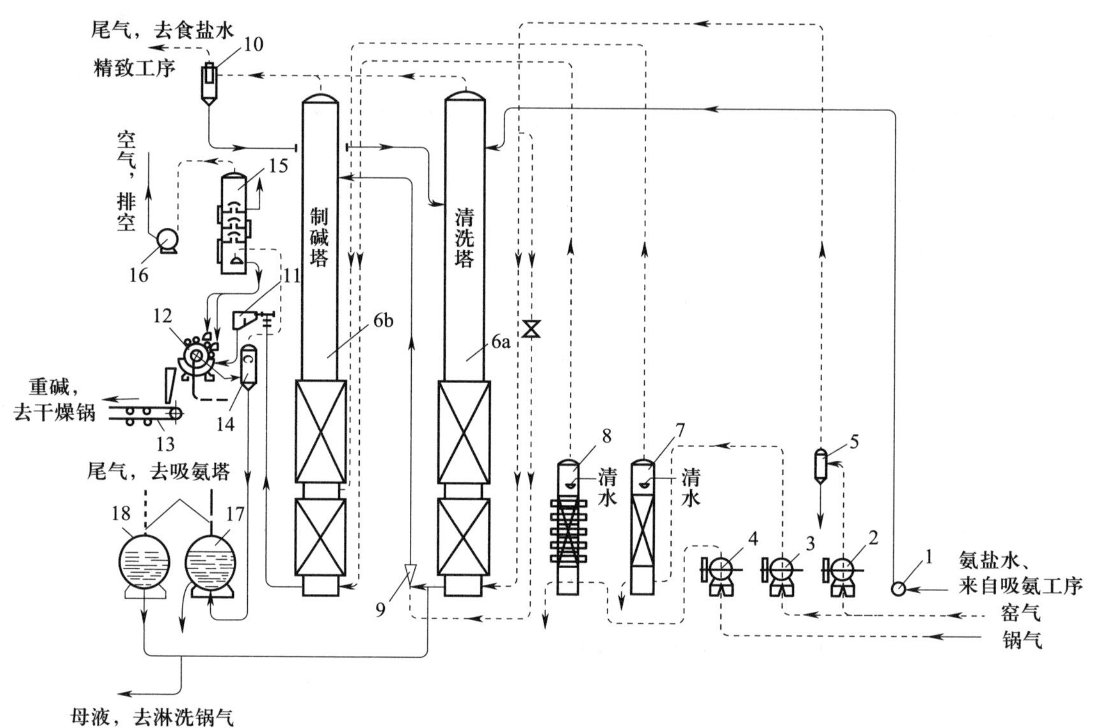

图 6－6　氨盐水碳酸化工艺流程

1—氨盐水泵；2—清洗器压缩机；3—中段气压缩机；4—下段气压缩机；5—分离器；6a，6b—碳酸化塔；7—中段气冷却塔；8—下段气冷却塔；9—气升器；10—气液分离器；11—出碱集中槽；12—真空转鼓过滤机；13—皮带运碱机；14—分离器；15—过滤器净化塔；16—真空机；17—冷母液桶；18—倒塔桶

氨盐水碳酸化在碳酸化塔中进行。碳酸化塔分为清洗塔和制碱塔。由吸氨送来的 30～38 ℃氨盐水首先流经碳酸化塔 6a、6b 进行预碳酸化，且将冷却管壁及塔体上的疤垢清洗；然后去制碱塔继续碳酸化，生成 $NaHCO_3$沉淀。碳酸化塔周期性地作为制碱塔或清洗塔，交替作业。来自石灰窑的空气，含 CO_2 40%～43%（体积分数），经清洗器压缩机压缩到 0.28～0.30 MPa，经分离器分离出液滴后称为清洗气，由底圈进入清洗塔中。

自底圈出来的溶液称为清洗液，也称中和水，靠塔内的压力倒流进入清洗液储槽，然后用泵送往各制碱塔顶部，或者用气升器直接将其送入各制碱塔的顶部。

从重碱煅烧来的炉气，含 CO_2 92%（体积分数）以上，经下段气压缩机压缩到 0.30～0.32 MPa，经下段气冷却塔冷却到 35 ℃，称为下段气，送制碱塔的底圈。另一部分窑气，经中段气压缩机压缩到 1.8～2.0 MPa，经冷却塔冷却到 45 ℃，称为中段气，自制碱塔中部通入塔中。制碱塔塔底悬浮液，温度 28～30 ℃，碳酸化度达到 94%～96%。各制碱塔底圈出来的 $NaHCO_3$悬浮液，依靠塔内液位，倒流进入出碱集中槽，再进入真空转鼓过滤机。清

洗塔和制碱塔顶部排出的碳酸化尾气，经气液分离器后送往吸氨系统或送往盐水精制系统。为利于 $NaHCO_3$结晶，在碳酸化的下部设置了冷却水箱，碳酸化液在冷却水箱的管间流过，边冷却边吸收 CO_2，同时析出 $NaHCO_3$结晶。

碳酸化塔结构图如图 6－7 所示。

碳酸化塔由许多铸铁圈细装，大致可分为两部分。塔上部是吸收 CO_2的，每圈之间装有笠形泡帽，塔板是略向下倾的中央开孔的漏液板，孔板和笠帽边缘有分散气泡的齿缝，以增加气液间的接触面积。塔的中下部是冷却器段，是 $NaHCO_3$析出的区域。这区间除有笠帽和塔板外，还有约 10 个列管式水箱，用水间接冷却碳酸化母液以促进结晶析出。

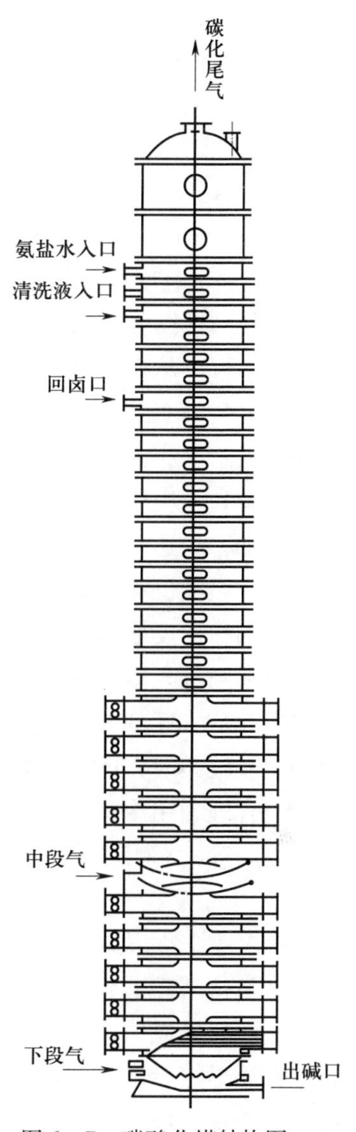

图 6－7　碳酸化塔结构图

3. 氨盐水碳酸化工艺条件选择

（1）氨盐水中游离氨浓度与盐分浓度的比值

根据总反应方程式可知，参加氨盐水碳酸化反应的氨盐水中，游离氨存在的目的是生成 $NaHCO_3$所需要的 HCO_3^-，因此适当提高氨盐水中的游离氨浓度/盐分浓度比值有助于反应向正方向进行，从而提高物料的利用率和转化率。但是在实际操作过程中，并不是游离氨浓度/盐分浓度比值控制得越高越好，因为当溶液中游离氨的浓度达到一定值后，即溶液中的 $NaHCO_3$达到饱和时，若继续增加氨浓度，溶液中的氨会与 HCO_3^- 反应，生成 NH_4HCO_3结晶，堵塞物料流通通道的同时，也会降低转化率。相反地，若氨盐水中游离氨浓度/盐分浓度比值过低，会影响 CO_2的吸收，从而降低转化率，并且在 $NaHCO_3$析出的同时，也会伴随着 NH_4Cl 的析出。在重碱煅烧过程中，NH_4Cl 会与 $NaHCO_3$发生反应，生成 NaCl，反应为：

$$NH_4Cl + NaHCO_3 \longrightarrow NH_4HCO_3 + NaCl$$

理论上，在生产操作中游离氨浓度应控制 99.6～102 tt，盐分浓度应控制 88.5～90.5 tt。其中，tt 是氨水的滴度，单位换算为 1 tt＝1/20。当量浓度＝0.85 kg/m³，当量浓度是指溶用 1 升溶液中所含溶质的克当量数。

（2）气体物料的流速

在氨盐水碳酸化过程中，溶液中的晶核刚成长时为弱结合体，经过气、液的冲刷，有一部分粒子返回到液相中去，该部分粒子因为表面能的丧失，很难再次结合而成为细品，从而影响成品的粒度。因此，在生产过程中，应合理设计气体物料的流通通道尺寸，提高气体浓度，在满足气体物料需求量的同时，保证控制合理的气速，促进结晶的形成和提高结晶成品的粒度。

（3）浓度

在氨碱法生产纯碱的过程中，清洗塔利用气体 CO_2 的气流冲击和液体冲刷的双重作用清洗碱疤，同时也会利用氨盐水吸收气体物料中的 CO_2（理论上 CO_2 的体积分数为37%），进行预碳化，从而减轻制碱塔的生产负荷，使晶核在制碱塔内有足够的成长时间。CO_2 浓度过低，则清洗效果差，缩短制碱塔的制碱周期，从而影响生产的平稳运行。CO_2 浓度过高，则在清洗塔内会出现 $NaHCO_3$ 结晶，此结晶因在清洗塔内被冷却到40 ℃左右，而其在输送过程中又没有 CO_2 补充，因此，这部分结晶在被输送至制碱塔后不再生长，从而生成细品，影响产品的质量。一般在生产操作过程中，清洗塔流出液中 CO_2 的含量一般控制在55 ~ 65 tt。

此外，根据氨盐水碳酸化过程总反应方程式可知，适当提高反应物的浓度有利于反应向正方向进行，从而提高物料的利用率。

（4）冷却位置

根据总反应方程可以看出，氨盐水碳酸化过程是一个放热过程。因此在反应过程中移走反应热有利于反应向正方向进行。根据结晶原理可知，物料进入碳酸化塔后。随着吸收 CO_2 量的增加，到达临界点后，开始析出结晶。当反应达到平衡时，因向上的气体带走部分热量，反应温度也在逐渐升高到一定值后开始下降。此时，为了反应的继续，一般会利用水作为冷却剂移走反应热，从而使反应向正方向继续进行。

物料刚进入冷却水箱的点称为初冷点。理论上，初冷点的含晶量（初冷点的析出量/总析出量）应大于30%，这部分结晶起到晶种的作用，冷却时不会被破坏而形成细晶。当初冷点温差较大时，反应物料骤冷会导致溶液过饱和度增大，形成细晶。因此，在操作过程中，应合理利用冷却面积，从而保证冷却时间和初冷点的含晶量。理论上，碳酸化塔水箱高度不能超过总高度的1/2，初冷点塔内物料温度为65 ℃左右，冷却水进水温度不低于12 ℃。

（5）晶核的成长时间

在氨盐水碳酸化反应过程中，碳酸化塔内上5圈位置吸收速度快，可达吸收总量的40%。在临界点前，碳酸化过程为吸收速度控制，要求有较大的接触面积，有利于 CO_2 的吸收。在临界点后，反应被结晶析出量控制，需要有足够的停留时间，保证晶核的成长。因此，在介稳区部分的碳酸化塔直径相对较大，理论上控制物料在塔内的停留时间应在1.5 ~ 2 h，保证晶核有足够的成长时间。

（6）温度

在氨盐水碳酸化过程，适当降低反应物温度有利于反应向正方向进行，并且温度过高会使反应物中的 NH_3 挥发量增大，从而增大物料损耗，降低转化率。理论上控制氨盐水温度在36 ~ 40 ℃，气体物料温度控制在35 ~ 45 ℃。理论上碳酸化塔出碱液温度应控制27 ~ 34 ℃，温度过高会增大 $NaHCO_3$ 的溶解度，影响结晶量。但是，出碱液温度也并不是越低越好，当该温度低于28 ℃时，溶液中的NaCl会随着 $NaHCO_3$ 一起析出，不仅影响物料的利用率，而且重碱盐分也会相应提高，增大下游工序的生产负荷。

（7）压力

根据总反应方程式，适当提高反应物压力，有利于反应向正方向进行。

4. 结疤及清洗

碳酸化过程中，$NaHCO_3$不断析出，部分连同杂质沉淀黏附在塔内的笠帽及冷却水管上，形成结疤，易使塔堵塞，要经常清洗。向部分结疤的碳酸化塔通入新鲜的氨盐水可溶去沉淀，此时该塔称为清洗塔（也称为预碳酸化塔或中和塔）。清洗塔的底部仅通入稀的 CO_2气体，塔本身不冷却。新鲜氨盐水中含有大量游离氨，与沉析在溢壁和塔板上的碳酸铵盐作用，使其溶解，稀 CO_2气体起搅拌和氨盐水初步碳酸化作用。出清洗塔的含碳酸盐的氨盐水引入碳酸化塔正常生产。因此，碱厂的碳酸化塔常采用编组运转，一般以 5 个以上为一组，如一塔清洗，五塔制碱。

五、重碱的过滤与煅烧

重碱的过滤是采用连续回转真空过滤机分离出碳化取出液中的 $NaHCO_3$结晶，并通过操作使重碱质量达到产品相关指标要求。重碱的煅烧是将过滤分离出的半成品制备成合格的纯碱产品。

1. 重碱过滤与煅烧原理

（1）重碱的过滤原理

重碱的过滤是在真空泵的作用下，使碳化取出液中的重碱结晶吸附在滤布上来分离碳化取出液中的固体和液体，并对分离后的重碱加适量的软水，洗涤其中夹带的母液，以确保产品质量和生产的母液平衡。

（2）重碱的煅烧原理

$NaHCO_3$煅烧是简单的分解反应，$NaHCO_3$受热分解而生成 Na_2CO_3反应为：

$$2NaHCO_3\ (s) \xlongequal{\quad} Na_2CO_3\ (s) + CO_2\ (g) + H_2O\ (g) \qquad \Delta H_R = 128\ \text{kJ/mol}$$

碳酸氢钠固体上方 CO_2平衡分压与温度的关系如图 6－8 所示。若分解在常压下进行，且水蒸气与 CO_2分压相同，则 CO_2分压为 50.7 kPa 时，碳酸氢钠已分解完全，此时温度为 88 ℃。为加快 $NaHCO_3$煅烧分解速率，工业上采用煅烧温度为 160～190 ℃。

图 6－9 为重碱煅烧过程曲线，可看出煅烧开始时重碱的组成为：$w(NaHCO_3)=76\%$、$w(H_2O)=14\%$、$w(Na_2CO_3)=6.7\%$、$w(NH_4HCO_3)=3.1\%$、$w(NaCl)=0.45\%$。还可看出，在 160 ℃煅烧时，$NaHCO_3$完全分解所需时间接近 1 h；在 190 ℃煅烧时，$NaHCO_3$完全分解则需要约 30 min；温度进一步提高至 205 ℃时，$NaHCO_3$完全分解需要约 20 min，效率提升不明显且能耗太大，所以实际煅烧过程中常将煅烧温度控制在 165～190 ℃。分析图 6－9 还可得知，$NaHCO_3$滤饼受热时，首先挥发的是滤饼中的游离水分，接着是 NH_4HCO_3分解，$NaHCO_3$的分解最慢。NH_4HCO_3分解除消耗热量和增大氨耗外，对成品质量没有影响。但当滤饼中夹杂有 NH_4Cl 时，煅烧时发生以下反应：

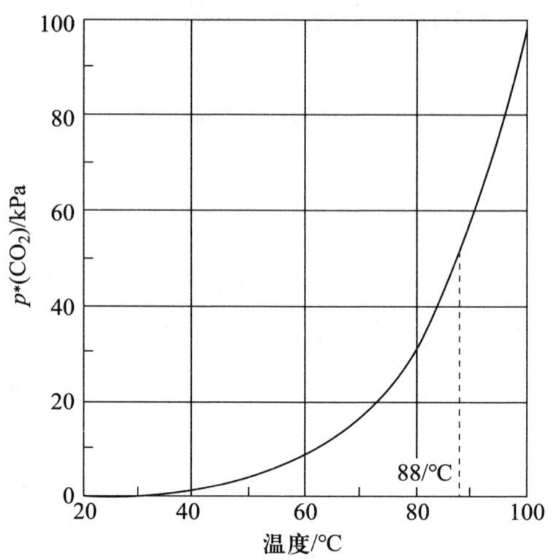

图 6－8　碳酸氢钠固体上方 CO_2 衡分压与温度的关系

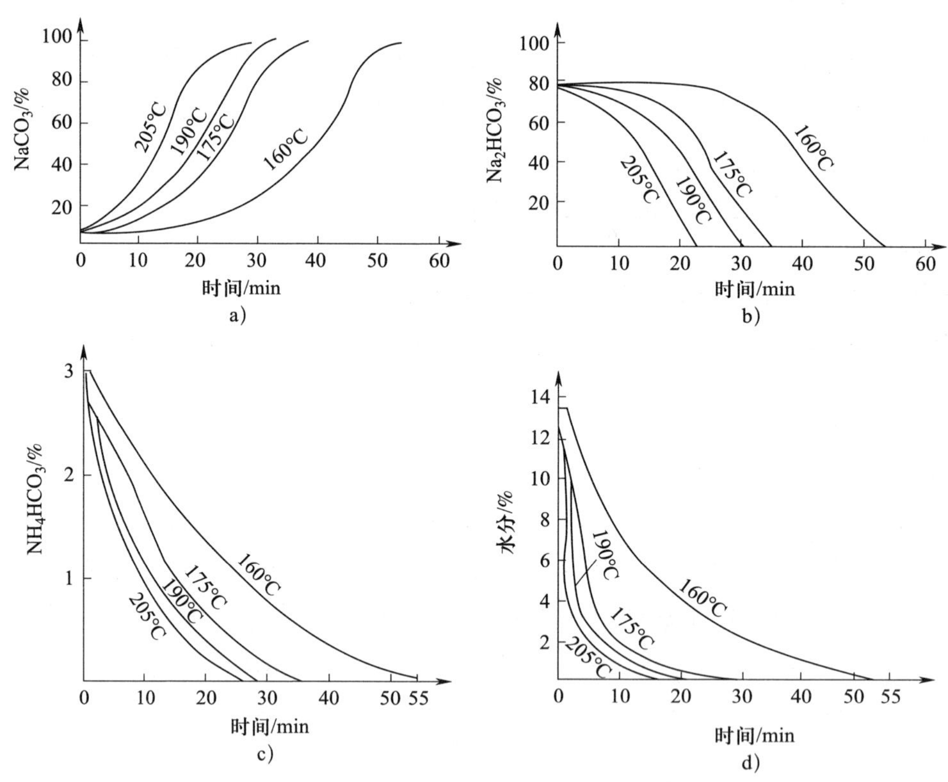

图 6－9　重碱煅烧过程曲线

$$NH_4Cl + NaHCO_3 \longrightarrow NH_3 + CO_2 + H_2O + NaCl$$

由于氯化钠残留在成品中影响纯碱质量与纯度，所以在过滤操作中要适当用水洗涤滤饼，除去氯离子。煅烧时需要将一部分煅烧过的纯碱与湿 $NaHCO_3$ 混合，调节煅烧料的水分含量。当水分含量高时，会发生熔融粘壁和结块。这部分循环用的煅烧过的纯碱称为返碱，

返碱量与滤饼含水量及炉的结构有关。通常湿滤饼混合后将水分调节到8%以下入炉，分解才能顺利进行。

2. 重碱过滤与煅烧工艺流程及主要设备

（1）重碱过滤工艺流程及主要设备

重碱过滤工艺流程如图6-10所示。

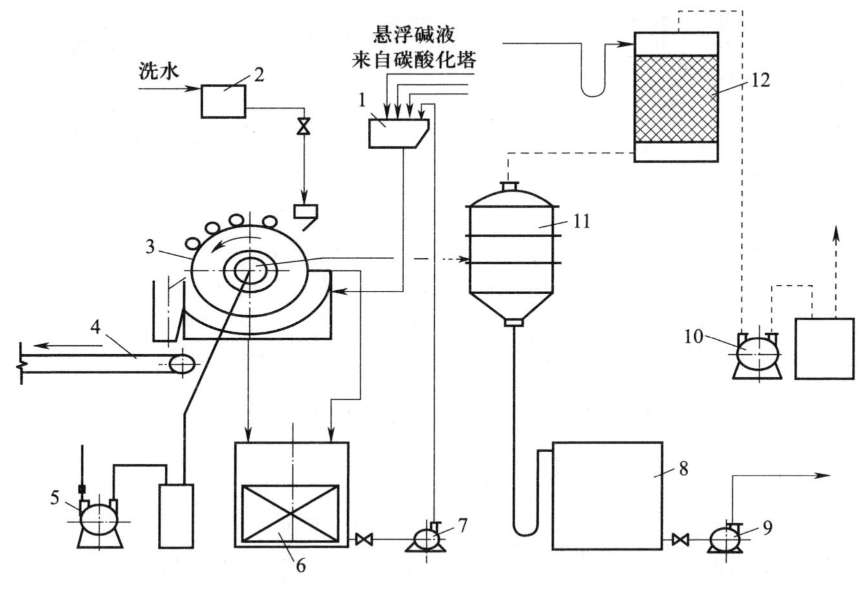

图6-10　重碱过滤工艺流程

1—出碱槽；2—洗水桶；3—过滤机；4—重碱皮带；5—吹风机；6—碱液槽；7—碱液泵；8—母液桶；9—母液泵；10—真空机；11—分离器；12—净氨塔

从碳酸化塔出来的$NaHCO_3$悬浮液经出碱槽，分配到各真空过滤机的碱液槽内，槽内装有搅拌机及溢流管，多余的悬浮液从溢流管流入装有搅拌机的碱液槽内，悬浮液可通过碱液泵重新送入计量槽后再分配到过滤机碱液槽。当碳化塔的出碱量超过过滤机能力时，多余的碱液也从出碱槽送至碱液槽。真空度由真空机产生。母液过滤后和空气一起送分离器，母液流至母液桶。空气在分离器内与母液分开，被抽吸至净氨塔，回收空气中的氨和二氧化碳，然后排空。吸附在滤鼓上的重碱滤饼层，用洗水高位槽来的软水或淡碱液洗涤，除去盐分，用压辊压榨出多余的水分，压辊同时有压平裂缝、维持真空度的作用。在压辊区吸入空气通过滤饼层，对滤饼层进行脱水干燥，最后用刮刀把滤饼从滤鼓上刮下。

（2）重碱煅烧工艺流程及主要设备

重碱煅烧工艺流程示意图如图6-11所示。

本流程采用内热式蒸汽煅烧炉烧重碱。重碱由皮带输送机运来，由圆盘加料器控制加碱量。再经进碱螺旋输送机与返碱混合后与炉气分离器来的粉尘一并进炉，约经过20 min，由出碱螺旋输送机自炉内卸出，一部分成品送回炉内做返碱，另一部分做产品纯碱。煅烧过程产生的炉气经除尘、冷却、洗涤，CO_2浓度可达90%（体积分数）左右，送碳化工序。

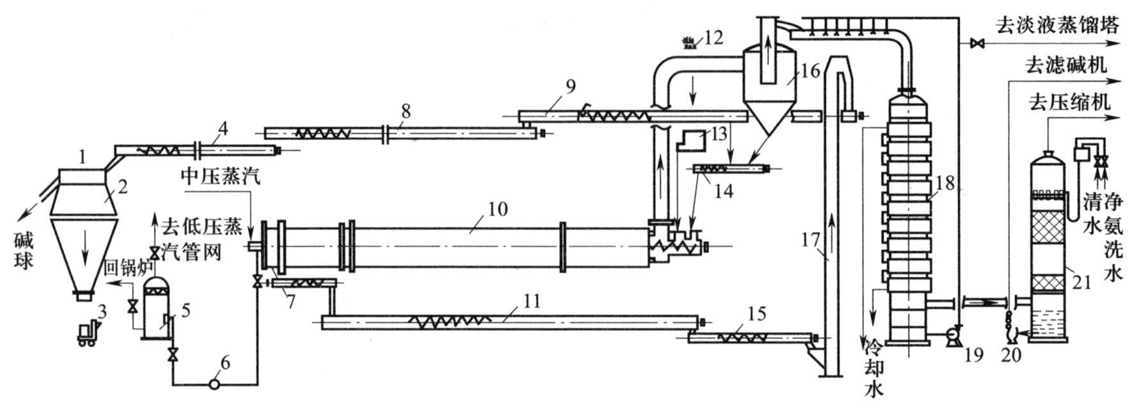

图 6－11　重碱煅烧工艺流程示意图

1—圆筒筛；2—碱仓；3—磅秤；4—筛上螺旋输送机；5—扩容器；6—疏水器；7—出碱螺旋输送机；
8—成品螺旋输送机；9—分配螺旋输送机；10—煅烧炉；11—地下螺旋输送机；
12—皮带运输机；13—圆盘加料器；14—返碱螺旋输送机；15—进碱螺旋输送机；
16—分离器；17—斗式提升机；18—冷凝塔；19—冷凝泵；20—洗水泵；21—洗涤塔

蒸汽煅烧炉通常用内热式回转炉，基本结构图如图 6－12 所示。

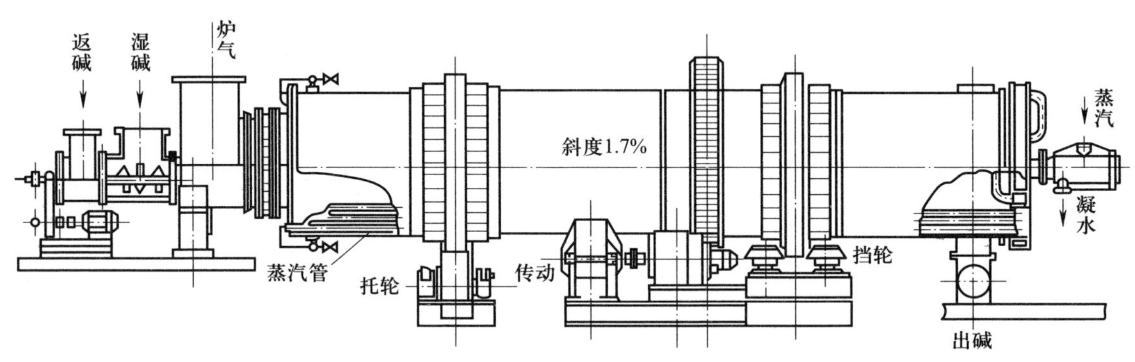

图 6－12　蒸汽煅烧炉基本结构图

炉体是普通钢板焊制的卧式回转圆筒，炉体前后有滚圈承架于托轮上，炉体向后倾斜度为 1.7%。炉尾滚圈附近装有齿轮圈，通过减速器由电动机带动炉体慢速回转。炉体内有多排靠近炉壁以同心圆排列的带翅片的加热管。为避免入炉处结疤，近炉头端的加热管区不带翅片。蒸汽经炉尾空心轴先进入汽室，再分配到加热管中，结构较复杂，密封要求高，用聚四氟乙烯填料密封。返碱和重碱由螺旋输送器从炉头送入炉内，煅烧好的纯碱也由炉尾的螺旋输送器送出。分解出的炉气经水洗冷却，回收氨和碱尘后送去制碱。

蒸气煅烧炉的返碱量与蒸气耗量关系如图 6－13 所示。

近年来，流化态技术日渐运用于重碱煅烧，目前已有一定的生产规模。其特点是运转设备少，维护费用低，采用内返碱技术，简化了流程。重碱煅烧过程中，物料均一性好，提高了传质、传热效果，生产强度大。沸腾煅烧简要流程如图 6－14 所示。

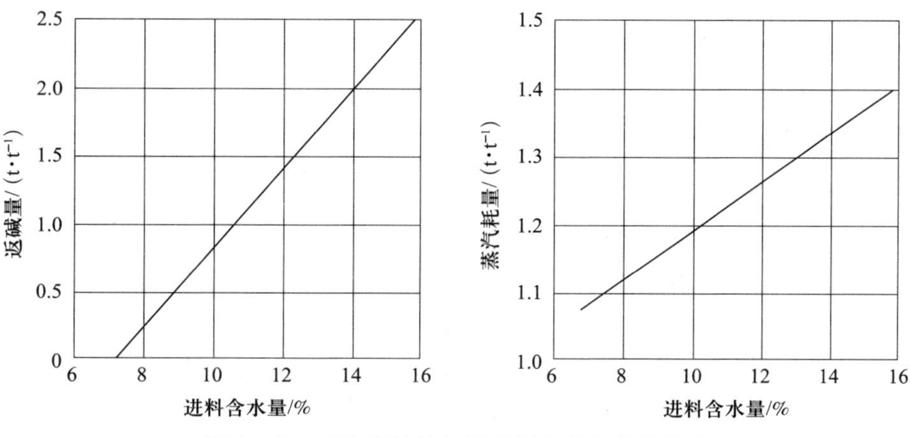

图 6－13　蒸汽煅烧炉的返碱量与蒸汽耗量关系

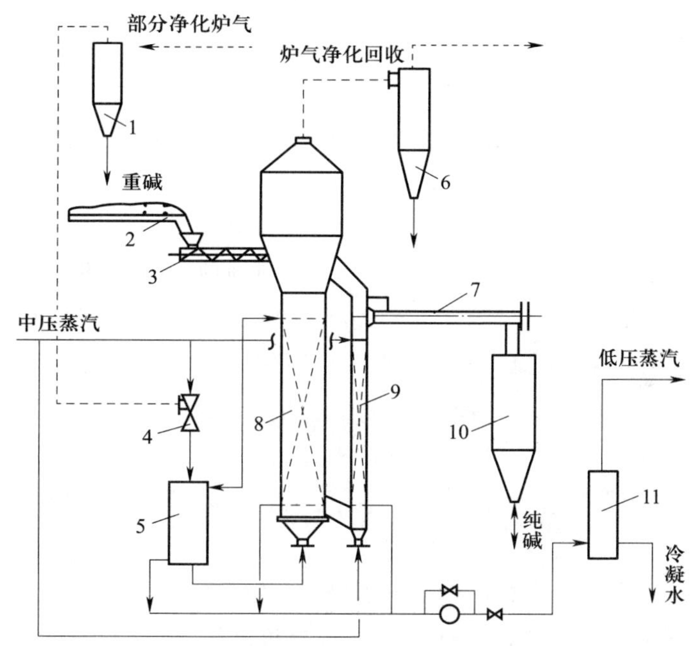

图 6－14　沸腾煅烧简要流程

1，6—分离器；2—皮带输送机；3，7—螺旋输送机；4—喷射泵；
5—加热器；8—沸腾炉；9—副炉；10—碱仓；11—扩容器

由锅炉送来的中压蒸汽作为热源，分别进入沸腾炉加热器、副炉加热器及沸腾气加热器，并在其中冷凝。冷凝水通过疏水器、节流装置后进入扩容器，闪蒸出低压蒸汽后，余水返回锅炉软水池。中压蒸汽除用作热源以外，还与部分炉气混合，再经加热器升温至 160 ℃以上，进入沸腾炉作为沸腾用气。重碱由螺旋输送机送入沸腾炉，在流化状态下受热分解为纯碱，然后经副炉及出碱螺旋输送机送入碱仓。重碱分解产生的炉气与沸腾用气混合由炉顶进入旋风分离器，分离回收碱粉以后的气体去炉气净化系统。

3. 重碱过滤与煅烧工艺条件选择

（1）重碱过滤工艺条件选择

1）控制重碱水分含量或者烧成率。重碱水分或者烧成率的高低，是影响煅烧炉能力和煅烧能耗高低的主要因素，所以降低重碱水分，提高烧成率，具有相当重要的意义。降低重碱水分或者提高重碱烧成率的关键，在于减少能导致过滤阻力增加的因素，特别要及时了解重碱结晶质量变化，及时采取相关补救措施，并联系上工序提高结晶质量，也要调整滤碱机的开用台数，适当减薄滤饼厚度，调整洗水温度，以此来提高过滤速率。并能及时倒车，采用温度较高的洗水，彻底清洗滤布，并维持较高的吹风压力和风量。

2）控制重碱 NaCl 含量。从碱液中滤出的重碱滤饼，含有很高的盐分，所以在滤饼从滤鼓上卸下以前，需要加水洗涤，使得重碱盐分含量控制在合格指标范围以内。洗涤盐分的过程，应在保证产品指标合格的前提下，尽可能减少洗水用量。

3）控制过滤系统真空度。过滤系统的真空度是实现出碱液液固分离的推动力，是保证各项指标达到要求的主要条件。对于导致过滤系统真空度低的原因要及时分析并解决处理。

4）控制重碱过滤损失率。重碱过滤损失形成的主要原因包括洗水对碳酸氢钠的溶解、碳酸氢钠的细晶随滤液直接透过滤布毛细孔、碱液通过滤布上的漏洞被吸走。在生产操作中应做好合理控制重碱盐分含量、保持滤布完整不漏并及时修补或适时更新等方面工作。

（2）重碱煅烧工艺条件选择

1）出碱温度。对煅烧来说，控制好出碱温度就意味着控制了产品的纯度。若煅烧温度不足，所得产品中会有少量未分解的重碱，产品不符合标准。一般出碱温度变化的主要原因包括重碱投入量和水分的波动、返碱配比不足、炉负荷过大。处理的方法为暂时减少投入量和临时停止出碱，根据波动原因，作针对性调整处理。

2）加返碱。将一定量煅烧后成品碱与重碱混合，以降低水分含量，该部分成品碱称为返碱。

由于滤过重碱水分高，湿重碱在高温下，极易粘壁和结成碱球。炉壁上的粘碱不能完全被大链子击下，影响正常的热传递，使炉体局部过度膨胀，造成炉体焊缝破裂脱落，严重时，有可能会将炉体烧弯下垂。因此，煅烧过程需用返碱以利于稳定操作。

返碱量不足时，往往在炉尾取出的碱粉中夹带呈球状碱，俗称“碱球”。返碱量过多会影响生产强度，同时增加能耗。返碱量正确的配比取决于粗重碱的游离水分的高低。烧成率低的重碱，就需要掺入大量返碱来维持合适的混合碱水分。返碱量调节以混合碱水分为依据。实践证明，混合碱的水分以不超过 8% 为合适。

3）压力。煅烧过程往往保持常压，使空气不漏入，这样才能获得高浓度的 CO_2 气体。

4）存灰量。煅烧炉中存灰量的大小标志着重碱在炉内的停留时间，即反应时间。要使重碱分解完全，就要保持一定的存灰量。该量大小与炉子大小有关，对 2.5 m 炉子，存灰量应保持在 20 ~ 25 t。

六、氨的回收

氨碱法生产过程中，氨是循环利用的。生产 1 t 纯碱，循环的氨量为 0.4 ~ 0.5 t，通常采用蒸馏法回收循环氨。过滤重碱后含结合氨的母液，添加石灰乳分解转变成游离氨蒸出的过程，称为母液蒸馏。各种含氨的回收液中只含游离氨，直接加热蒸馏，称为淡液蒸馏。

1. 蒸氨原理

NH_3-H_2O 体系的气液平衡相图如图 6－15 所示，NH_3-H_2O 体系有较大的相对挥发度，蒸馏分离比较容易。过滤重碱后母液的大致组成见表 6－2，因被洗涤水稀释而约为 6.0 m³/t 的母液受热时，游离氨受热即从液相驱出，同时还发生一些复分解反应：

$$NH_4HCO_3 = NH_3 + CO_2 + H_2O$$

$$NaHCO_3 + NH_4Cl = NH_3 + CO_2 + H_2O + NaCl$$

$$Na_2CO_3 + 2NH_4Cl = 2NH_3 + CO_2 + H_2O + 2NaCl$$

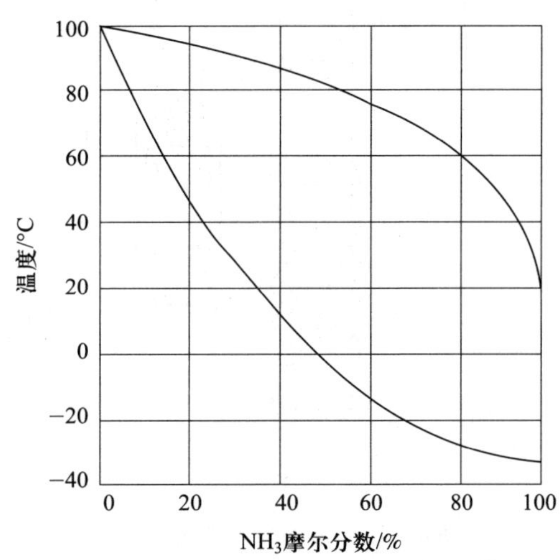

图 6－15　NH_3-H_2O 体系的气液平衡相图

加入石灰乳时，结合氨分解成游离氨，并从液相逸出：

$$2NH_4Cl + Ca(OH)_2 = 2NH_3\ (g) + 2H_2O + CaCl_2$$

表 6－2　　过滤重碱后母液的大致组成

组分	质量浓度/（kg/m^3）	物质的量浓度/（$kmol/m^3$）	备注
NH_4Cl	180 ~ 200	3.4 ~ 3.7	相当于总氨 6.6 ~ 7.4 kg/m^3
$(NH_4)_2CO_3$	40 ~ 50	0.5 ~ 0.6	游离氨 5.6 ~ 6.2 kg/m^3
NH_4HCO_3	6 ~ 8	0.07 ~ 0.10	结合氨 1.0 ~ 1.2 kg/m^3
NaCl	70 ~ 80	1.2 ~ 1.4	—

母液中虽然存在 NaCl 和 $CaCl_2$，但 $CaCl_2$ 与氨化合而降低氨的分压，实验证明，NaCl 可提高平衡氨分压，两者的作用近似抵消。因此，蒸馏游离氨时，物系可简化为 $NH_3-CO_2-H_2O$ 体系。蒸馏结合氨时，物系可简化为 NH_3-H_2O 体系。

2. 母液蒸馏工艺流程及主要设备

母液蒸馏工艺流程如图 6－16 所示。

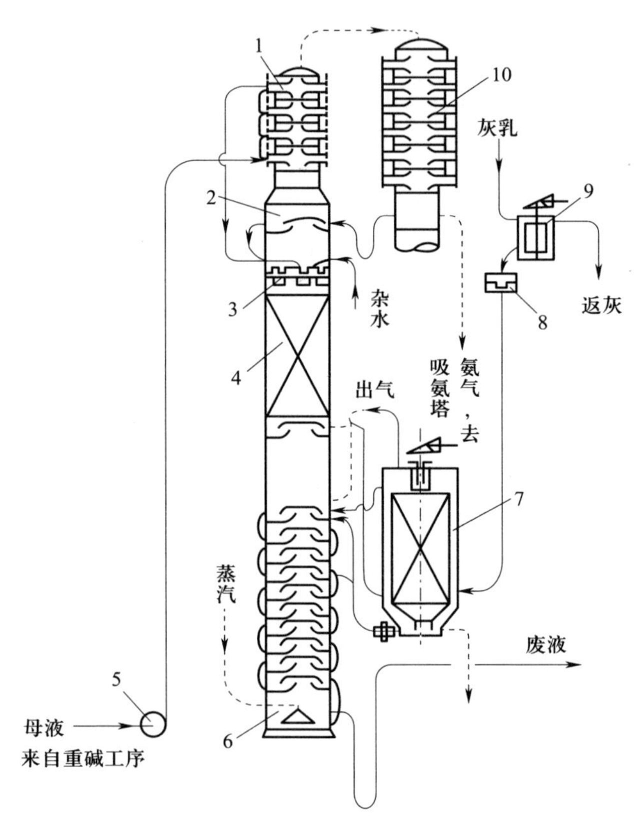

图 6－16 母液蒸馏工艺流程

1—母液预热器；2—蒸馏段；3—分液槽；4—预热段；5—母液泵；6—石灰蒸馏段；7—预灰桶；8—石灰乳流堰；9—加石灰乳缸；10—气体冷凝液

蒸氨塔包括母液预热器、预热段和石灰乳蒸馏段，总高可达 40 m。母液预热器由 7～10 个卧式列管水箱组成，安装在蒸馏塔顶部，管内走母液，管外是蒸出的带水汽的热氨气。母液在预热器中与热氨换热，温度从 25～30 ℃升高到 70 ℃后至塔中部加热段。热氨气从 80～90 ℃降到 65 ℃左右，进冷凝器冷凝掉大部分水分后送往吸氨工序。

加热段一般是填料床，预热的母液进入后，与下部上升的热气（水蒸气和氨气）直接接触，蒸出游离 NH_3 和 CO_2，剩下的残液主要含 NH_4Cl。结合氨要分解成游离的 NH_3 才能蒸出，故将残液引入预灰桶搅拌混匀后再引入蒸氨塔石灰乳蒸馏段。该段用铸铁单泡罩塔板，有 10～14 层塔板。结合氨与石灰乳反应而分解成游离氨，在塔底直接被蒸汽汽提而驱出。废液由塔底排出。

蒸馏液成分沿蒸氨塔塔板的变化情况如图 6－17 所示。

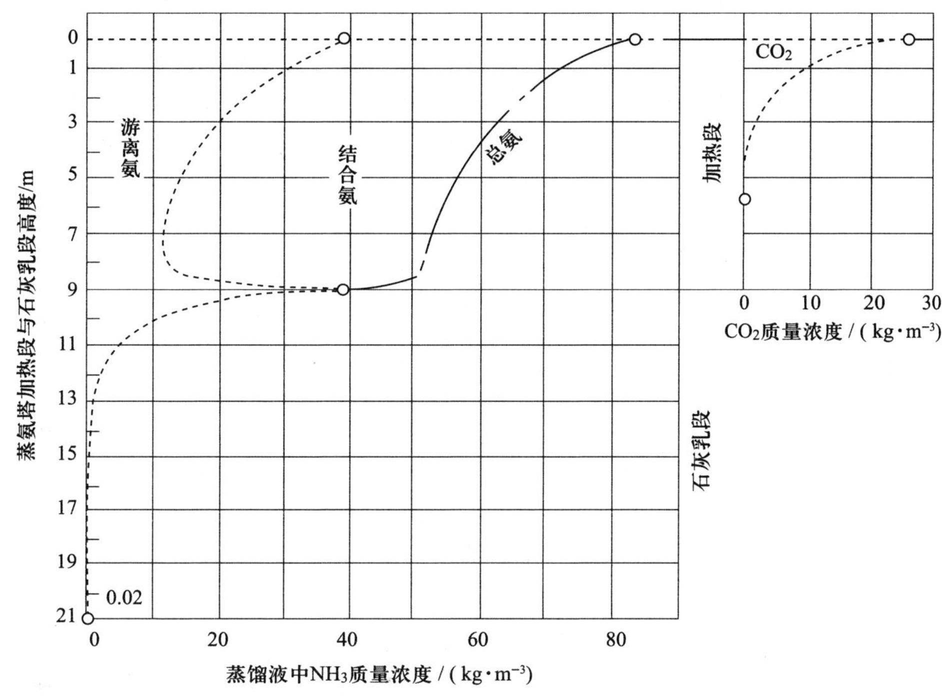

图6－17　蒸馏液成分沿蒸氨塔塔板的变化情况

在加热段蒸出大部分氨和全部 CO_2，在石灰乳蒸馏段则结合氨转化成游离氨蒸出，残液只含微量的氨。蒸氨需要大量热能，因而都采用低压废蒸汽直接加热，以省去庞大的换热设备，常用 50～80 kPa 蒸汽。因废液不再利用，蒸汽凝液的稀释影响不大。蒸汽用量的控制以驱尽氨为准。蒸出的氨气经冷凝器冷却，并冷凝掉大部分水蒸气，温度降至 55～60 ℃后送往吸氨工序。排出的废液量约为母液的 2 倍，计 10～12 m^3/t。

3. 母液蒸馏工艺条件选择

（1）蒸馏温度

蒸氨塔的操作温度与压力密切相关，低压操作温度要低很多。温度高低关系到气液相氨的分压；关系到预热段，母液 CO_2驱净率；关系到蒸馏段，预灰桶结疤速度和能源的消耗。在压力蒸馏情况下操作，温度的升高，对预热母液中 CO_2驱出有利。因此，由真空蒸馏到压力蒸馏，预热母液温度可在 90～103 ℃之间变化。在一定的操作压力下，蒸馏出的气体温度是由通过塔下加入的新鲜蒸汽来调节控制的，一般塔底维持 110～117 ℃，塔顶 80～85 ℃。

（2）压力

减压操作对蒸氨有利，这样虽能防止氨的逸散损失，但又产生了漏入空气的可能，故系统应密闭以免冲淡氨气而不利于吸收。实际操作中，蒸氨塔下部压力与直接蒸汽压力相同（废热蒸汽压力 0.16～0.17 MPa），塔顶稍呈真空，一般略呈约 5 mmHg 的真空。

（3）石灰乳浓度

加入塔中的料液与石灰乳应力求量少浓度高，这样可使氨易于蒸出，且废液容积小，热损失及氨损失也小。生产中一般要求灰乳活性 CaO 浓度在 4～4.5 mol/L 之间。

（4）废液含氨和过剩灰

蒸氨塔操作要求维持符合生产指标要求的废液含氨、过剩灰和蒸汽消耗。

生产中，废液含氨应小于0.03 g/L，过剩灰应小于0.025 mol/L，蒸汽消耗量为1.5～2 t/t纯碱。

4. 淡液蒸馏

淡液蒸馏是洗涤用水、冷凝液及其他含氨废水的总和。淡液中只含游离氨，因为$NaHCO_3$煅烧炉的冷凝液含少量碳酸钠，即使淡液中含有结晶氨也会被分解。淡液的量比母液少得多，其中含纯碱为0.6～1.0 m^3/t，并且不含固体悬浮物。淡液的蒸馏常用填料塔，其过程也是直接用水蒸气汽提的过程，靠直接热量和质量传递而蒸出氨和CO_2，使它们回到生产系统中重复利用。

课后练习

一、填空题

1. 氨碱法制纯碱的主要原料是________、________ 和________。
2. 氨碱法制纯碱的主要反应为________________________。
3. 工业生产中精制食盐水的方法有________ 和________。
4. 碳酸氢钠的煅烧反应是________________。

二、简答题

1. 为什么重碱过滤后要进行洗涤？对洗涤水量有何要求？
2. 请描述氨碱法工艺流程中的主要工序。
3. 请简述氨盐水碳酸化所需工艺条件。

任务三　联合制碱法生产纯碱和氯化铵

学习目标

1. 掌握联合制碱法的基本原理、生产工艺流程。
2. 掌握联合制碱法制氯化铵原理和结晶原理。
3. 会分析选择联合制碱法的生产工艺条件。
4. 了解联合制碱法生产纯碱与氯化铵的特点。

一、联合制碱法发展史

氨碱法生产中，制碱母液含有 NH_4Cl、NaCl 和 NH_4HCO_3，其中浓度最大的是 NH_4Cl。生产过程中，加入石灰乳用蒸馏法将 NH_3Cl 从液相汽化，再加以回收，蒸馏废液则排入江河、湖泊、海洋等，这样使氯化钠的利用率降低。氯化钠的转化率在理论上可达到84%，实际生产中由于氯化钠在氨水中的溶解度和碳酸化反应条件的限制，工业上一半的氯化钠转化率只能达到72% ~76%。氯化钠仅利用了其中的部分钠离子，而24% ~28%的钠离子和全部氯离子被废弃，氯化钠的总利用率不到30%。

根本的解决方法是从 $NaHCO_3$ 母液中分离出 NH_4Cl 固体，作为成品出售，氯化钠母液则返回制碱。如此，制碱过程和氯化铵过程交替进行，构成一个循环过程，这种方法也称循环法。1885 年，德国科学家施策首先提出在制碱后的母液中添加固体盐，并冷析出固体氯化铵。1924 年，德国格鲁德和吕普曼两位教授做出了这类研究，1931 年取得成功，称为察安法。这种方法间歇操作，首先做出碳酸氢铵结晶以处理饱和盐卤，把得到的碳酸钠过滤，然后将母液冷却降温，最后加入食盐得到氯化铵结晶。

1938 年，我国侯德榜博士指导制碱工作者开始新法制碱的试验研究，1943 年取得了满意的结果。该法称为“侯氏制碱法”，它是将含盐母液加氨，送进碳化塔并通入氨厂送来的 CO_2，产出 $NaHCO_3$ 结晶，过滤得到 NH_4Cl 肥料；母液再加氨送进碳化塔。如此连续循环操作，得到纯碱和氯化铵双产品。它综合利用了氨厂的 CO_2 和碱厂废液的 Cl^-，提高了原料利用率，降低了生产成本，因此也称联合制碱法。该法不消耗石灰石，盐的利用率可提高到95%，而且没有大量的废液、废渣排出。

20 世纪 50 年代在中国大连建设了日产 10 t 的中间试验车间，对不同流程、不同工艺条件进行了生产对比，同时对该法的基础理论在实验室做进一步的研究。在此基础上，20 世纪 60 年代中国第一套 16 万 t/a 的联合制碱法工业生产装置正式投入生产。由于联合制碱法具有很高的原料利用率和基本上不排放废液废渣的突出优点，在我国得到了迅速发展。2004 年我国生产纯碱 12 490 万 t，其中联碱为 5 072 万 t，占 40. 6%。

联合制碱法的要点是利用同离子效应，配合以冷却或冷冻，降低氯化铵在母液中的溶解度，使氯化铵从母液中结晶析出，析出氯化铵后的母液循环利用。联合制碱法的过程中不生成大量废弃物，产品是纯碱和氯化铵。

联合制碱法有两个含义，其一，在循环法中，纯碱和氯化铵是作为双产品出现的，故又称为联合制碱法或联合法；其二，在“侯氏制碱法”中，利用了氨厂的氨和二氧化碳，既得到纯碱和氯化铵，又缩短和简化了工艺过程，但必须与氨厂联合。

二、联合制碱法生产基本过程及工艺流程

1. 联合制碱法基本过程

联合制碱法基本过程示意图如图 6 - 18 所示。由母液Ⅱ（MⅡ）开始，经过吸氨、碳化、过滤、煅烧即可制得纯碱，该过程称为Ⅰ过程。过滤重碱后的母液Ⅱ（MⅡ）经吸氨、

冷析、盐析、分离即可得到氯化铵，该过程称为Ⅱ过程。两个过程构成一个循环，向循环系统中连续加入原料（氨、盐、水和二氧化碳），就会不断生产纯碱和氯化铵。

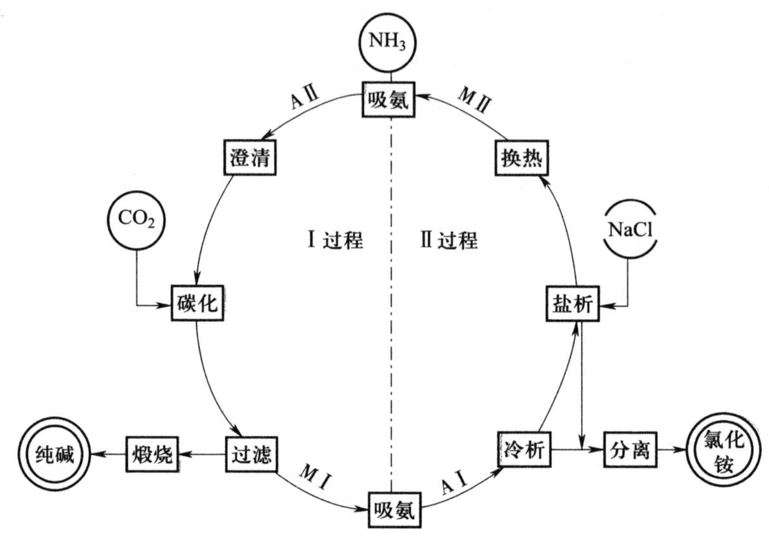

图6－18　联合制碱法基本过程示意图

2. 氯化铵质量标准

工业氯化铵质量标准（优等品）见表6－3。

表6－3　　工业氯化铵质量标准（优等品）

项目	指标	项目	指标
氯化铵（NH_4Cl）的质量分数（以干基计）	≥99.5%	水的质量分数*	≤0.5%
灼烧残渣的质量分数	≤0.4%	铁（Fe）的质量分数	≤0.000 7%
重金属的质量分数（以Pb计）	≤0.000 5%	硫酸盐的质量分数（以SO_4计）	≤0.02%
pH值（200 g/L溶液）	4.0～5.8	—	—

*水的质量分数仅在生产企业检验和生产领域质量抽查检验时进行判定。当需方对水分有特殊要求时，可由供需双方协商。

3. 联合制碱法工艺流程

（1）Ⅰ过程流程

两次吸氨一次碳酸化工艺流程Ⅰ过程如图6－19所示。

来自氨母液Ⅱ桶的热氨母液Ⅱ由氨母液Ⅱ泵输送，从清洗塔上部进塔并自上而下流动，在塔底送入的清洗气的搅动作用下，对塔内进行清洗，使碱疤溶解。清洗塔底部排出的碳化母液Ⅱ由倒塔泵（也称碳化氨母液Ⅱ泵）输送，从制碱塔上部并自上而下流动，与CO_2反应，生成$NaHCO_3$结晶（即重碱）。重碱晶浆（即碳化取出液）由塔底自压排出，经出碱槽自流到真空过滤机，进行固液分离。

由管网供给的冷却水自上而下流经制碱塔的各水箱，移走反应放出的热量。

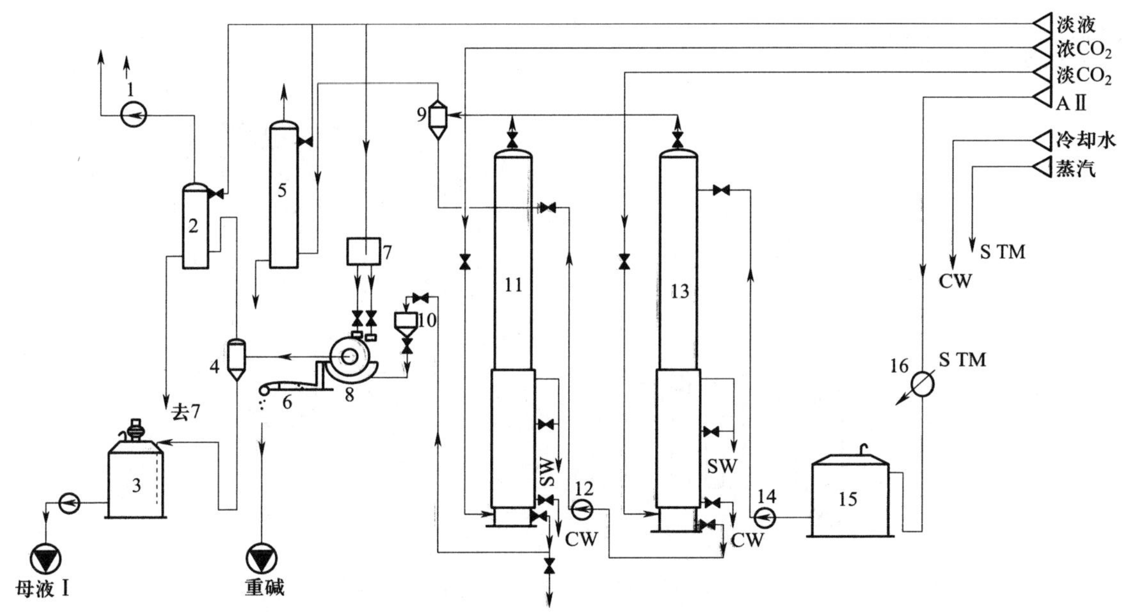

图 6－19　两次吸氨一次碳酸化工艺流程Ⅰ过程

1—真空泵；2—过滤净氨塔；3—氨母液Ⅰ桶；4—气液分离器；5—尾气洗涤塔；6—重碱皮带运输机；7—洗水桶；8—真空过滤机；9—气液分离器；10—出碱槽；11—制碱塔；12—倒塔泵；13—清洗塔；14—氨母液Ⅱ泵；15—氨母液Ⅱ桶；16—氨母液Ⅱ预热器

由清洗塔和制碱塔顶部引出的碳化尾气先进入气液分离器，分离掉所夹带的液沫，再进入尾气洗涤器，脱氨后放空。

碳化塔在 48 h 的制碱作业后，塔内壁会生成 $NaHCO_3$结疤，使冷却效率降低，因此，碳化塔需逐台定时轮换，利用热氨母液Ⅱ对 $NaHCO_3$结疤的溶解能力和清洗气（淡 CO_2）的搅动作用，对塔内壁进行清洗。经真空过滤机分离出的重碱滤饼由重碱皮带输送机送煅烧工序。真空过滤排出的母液及滤过尾气经气液分离器分离，分离后液体通过母液Ⅰ泵送往母液Ⅰ吸氨器吸氨后即为氨母液Ⅰ，自流入氯化铵工序供氯化铵生产用。经分离后，气体进入过滤净氨塔Ⅱ净氨后由真空泵排入大气。

（2）Ⅱ过程流程

两次吸氨一次碳酸化工艺流程Ⅱ过程示意图如图 6－20 所示。

该流程晶浆洗涤采用并料取出，用冷析晶浆洗涤的方法。来自重碱工序的热氨母液Ⅰ进入热 AⅡ桶暂存，再经热 AⅡ泵送母液换热器，冷却降温后，经冷 AⅡ桶进入冷析结晶器，因冷析效应而产生氯化铵结晶，冷析结晶器的晶浆进入第二稠厚器。冷析结晶器的溢流清液，自流进入盐析结晶器，与加入的固体盘混合后，由于氯离子的同离子效应而析出氯化铵结晶。盐析结晶器的晶浆进入第一稠厚器，再流入第二稠厚器，其溢流清液即冷 MⅡ，流入 MⅡ桶暂存，除流后，由母液泵送母液换热器，得湿 MⅡ去碳酸化吸氨。第二稠厚器的浓晶浆经离心分离机进行固液分离。分离机排出的滤液和第二稠厚器所得的清液一并进入滤液泵，清液用滤液泵送往盐析结晶器。固液分离器所得湿铵送往干铵系统。由冰机系统送来的液氨进入液氨蒸发外冷器，吸收后循环液的热量蒸发为氨气，经气液分离器气液分离后，液

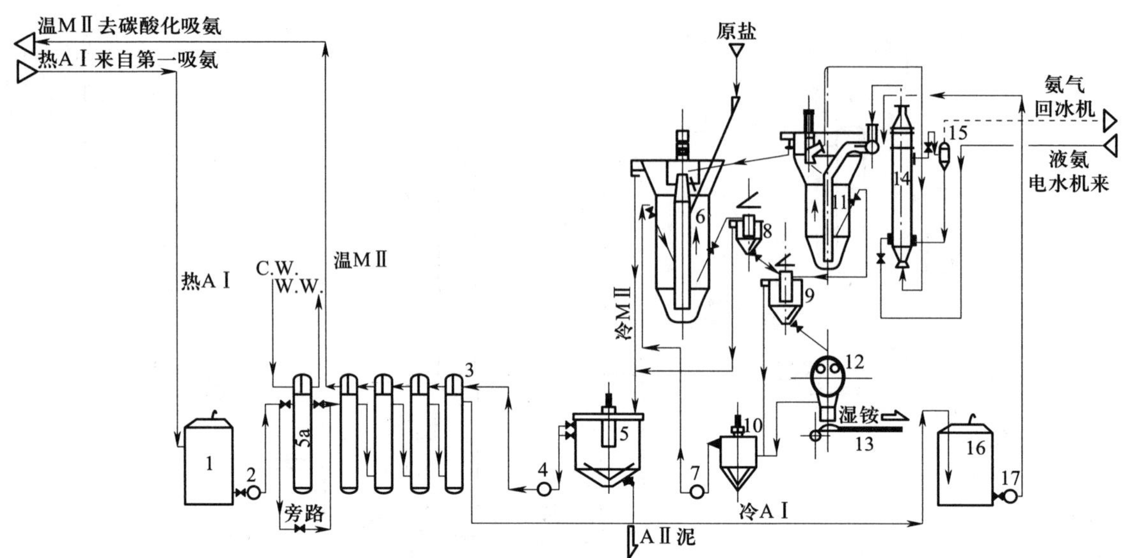

图6－20　两次吸氨一次碳酸化工艺流程Ⅱ过程示意图

1—热AⅡ桶；2—热AⅡ泵；3—母液换热器；4—母液泵；5—MⅡ桶；6—盐析结晶器；7—滤液泵；8—第一稠厚器；9—第二稠厚器；10—滤液桶；11—冷析结晶器；12—离心分离机；13—运铵皮带；14—外冷器；15—气液分离器；16—冷AⅡ桶；17—冷AⅡ泵；5a—水冷器；STM—蒸汽；CW—冷却水；SW—排水；CAⅠ—碳酸化氨母液Ⅰ；AⅠ—氨母液Ⅰ；AⅡ—氨母液Ⅱ

氨回外冷器，氨气回冰机系统，经压缩和冷凝为液氨循环使用。

（3）总体过程流程

将Ⅰ过程流程和Ⅱ过程流程合并可得到总体过程流程工序，如图6－21所示。

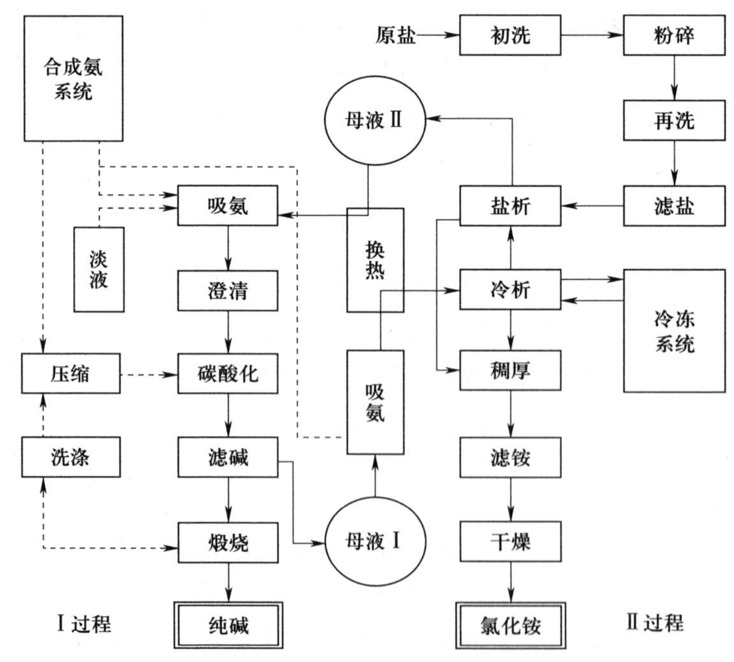

图6－21　总体过程流程工序

4. 联合制碱法制碱与制铵过程工艺条件

（1）压力

制碱过程一般可在常压情况下进行，但为强化碳酸化吸收效果，可对各种CO_2浓度气体采用不同压力进行碳化制碱。制铵过程在常压下进行。

（2）温度

联合制碱法碳酸化塔温度较氨碱法稍高些，这是因为氨母液Ⅱ中会有一定量的结合氨，以免在碳化塔下部同时析出$NaHCO_3$和NH_4HCO_3。一般控制出塔温度为32～38 ℃。

制铵过程，一般取冷析温度为8 ℃，盐析温度为13 ℃。

（3）母液浓度

联合制碱法一般用β、α、γ三个值来描述母液浓度，作为控制循环中的工艺指标。联碱生产中，取氨母液Ⅱβ值为1.02～1.12；氯化铵结晶的温度在10 ℃左右，α值一般控制在2.15～2.35；盐析结晶器母液温度为10～15 ℃时，γ值一般控制在1.5～1.8。

三、联合制碱法制氯化铵原理和结晶原理

氯化铵制造工序的主要目的是将重碱滤过母液Ⅰ吸氨后成为母液Ⅱ，再使之降温冷析和加入氯化钠盐析出氯化铵结晶的工艺过程，也是联合制碱法与氨碱法的主要不同之处。它不仅生产氯化铵产品，而且获得了合格制碱要求的母液Ⅱ。

1. 联合制碱法制氯化铵原理

联合制碱法制碱的吸氨和碳酸化原理与氨碱法基本相同。制铵过程的要点是尽量使氯化铵从母液中析出。联合制碱法中，用冷析和盐析从母液中分出氯化铵，主要是利用不同温度下氯化钠和氯化铵的互溶关系。氨母液是复杂的Na^+，NH_4^+ ‖ CO_3^{2-}，Cl^- + H_2O体系。为便于说明析铵的原理，将体系简化为Na^+，NH_4^+ ‖ Cl^- + H_2O讨论。

（1）联合制碱法析铵的相图及过程分析

$NaCl-NH_4Cl-H_2O$体系与碳酸化母液的关系相图如图6－22所示，含$(NH_4)_2CO_3$的$NaCl-NH_4Cl-H_2O$体系相图如图6－23所示，联合制碱法的制碱过程相图如图6－24所示。图6－22（a）是纯的$NaCl-NH_4Cl$体系，图中的M_1点是氨碱法中碳酸化后经过析碱的清液（母液Ⅰ）成分，表达时因坐标限制，只表示出其氯化钠和氯化铵的含量，不包括碳酸氢盐。M_1点处于0 ℃的不饱和区内，理论上不会有结晶析出。实际上，母液所含的碳酸氢盐和碳酸盐对体系有影响。图6－22（b）是每千克水中含0.12 kg碳酸铵的$NaCl-NH_4Cl$的互溶关系，M_1点在图（b）中位于NH_4Cl饱和区中。

从图6－22（b）可见，冷却到10 ℃时，溶液析出氯化铵，溶液对氯化铵饱和而对氯化钠未饱和。当氯化钠固体粉末加入R溶液时，氯化钠溶解而氯化铵将析出，进行到溶液成分变化到共析点E为止。图6－22和图6－23物质浓度均以每千克水含该物质的千克数表示。析铵过程的温度影响如图6－23所示。析铵过程必须低于30 ℃的氯化铵饱和线。冷却和盐析温度越低，析出氯化铵越多，盐析的终点是E_0和E_{10}。在0 ℃析铵比10 ℃时多，但

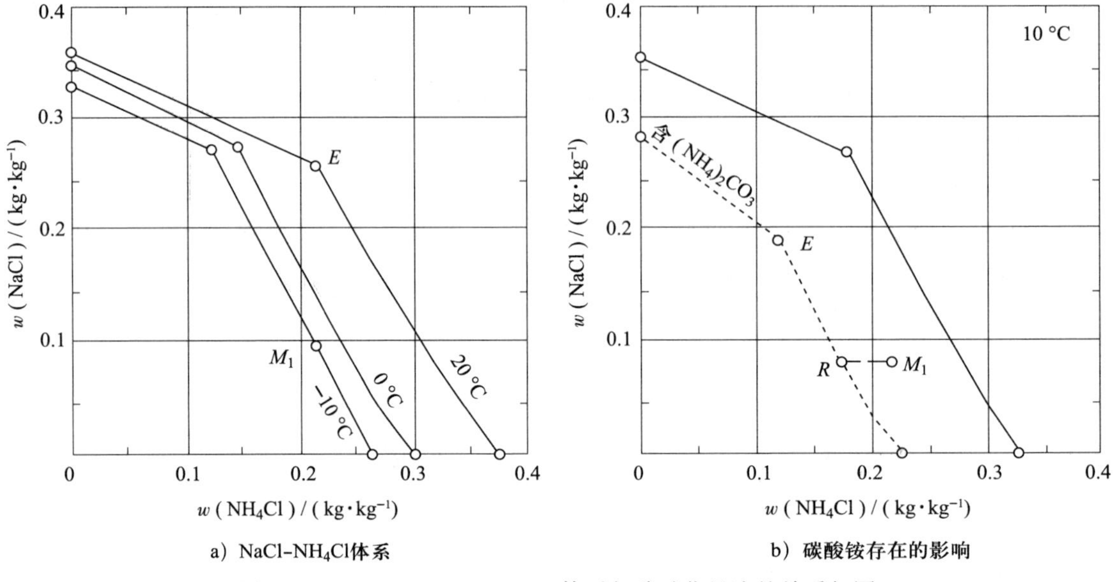

图 6－22　$NaCl - NH_4Cl - H_2O$ 体系与碳酸化母液的关系相图

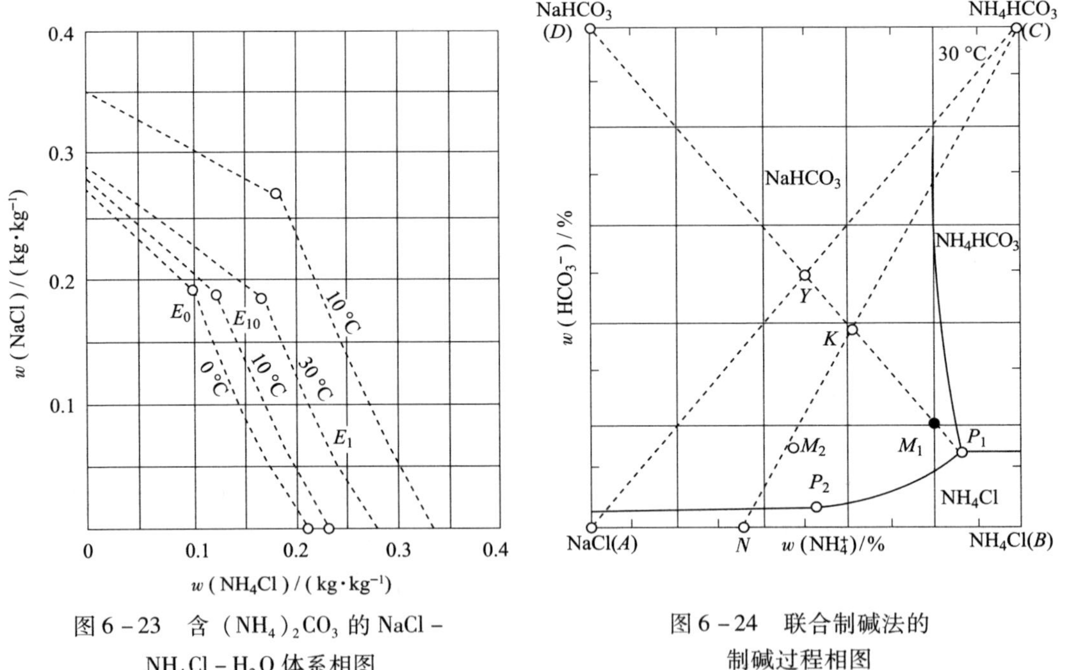

图 6－23　含 $(NH_4)_2CO_3$ 的 $NaCl - NH_4Cl - H_2O$ 体系相图

图 6－24　联合制碱法的制碱过程相图

增加并不很显著，而冷冻耗能却显著增大；另外，制铵和制碱两过程的温度差不宜过大，温差大时加热和冷却都耗能多，一般温差为 20～50 ℃。此外，温度过低时，母液黏度增大，也使 NH_4Cl 分离困难。工业上冷析温度一般不低于 5～10 ℃。

（2）制碱过程相图分析

制碱过程是使母液 Ⅰ 吸氨及碳酸化。在 30 ℃时的 Na^+，$NH_4^+ \parallel CO_3^{2-}$，$Cl^- + H_2O$ 体系

如图6－24所示，氨碱法的基本过程是NaCl（A）与NH_4HCO_3（C）作用，物系总组成为Y，反应生成P母液和析出$NaHCO_3$结晶。从图6－24中可看出，进料中NH_3对NaCl的配比为AY: YC，接近于1。对生成物来说，n（$NaHCO_3$）：n（P_1母液）＝P_1Y：YD，其值约为0.72。

（3）联合制碱法的相图图解

联合制碱法的相图图解示意如图6－25所示。联合制碱法的相图图解简化图解如图6－25a）所示。从图6－25a）中可见，与氨碱法对比，联合制碱法的析碱量和吸氨量都比氨碱法少得多。联合制碱法的详细图解（一次碳酸化、两次吸氨、冷析－盐析）如图6－25b）所示。

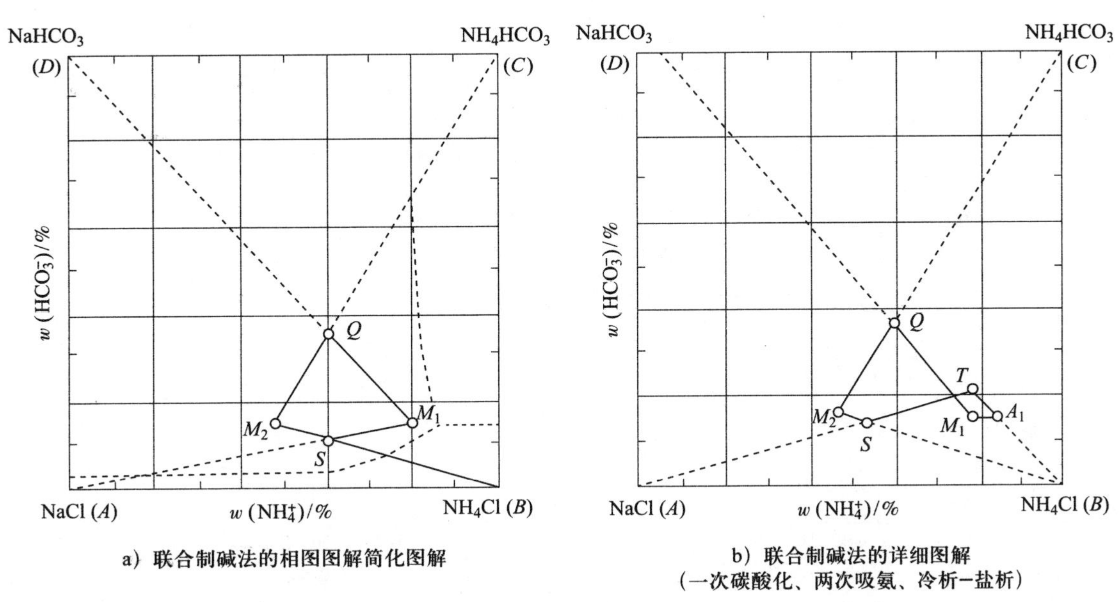

图6－25　联合制碱法的相图图解示意

2. 氯化铵结晶原理

（1）冷析结晶原理

冷析结晶最主要的设备是结晶器，冷析结晶器简易结构图如图6－26所示。

联碱生产中，母液Ⅰ吸氨后成为氨母液Ⅰ，可使溶液中溶解度小的$NaHCO_3$和NH_4HCO_3转化为溶解度较大的Na_2CO_3和$(NH_4)_2CO_3$。因此，吸氨过程使氨母液Ⅰ在冷却时防止$NaHCO_3$和NH_4HCO_3的共析。

图6－27为NH_4Cl和NaCl的单独溶解度随温度的变化情况。图6－28为NH_4Cl和NaCl的单独溶解度示意图。从图6－27可以看出，NH_4Cl溶解度是随温度的降低而减少的，而NaCl的溶解度受温度影响不大。从图6－28可以看出，NH_4Cl和NaCl共同存在于饱和溶液中，在25 ℃以下时，NH_4Cl的溶解度随温度的降低而减少，NaCl的溶解度随温度的降低而增大。故把氨母液Ⅰ冷却就可以使NH_4Cl单独析出，且纯度较高，冷析温度越低，析出NH_4Cl越多。

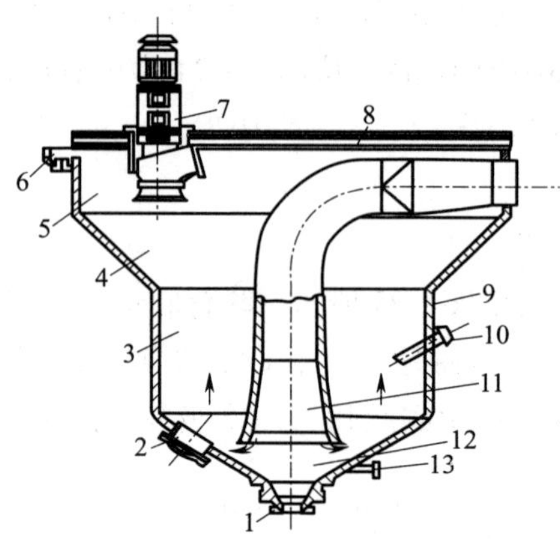

图 6-26 冷析结晶结晶器简易结构图

1—排渣口；2—入孔；3—悬浮段；4—连接段；5—清液段；6—溢流槽；7—轴流泵；
8—结晶器顶盖；9—结晶器筒体：10—取出口；11—中心循环管；12—锥底；13—放出口

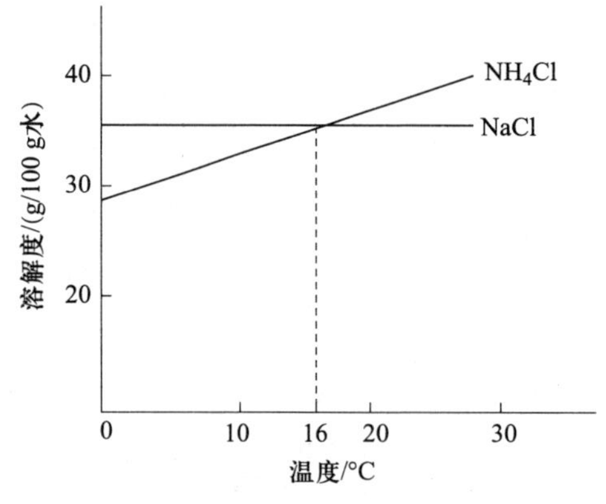

图 6-27 NH_4Cl 和 NaCl 的单独溶解度随温度的变化情况

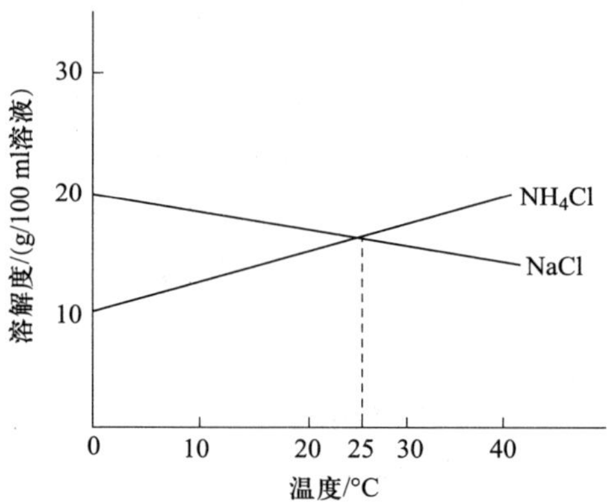

图 6-28 NH_4Cl 和 NaCl 的单独溶解度示意图

（2）盐析结晶原理

盐析结晶器简易结构图如图 6-29 所示。由冷析结晶器出来的母液称为半母液，其中 NH_4Cl 是饱和的，而 NaCl 不饱和，将固体洗盘加入其中，NH_4Cl 就溶解。由于同离子效应而使 NH_4Cl 结晶继续析出。这样，既出 NH_4Cl 产品又可补充原料盐。

四、氨碱法与联合制碱法的比较

氨碱法和联合制碱法是目前工业制取纯碱的主要方法。通过上述内容学习可以归纳两者的区别。

1. 原料

氨碱法原料易得且价廉，因有盐水精制过程，所以对原盐质量要求不高，有条件的地方还可采用卤水做原料；生产过程中的氨可循环利用，损失较少；能够大规模连续生产，易于机械化和自动化；可以得到较高质量的纯碱产品；但是氨碱法原料利用率低，约 3 t 原料只

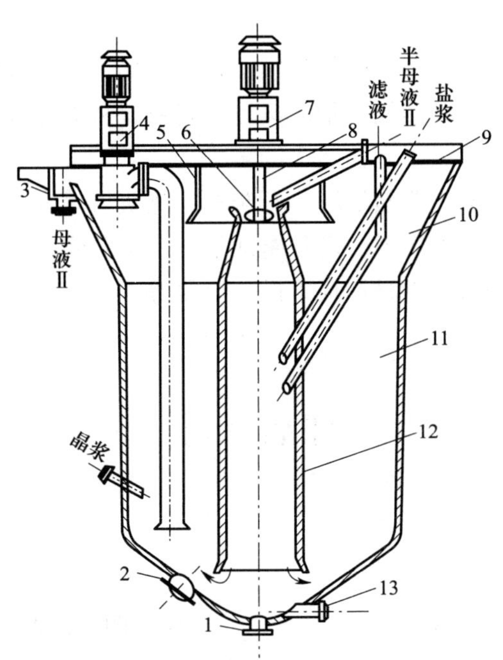

图 6-29 盐析结晶器简易结构图

1—排渣口；2—人孔；3—溢流槽；4—备用轴流泵；5—套筒；6—轴流泵叶轮；7—轴流泵；8—轴流泵轴；9—结晶器盖；10—清液段；11—悬浮段；12—中心循环管；13—放出口

能得到 1 t 产品，钠利用率只有 73% 左右，氯利用率为 0。氨碱法每生产 1 t 碱由于氨回收及提供 CO_2，需消耗石灰石约 1.3 t，焦炭（或无烟煤）约 100 kg。

联合制碱法必须用质量较高的固体盐为原料，如盐质较差，则需增设洗涤盐过程。联合制碱法的钠和氯的利用率可达到 93%，原料利用率高，节约了原料。联合制碱法利用合成氨副产的 CO 做原料，不需消耗石灰石及焦炭，节约了原料、能量及运输等的消耗，使产品成本比其他生产方法有大幅度的下降。

2. 废弃物排放

氨碱法每生产 1 t 纯碱约排出 10 m^3 废液和 300 ~ 400 kg 废渣（与石灰石及盐的质量有关），严重污染环境，尤其不便在内陆建厂。

联合制碱法在生产过程中通过母液澄清、压滤将盐中夹带的杂质分离出系统，每生产 1 t 纯碱，其废液和废渣量只有几千克到几十千克（与盐质量有关），无大量废液、废渣排出，对环境相对友好。

3. 能耗

对比每吨产品能耗来看，氨碱法为 12 000 ~ 14 000 MJ/t，联合制碱法为 7 100 ~ 8 200 MJ/t，联合制碱法能耗明显较氨碱法小，节约能源。

4. 产品

氨碱法主要产品是纯碱；联合制碱法在生产纯碱时，同时产出等量的氯化铵。氯化铵主要用作农用氮肥，也可进一步加工成为工业用氯化铵。

5. 其他方面

氨碱法碳化后的母液中含有大量的氯化铵，首先需加入石灰乳使之分解，然后蒸馏以回收氨，这样就必须设置蒸氨塔并消耗大量的蒸汽和石灰，从而造成流程长、设备庞大和能量上的浪费。

联合制碱法制纯碱部分不需要蒸氨塔、石灰窑、化灰机等大型设备，缩短了流程，建厂投资可省1/4成本；但在实际生产中，设备腐蚀是一个主要问题。设备腐蚀不但影响产品质量，而且关系着设备使用寿命、钢材消耗、设备换修等，从而影响生产及经济收益。

课后练习

一、填空题

1. 联合制碱法由我国科学家______________首先发明，因此该法又称为____________。
2. 联合制碱法主要产品是______________和________________。
3. 联合制碱法制碱与制铵过程工艺条件主要包括______、______和________。
4. 联合制碱法一般用来描述母液浓度的三个值符号分别是____、____和____。
5. 氯化铵结晶主要包括____________和____________两种类型。
6. 氯化铵结晶中冷析结晶最主要的设备是______________。

二、简答题

1. 请描述联合制碱法的基本过程。
2. 请简述联合制碱法与氨碱法的区别。
3. 盐析结晶的原理是什么？

项目七

湿法磷酸生产技术

磷酸或正磷酸，是一种常见的无机酸，是中强酸。磷酸主要用于制药、食品、肥料、新能源电池等工业，也可用作化学试剂。生产磷酸的原料主要是磷灰石，生产方法有热法和湿法两种，两种方法各有优缺点，但从安全环保、各项经济指标角度权衡，目前湿法居多。本项目以湿法磷酸生产工艺为主线，通过学习磷酸的理化性质、生产原料、生产方法、湿法磷酸生产基本原理、工艺条件及生产工艺流程等，全面掌握湿法磷酸生产技术。

任务一　认识磷酸

学习目标

1. 认识磷酸的理化性质及用途。
2. 了解磷酸生产的原料和磷酸生产技术。

一、磷酸的理化性质及用途

1. 磷酸的理化性质

正磷酸（H_3PO_4）简称磷酸。无水磷酸为无色斜方晶体，熔点为42.35 ℃，在空气中易潮解。通常生产和使用的是磷酸水溶液。一个大气压下，正磷酸加热至284 ℃时，开始脱水并转变成为焦磷酸（$H_4P_2O_7$）和偏磷酸（HPO_3）。根据脱水情况有各种聚磷酸生成，如：

三聚磷酸：　$3H_3PO_4 - 2H_2O = H_5P_3O_{10}$

四聚磷酸：　$4H_3PO_4 - 3H_2O = H_6P_4O_{13}$

或以下列通式表示：

$$nH_3PO_4 - (n-1)\ H_2O = H_{(n+2)}P_nO_{(3n+1)}$$

磷酸是三元酸，可以生成三种不同取代的磷酸盐，即一代磷酸盐（MH_2PO_4）、二代磷酸盐（M_2HPO_4）和三代磷酸盐（M_3PO_4）。在水溶液中磷酸可以分三步离解，离解常数 K 分别为：

$$H_3PO_4 \rightleftharpoons H^+ + H_2PO_4^-$$

25 ℃时，$K_1 = 7.52 \times 10^{-3}$

$$H_2PO_4^- \rightleftharpoons H^+ + H_1PO_4^{2-}$$

25 ℃时，$K_2 = 6.33 \times 10^{-8}$

$$H_1PO_4^{2-} \rightleftharpoons H^+ + PO_4^{3-}$$

25 ℃时，$K_3 = 4.73 \times 10^{-13}$

1 mol 磷酸在 1 mol 水中的溶解热为 7.285 J/mol，随着稀释倍数的增加，磷酸溶解热增大。例如，1 mol 磷酸分别在 20 mol 和 100 mol 水中的溶解热分别为 20.926 J/mol 和 22.046 J/mol。

在 75 ℃时磷酸溶液黏度（以 25 ℃为基准）与磷酸质量分数的关系见表 7－1。磷酸溶液的黏度是随磷酸浓度的增高而增大。

表 7－1　　磷酸溶液黏度与磷酸质量分数的关系

磷酸溶液黏度/（Pa·s）	磷酸质量分数/%
1.976×10^{-3}	27.0
9.506×10^{-3}	68.0
28.61×10^{-3}	88.2
59.24×10^{-3}	97.35

磷酸水溶液的沸点是随着磷酸质量分数的增加与磷酸水溶液的平衡蒸汽分压降低而升高，其变化情况见表 7－2。

表 7－2　　磷酸溶液的沸点变化情况

磷酸质量分数/%	17.0	37.4	57.3	77.2	98.0
溶液沸点/℃	101.9	104.45	113.27	136.09	233.24

在 20～100 ℃范围内，低于 60% H_3PO_4 质量分数的磷酸水溶液的平均比热可按下式计算：

$$C = 1.0109 - 0.00709x$$

式中：x——磷酸的质量分数，%。

无水正磷酸含 72.4% P_2O_5。质量分数为 70%～88% P_2O_5（相当于 96～110% H_3PO_4）称为过磷酸。焦磷酸和三聚磷酸分别相当于质量分数为 110% 和 114% H_3PO_4。质量分数为 75.6% P_2O_5 的过磷酸与含量分别为 49%、42%、8% 和 1% 的正磷酸、焦磷酸、三聚磷酸和四聚磷酸相当。用水稀释过磷酸时释放大量热，多聚磷酸迅速水合成正磷酸。过磷酸的密度为 1 920 ~ 2 000 kg/m^3，和正磷酸比较，它与金属和合金的反应活性较小。过磷酸的冰点为 0 ℃左右。

2. 磷酸的主要用途

磷酸是一个重要的中间产品，它可以制成许多重要产品，磷酸的用途概括起来有两个方面，即肥料生产和工业磷酸盐的生产，而湿法磷酸则主要用于生产肥料。

磷酸本身是一种含磷物质，由它制成的磷肥必然是含磷很高的高效磷肥，如磷酸铵、重过磷酸钙、沉淀磷肥等。以磷酸为原料制得工业磷酸盐的品种很多，重要的工业磷酸盐有钠盐、钾盐、铵盐及钙盐等。工业磷酸铵盐用作酵母培养剂及防火材料。磷酸一钙用作发酵剂；磷酸二钙用于牙膏生产的填料及作动物饲料；磷酸三钙粉末用作粉状物料流动性的调节剂，陶瓷制品的增白剂；焦磷酸钾用于液体洗涤剂的生产。磷酸钠盐的用途最广，品种最多，磷酸一钠用于配制酸性去垢剂的缓冲剂；磷酸二钠用作水的软化剂，以除去水中的金属离子，也用于食品加工、医药、织物染色剂以及陶瓷釉料的配料；磷酸三钠用于软化剂，也用作重质洗涤剂的配料；焦磷酸钠是肥皂和合成洗涤剂的主要配料，它与酸式磷酸钠混合可用作反絮凝剂；三聚磷酸钠（常称五钠）是合成洗涤剂的主要成分。

二、磷酸生产的原料

磷矿是磷化工产品的主要原料。地壳中含磷矿物大约有 120 种，但具有工业价值的却为数不多，主要为磷灰石型磷酸盐和含铝磷酸盐。

1. 磷矿的分类

（1）磷灰石型磷酸盐矿

由于矿物组成、结构和杂质含量不同，其物理和化学性能也不同。一般可分为磷灰石和磷块岩两大类。其一般表示式为 $3Ca_3(PO_4)_2 \cdot CaX_2$，式中 X 代表氟、氯或羟基。磷酸盐中的钙可以被锶、稀土元素、钠以及其他元素进行同晶取代；PO_4^{3-} 离子可以被 SO_4^{2-} 和 SiO_3^{2-} 同晶取代。磷酸根离子中的 P 也可以被 As、V 取代。在自然界中最常见的、能够组成矿床的主要有以下五种：

1）氟磷灰石：$Ca_5(PO_4)_3F$，含 P_2O_5 42.23%，CaO 50.03%，F 3.8%。

2）氯磷灰石：$Ca_5(PO_4)_3Cl$，含 P_2O_5 40.91%，CaO 48.47%，Cl 6.8%。

3）碳磷灰石：$Ca_{10}(PO_4)_6(CO_3)$，含 P_2O_5 35.97%，CaO 48.31%，CO_2 4.46%。

4）羟基磷灰石：$Ca_5(PO_4)_3(OH)$，含 P_2O_5 42.40%，CaO 50.23%。

5）碳氟磷灰石：$Ca_{10}(PO_4, CO_3)_6(F, OH)_2$。

磷灰石矿一般由熔融的岩浆冷却结晶而成，属于分布在火成岩中的矿物。

磷灰石矿中除磷灰石外，还含有下列矿物：霞石（Na，K）$AlSiO_4 \cdot nSiO_2$、辉石类－霓石 $NaFe(SiO_3)_2$、钛磁铁石 $Fe_3O_4 \cdot FeTiO_3 \cdot TiO_2$、钛铁石 $FeTiO_3$、长石、黑云母、异性石等。

磷块岩（或称纤核磷灰石）是由古代海洋湖泊中，许多含磷物质的最小颗粒在海底或湖底沉积而成，即由分散状态的磷灰石形成。磷块岩的特点是细晶结构，微粒有较高的分散性和气孔率，并且各种磷块岩所含磷酸盐物质的显微结构十分不同。有的呈无定形胶凝状态，有的呈明显的结晶形式，有的具有许多过渡状态的颗粒。磷块岩含有下列矿物杂质：

海绿石水溶性硅酸盐型 [$(RO + R_2O)\ R_2O_3 \cdot 4SiO_2 \cdot 2H_2O$]，式中，R_2O 为 Na_2O 或 K_2O，RO 为 MgO，CaO 或 FeO，R_2O_3 为 Fe_2O_3 或 Al_2O_3；褐铁矿 $Fe_2(OH)_6 \cdot Fe_2O_3$、方解石 $CaCO_3$、白云石 $CaCO_3 \cdot MgCO_3$、硅酸镁 Mg_2SiO_3、高岭土 $H_2Al_2Si_2O_8 \cdot H_2O$、硫铁矿 FeS_2、长石、石英、花岗岩等及有机物质。

（2）含铝磷酸盐

含铝型的磷酸盐矿床，在世界上分布相当广泛，如圣诞岛的 C 级磷矿，美国佛罗里达的陆地岩砾磷矿床的含铝磷酸盐岩，中国什邡磷矿中的硫磷铝锶矿矿层。

2. 磷矿的物理、化学性质

纯磷灰石颗粒的硬度为 5（莫氏硬度），结核磷块岩硬度介于 2 ~ 5。磷灰石的熔点为 1 500 ~ 1 570 ℃，在 25 ℃时的标准生成热为 117.2 kJ/mol。磷灰石精矿的比热容为 780 J/kg·K。磷灰石精矿的水含量稍有增加时，其堆密度显著减小。标准磷灰石精矿，在大堆堆放时的平均堆密度为 1.8 t/m^3，小型料斗堆放时为 1.5 t/m^3。

磷矿的反应活性与其组成和形成原因有关，不同产地的磷矿活性有差别。磷矿的反应活性对其反应能力及农业的增产效果有影响，活性越大，增产效果越好，反应能力越强。

磷矿反应活性的测定，可用中性柠檬酸铵（pH 值 =7）、柠檬酸（2%）、甲酸（2%）、酸性柠檬酸铵（pH 值 =3）作萃取剂测出。

3. 我国磷矿资源的特点与现状

目前工业上开采使用的天然磷矿石主要有磷灰石和磷块岩两种，我国磷矿资源丰富，储量居世界第三位，仅次于摩洛哥、美国。矿床类型齐全，内生、外生、变质矿床均有存在。但矿资源过于集中，约 85% 以上的磷矿石储量，或 95% 的 P_2O_5 储量集中分布于云南、贵州、湖北三省。而且富矿少，贫矿居多，几乎所有的富矿都集中在云南和贵州。全国磷矿石 P_2O_5 质量分数大于 30% 的富矿只占 6.4%，24% ~ 30% 的占 7.4%，14% ~ 24% 的占 72.9%，3% ~ 14% 的占 13.3%，全国磷矿平均品位为 17.03%。我国磷矿的另一个特点是难选矿多，易选矿少，难选矿占全国总储量的 65% 以上。而且矿层倾斜、矿体薄，难于开采矿多、适于大规模开采的矿少，全国目前有大中型矿藏 200 多处。

三、磷酸生产技术简介

磷酸的工业生产方法有两大类，一类是热法生产，制得的产品称为热法磷酸，工业是用元素磷经氧化、吸收制成磷酸，元素磷一般是电炉法生产，故又称电热法磷酸；另一类是湿法生产，产品称为湿法磷酸。

1. 热法磷酸

热法制磷酸是将磷矿在石英（SiO_2）存在下，在电炉中用焦炭还原，磷矿还原后得到的元素磷升华呈气体状态逸出，再将元素磷燃烧使之氧化成为五氧化二磷，用水吸收并水解成磷酸。

（1）完全燃烧法（又称一步法）

该法是将电炉升华出来的含元素磷的炉气直接燃烧，在燃烧室中不仅元素磷氧化为五氧化二磷（磷酐），而且炉气中的一氧化碳也被氧化，反应为：

$$P_4 + 10CO + 10O_2 = 2P_2O_5 + 10CO_2$$

反应要放出大量热。由于磷酸酐有强烈腐蚀作用，此反应热实际上不能利用。燃烧后的气体温度很高，必须冷却才能保证磷酸酐能完全被水吸收。

磷酸酐在温度小于 1 000 ℃下与水作用，生成气态的偏磷酸，经过冷却并有足够的水分存在下，偏磷酸才进一步水化生成磷酸，反应为：

$$2P_2O_5 + 2H_2O = 4HPO_3$$

$$HPO_3 + H_2O = H_3PO_4$$

此法由于热利用差，在工业上未被采用。

（2）液态磷燃烧法（又称二步法）

在工业上普遍采用的流程，第一种是将黄磷燃烧，得到五氧化二磷，用水冷却和吸收制得磷酸，此法称水冷流程；第二种是将燃烧产物五氧化二磷用预先冷却的磷酸进行冷却和吸收，制成磷酸，此法称酸冷流程。

二步法中的酸冷工艺过程：液态磷用压缩空气从喷嘴喷入燃烧水化塔进行燃烧。冷酸沿塔内壁表面淋洒，在塔壁上形成一层酸膜，使燃烧气体冷却，同时 P_2O_5 与水化合生成磷酸。

塔中流出的磷酸质量分数为 86% ~88%，酸的温度约为 85 ℃，出酸量为总量的 75%。气体在 85 ~100 ℃条件下进入电除雾器，电除雾器流出的磷酸质量分数为 75% ~77%，其出酸量约为总量的 25%。

从水化塔和电除雾器来的热磷酸首先进入浸没式冷却器，然后在淋洒冷却器冷却到 30 ~35 ℃。一部分磷酸送往燃烧水化塔作为喷淋酸，另一部分作为成品送酸储库。

热法磷酸一般的磷酸浓度为 85%，浓度高、质量纯，是制取食品工业、医药工业用磷酸盐的主原料。但热法磷酸是用元素磷生产，生产 1 t 元素磷（可制 1.38 t 100% H_3PO_4）约需消耗电能 12 500 ~15 000 kW · h，如果没有廉价的电源，热法磷酸的成本必然很高，同时由于它的能耗大，因而使热法磷酸的发展受到一定的限制。

美国工业磷酸中，净化湿法磷酸的已经达到了 100%。今后热法磷酸的生产将向节能化、精品化、高浓度方向发展。带热能回收装置的热法磷酸生产技术的主要设备——特种燃磷塔只能回收黄磷燃烧热的 50%。在经历第Ⅰ代特种燃磷塔的长周期运行后，昆明理工大学梅毅教授带领的创新团队开发了上部设置有对流换热器的第Ⅱ代特种燃磷塔，其热回收率约提高 12% ~15%，蒸汽产量由原每生产 1 t 85% H_3PO_4 产 1.28 t 饱和蒸汽，现在第Ⅱ代特种燃磷塔每生产 1 t 相同浓度的 H_3PO_4 产 1.5 t 饱和蒸汽。2019 年原创新团队开发了下封头的热能回收装置，形成了上、中、下三部热能全回收的第Ⅲ代特种燃磷塔，其热回收率得到大幅提高，每生产 1 t 85% H_3PO_4 可回收 2 t 以上的饱和蒸汽，使后系统的热负荷大幅度下降，为装置的进一步优化提供了技术基础，带上、中、下三部热能全回收的第Ⅲ代特种燃磷塔于 2019 年投入运行，运行安全稳定，热能回收率得到大幅提升。

2. 湿法磷酸

从广义上说，凡是用强无机酸（如硝酸、盐酸、硫酸、氟硅酸等）分解磷矿制得的磷酸，都可统称为湿法磷酸。无机酸与磷矿的反应表示如下：

$$Ca_5F(PO_4)_3 + 10HNO_3 + 溶液 = 3H_3PO_4 + HF + 5Ca(NO_3)_2 + 溶液$$

$$Ca_5F(PO_4)_3 + 10HCl + 溶液 = 3H_3PO_4 + HF + 5CaCl_2 + 溶液$$

$$Ca_5F(PO_4)_3 + 5H_2SO_4 + 溶液 = 3H_3PO_4 + HF + 5CaSO_4 \cdot nH_2O + 溶液$$

$$Ca_5F(PO_4)_3 + 5H_2SiF_6 + 溶液 = 3H_3PO_4 + HF + 5CaSiF_6 \cdot 2H_2O + 溶液$$

从上述反应可以看出，各种酸分解磷矿反应的共同点是都能生成磷酸及氢氟酸。但是，生成什么形式的钙盐来结合磷矿中的钙却各不相同，各有特征。因此，反应终止以后，如何将这些钙盐从磷酸溶液中分离出去，是能否经济地生产湿法磷酸的关键问题。

用硫酸分解磷矿的特点是分解后的产物除磷酸溶液外，生成的硫酸钙是一种溶解度很小的固体，能通过简单的液、固分离单元实现磷酸与硫酸钙分离。因此，从狭义上说，湿法磷酸生产实际上是指用硫酸分解磷矿制得的磷酸，有的称为萃取磷酸。

在湿法磷酸生产中，随着反应过程料浆温度、磷酸浓度、硫酸用量等工艺条件不同，硫酸钙水合物有三种形态存在，即二水物（$CaSO_4 \cdot 2H_2O$）、半水物（$CaSO_4 \cdot 1/2H_2O$）和无水物（$CaSO_4$）。因此，按照生成硫酸钙结晶形式不同，湿法磷酸生产流程主要有二水法、半水法和半水－二水法。其中，二水法已投产的单系列最大装置生产能力达到 1 500 t/d；半水法已投产的单系列最大装置生产能力为 350 t/d；半水－二水法已投产的单系列最大装置生产能力为 400 t/d，在建单系列最大装置生产能力为 1 280 t/d。

（1）二水法工艺

二水法工艺采用一次反应、一次过滤，操作简单，对磷矿的适应性强，产品磷酸需先浓缩后再制成肥料，磷石膏中残磷含量较高，投资较低，运行费用较高，我国约 95% 的湿法磷酸装置采用二水法工艺，装置生产能力从 100 t/d 到 1 500 t/d 不等。

二水法工艺优点：①二水物结晶在稀磷酸溶液中具有很好的稳定性，不会在生产过程中发生水合物形态的改变；②工艺技术成熟，操作稳定可靠，单系列规模大，在国内外建厂数多，在设计、设备制造、生产操作等方面经验丰富；③对设备材料的腐蚀相对比较小，对磷矿的适应性强，操作灵活；④磷矿可采用湿磨，矿浆加料，能耗低，投资省，计量容易。

二水法工艺缺点：①过滤酸浓度低，当磷酸进一步加工利用时，必须进行浓缩；②总体能耗较高，相对运行成本较高；③1 次结晶和 1 次过滤，磷石膏中晶间夹带的 P_2O_5 较多，导致磷石膏中水溶性磷含量较高；④成品磷酸游离硫酸浓度高，固相物含量高，质量较差，不利于生产高品质磷酸盐，并且产生较大量的淤渣酸，难以处理；⑤要求加入的磷矿颗粒要细，增加磨矿的能耗。

（2）半水法工艺

半水法工艺，操作简单，对磷矿的适应性强，某些场合无须磷酸蒸发浓缩，磷石膏中残磷含量高，投资较低，但运行费用较高。目前国内有少量湿法磷酸装置采用半水法技术，装置能力从 100 t/d 到 350 t/d 不等。

半水法工艺优点：①能耗低，可直接生产含 P_2O_5 质量分数为40%左右的浓磷酸；②成品磷酸质量好，杂质及固含量比较低，通常在1%（质量分数）以下；③操作相对较简单；④磷矿可采用干粉，能耗低，投资省，计量容易。

半水法工艺缺点：① P_2O_5 回收率较低，由于半水法流程中 SO_4^{2-} 不足，反应不完全，同时增大了 HPO_4^{2-} 在石膏中的晶格取代，因此磷石膏中不溶性磷及水溶性磷含量较高；②开工率较低，半水法流程中物料浓度均较高，杂质在磷酸中溶解度相对较小，因此容易析出固相物而形成结垢，停车清洗较二水法频繁；③受系统水平衡控制，操作范围狭窄，控制难度大；④国内大型化半水法装置较少，企业对半水流程控制操作经验不足。

（3）半水－二水法工艺

半水－二水法工艺采用二次反应、二次过滤，操作难度大，对磷矿的适应性较好，某些场合无须磷酸蒸发浓缩，磷矿利用率高，磷石膏中残磷含量低，投资较高，但运行费用较低，目前国内有六套湿法磷酸装置采用半水－二水法工艺，装置能力从250 t/d到1 280 t/d不等。

半水－二水法工艺优点：①能耗低，总能耗是二水法工艺的50%；②成品磷酸质量好，含 P_2O_5 质量分数为40%左右，杂质及固含量相对较低，通常在1%（质量分数）以下；③原材料单位消耗相对较低，总磷回收率在98%以上；④副产的磷石膏磷、氟含量较低，含残磷质量分数低于0.5%，含氟质量分数低于0.2%，便于后续利用。

半水－二水法工艺缺点：①受半水结晶及系统水平衡控制，操作范围狭窄，操作难度大；②从系统水平衡分析，半水－二水工艺不能直接采用磷矿浆生产，否则会导致生产系统水不平衡；③开工率较二水法低；④流程中物料浓度均较高，杂质在磷酸中溶解度相对较小，容易析出固相物而形成结垢，停车清洗较二水法频繁；⑤投资较二水法高20%。

课后练习

一、填空题

1. 正磷酸的分子式是______________，偏磷酸的分子式是______________，焦磷酸的分子式是______________。

2. 热法磷酸是将磷矿在____________存在下，在电炉中用____________还原，磷矿还原后得到的元素磷呈气体状态逸出，再将元素磷燃烧使之氧化为________________，用水吸收并水解成磷酸。

3. 在硫酸分解磷矿粉湿法磷酸生产中，硫酸钙水合物有三种形态存在，即__________、________________和________________。

4. 根据生成的硫酸钙结晶形式的不同，湿法磷酸生产流程主要有________________、________________、________________三种。

二、判断题

1. 磷酸是中强酸，具有酸的一切通性，氧化能力弱，分三步电离。（ ）
2. 磷酸溶液的黏度随着磷酸浓度增高而减小。（ ）
3. 磷酸水溶液的沸点随着磷酸浓度的增加与磷酸水溶液的平衡蒸汽分压升高而升高。（ ）
4. 由于一步法制磷酸的热利用差，在工业上未被采用。（ ）

三、选择题

1. （ ）是合成洗涤剂的主要成分。

A. 磷酸　　B. 过磷酸钙

C. 焦磷酸钠　　D. 三聚磷酸钠

2. 世界上应用最广泛的湿法硫酸生产流程为（ ）。

A. 二水法流程　　B. 半水法流程

C. 半水－二水法流程　　D. 无水法流程

四、简答题

我国磷矿资源的特点有哪些？

任务二　湿法磷酸生产技术

学习目标

1. 掌握湿法磷酸生产基本原理。
2. 会分析和选择湿法磷酸生产工艺条件。
3. 熟悉二水法湿法磷酸生产工艺流程和磷酸强制循环蒸发工艺流程。

用硫酸分解磷矿粉制得的湿法磷酸，虽然其杂质含量高、浓度低，但生产成本低，广泛应用于生产高效磷肥（如重钙）和复合肥（如磷铵类肥料）。湿法磷酸经过净化后，也可以用来生产工业级磷酸盐、饲料级磷酸盐等。

一、湿法磷酸生产基本原理

1. 硫酸分解磷矿的化学反应

硫酸分解磷矿是湿法磷酸生产的主要方法。用硫酸分解磷矿，生成磷酸的水溶液和硫酸钙晶体，其总反应为：

$$Ca_5F(PO_4)_3+5H_2SO_4+5nH_2O \xlongequal{} 3H_3PO_4+HF+5CaSO_4 \cdot nH_2O$$

磷酸溶液中，硫酸钙的溶解度很小，反应一开始就达到过饱和，析出沉淀。反应结束后，磷矿中的 CaO 几乎会全部以硫酸钙沉淀析出，经过滤后分离，滤饼通常称为“磷石膏”。

在实际生产中，为了防止 $CaSO_4 \cdot nH_2O$ 在磷矿表面结晶阻碍酸与磷矿接触，反应分为两步进行。

第一步是磷矿和“回浆”（或返回系统的稀磷酸）反应，磷矿溶解在过量的磷酸溶液中生成磷酸一钙。

$$Ca_5F(PO_4)_3+10H_3PO_4+\text{溶液} \xlongequal{} 5Ca(H_2PO_4)_2+3H_3PO_4+HF+\text{溶液}$$

第二步是将 $Ca(H_2PO_4)_2$ 料浆与稍过量的硫酸反应生成硫酸钙晶体和磷酸。

$$5Ca(H_2PO_4)_2+5H_2SO_4+5nH_2O+\text{溶液} \xlongequal{} 5CaSO_4 \cdot nH_2O+10H_3PO_4+\text{溶液}$$

反应条件不同，$CaSO_4 \cdot nH_2O$ 可能是 $CaSO_4 \cdot 2H_2O$、$CaSO_4$、$CaSO_4 \cdot \frac{1}{2}H_2O$，其生成条件取决于溶液中磷酸浓度、温度以及游离硫酸浓度。

反应生成的 HF 与磷矿中的 SiO_2 反应生成 H_2SiF_6。

$$6HF+SiO_2 \xlongequal{} H_2SiF_6+2H_2O$$

H_2SiF_6 又与 SiO_2 反应生成 SiF_4 气体。

$$H_2SiF_6+SiO_2 \xlongequal{} 3SiF_4\uparrow+H_2O$$

可见，逸出的氟主要以 SiF_4 存在，用水吸收后生成氟硅酸水溶液并析出硅胶。

$$3SiF+3H_2O \xlongequal{} 2H_2SiF_6+SiO_2 \cdot H_2O$$

磷矿中的铁、铝等杂质将发生以下反应，生成磷酸盐沉淀，造成磷的损失。

$$(Fe, Al)_2O_3+2H_3PO_4 \xlongequal{} 2(Fe, Al)PO_4\downarrow+3H_2O$$

磷矿中的碳酸盐主要以碳酸镁和碳酸钙的形式存在，它们被硫酸分解放出 CO_2，增加了硫酸的消耗。

$$CaCO_3+H_2SO_4 \xlongequal{} CaSO_4+H_2O+CO_2\uparrow$$

$$MgCO_3+H_2SO_4 \xlongequal{} MgSO_4+H_2O+CO_2\uparrow$$

生成的硫酸镁进入磷酸溶液中，会对磷酸的浓缩和产品质量带来不利的影响。

2. 硫酸钙的结晶

二水物只有一种晶形，即单斜晶系三棱类晶体。半水物是六角系晶，有两种变体。无水物是斜方晶体，有三种变体。

$CaSO_4-P_2O_5-H_2O$ 三元体系相平衡只有当反应料浆中 Ca^{2+} 和 SO_4^{2-} 浓度相等时才有意义，但是在湿法磷酸生产中，硫酸都是过量的，即体系有一定量的 SO_4^{2-} 存在，应用三元体系有较大偏差，因此在此只介绍四元体系相图。图 7－1 为 $CaSO_4-H_3PO_4-H_2SO_4-H_2O$ 的相平衡图。此图只表示了半水物和二水物相互转化过程的一部分。图 7－1 中曲线是在 H_2SO_4 浓度（以 SO_3%计）一定时平衡点的移动轨迹。曲线上方是半水物介稳定区，曲线下方是二水物稳定区。

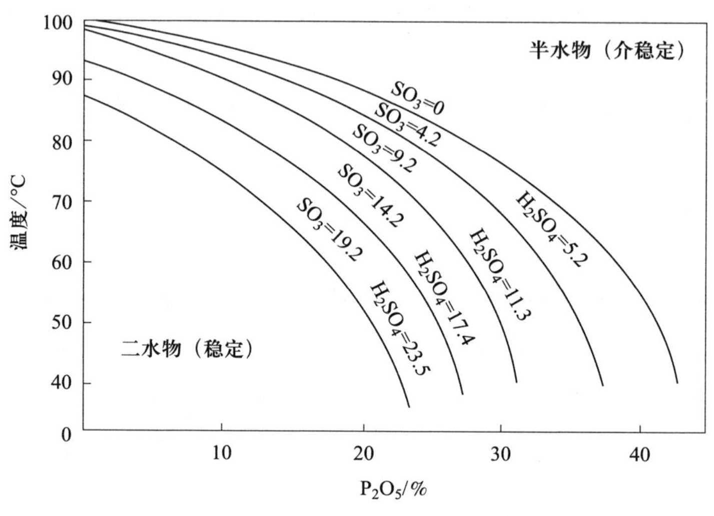

图 7－1　$CaSO_4-H_3PO_4-H_2SO_4-H_2O$ 的相平衡图

二、湿法磷酸生产工艺条件的确定

在湿法磷酸生产过程中，希望达到最高的 P_2O_5 收率、最低的硫酸耗量。这就要求在酸解时硫酸耗量低、磷矿的分解率高，同时还应生成粗大、整齐、稳定的硫酸钙晶体。为此，应从以下几个方面来选择硫酸分解磷矿的工艺条件。

1. 液相 SO_3 浓度

料浆中液相 SO_3 浓度代表液相中游离硫酸含量，它是湿法磷酸生产中最重要的操作控制指标。液相 SO_3 的含量常以每毫升液相中 SO_3 的克数表示（g/mL），也可用 SO_4^{2-} 含量或 H_2SO_4 的含量表示。

过低的 SO_3 浓度会促使硫酸钙结晶成为薄片状难以过滤和洗涤。工艺上应适当提高 SO_3 浓度，以获得长宽比约为（2～3）：1、厚度较大的斜方六面单晶的最佳晶形。提高 SO_3 浓度还能减少硫酸钙结晶时 HPO_4^{2-} 对 SO_4^{2-} 的取代作用，从而减少“共晶磷”的损失。同时还可增加磷酸铁等难溶性磷酸盐在料浆中的溶解度，减少磷酸盐沉淀析出而造成的 P_2O_5 损失。

但过高的 SO_3 浓度也是不行的。SO_3 浓度过高，不但增加了硫酸的消耗，增加了产品磷酸中硫酸的含量，而且会导致硫酸钙在磷矿表面上结晶，俗称“包裹”或“钝化”现象，从而降低磷矿的分解率，使 P_2O_5 的收率降低。并且 SO_3 浓度大，使得料浆和成品酸的腐蚀增加。

在生产中，磷矿品位与杂质含量不同，故需要控制的 SO_3 含量范围是有差异的，有时差异还比较大。因此，最佳的 SO_3 浓度范围应通过试验确定，一般规律是磷矿中杂质（主要指铁、铝、镁）含量越高，SO_3 浓度范围也越高。以中品位磷矿为原料时，液相 SO_3 质量浓度的控制范围大致为 0.03～0.05 g/mL。

液相 SO_3 浓度的控制必须稳定，不能波动太大。

2. 反应温度

反应温度的选择和控制十分重要。提高反应温度能加快反应速率，提高分解率，降低液相黏度。同时由于溶液中硫酸钙溶解度随温度的升高而增加，相应地降低了饱和度，这些都有利于生成粗大晶体和提高过滤强度。因此，温度过低是不适宜的。但过高的反应温度，不但加剧腐蚀，而且可能生成半水物甚至无水物，造成过滤困难，杂质的溶解度增加，影响产品的质量。另外，高温将增大硫酸钙及氟盐的溶解度，钙盐及氟盐在磷酸温度降低的情况下会析出结晶，堵塞过滤系统的磷酸通道，缩短清洗周期。目前，二水法流程的温度一般为 70～85 ℃，以中品位磷矿为原料时，生产上多趋向于控制其上限温度，温度波动不能超过 1 ℃。

反应温度的控制采用冷却料浆的方式来实现。广泛应用的料浆冷却法有鼓风冷却和真空蒸发冷却两种，鼓风冷却主要用于中小型湿法磷酸装置。

3. 液相 P_2O_5 含量

液相 P_2O_5 含量即磷酸浓度，提高磷酸浓度可节约浓缩能耗。但提高磷酸浓度后会带来不利影响：①增加料浆黏度，降低离子扩散速率，这既降低了反应速率又使硫酸钙结晶变得细小；②使 SO_3 浓度范围变窄，对 SO_3 浓度的控制要求高。由此可见，磷酸浓度的提高是受到限制的，适当降低浓度虽然增加了浓缩部分的能耗，但可使硫酸钙结晶变得粗大，工艺指标的范围变宽，同时还可减少氟硅酸盐沉积和堵塞滤布的程度。当磷矿的质量较好时，可选择磷酸的浓度为含 P_2O_5 质量分数为 26%～30%；使用有害杂质较多的中品位磷矿时，选择含 P_2O_5 质量分数为 20%～25%。磷酸浓度确定后就不允许有剧烈波动。

4. 料浆液固比

料浆液固比是指料浆中液体（磷酸溶液）与固体（磷石膏）的质量比。液固比过低时，料浆黏度增加，不利于搅拌与料浆输送，反应速率降低，对磷矿的分解和晶体长大都不利。提高料浆液固比虽然可以改善操作条件，有利于磷矿分解与硫酸钙的结晶，但降低酸解槽的生产能力。适宜的料浆液固比一般根据所用磷矿的质量而定（所用磷矿质量差时，液固可比适当提高），还要考虑结晶状况与磷酸浓度，一般控制在（2.5～3）：1。

5. 回浆

回浆也称循环料浆。回浆可提供大量晶种，并可以防止局部游离硫酸浓度过高，既是制取粗大、整齐石膏结晶的有效措施之一，又是矿粉不易产生“包裹”现象、保证磷矿分解反应的措施之一。

6. 萃取时间

萃取时间是指反应物料在酸解槽内的平均停留时间。磷矿的分解反应速率很快，一般在1～1.5 h即可完成，所以反应时间主要取决于硫酸钙晶体的成长时间。二水法流程的萃取时间一般控制在4～5 h，若采用含杂质较高的磷矿，可适当缩短反应时间。

7. 搅拌强度

搅拌能使反应物料混合均匀，有助于消除局部游离硫酸浓度过高，促进磷矿颗粒表面的更新，对防止“包裹”现象，增加反应速率，改善结晶和消除泡沫等均有好处。但过高的搅拌强度既增加动力消耗，又容易碰碎晶体。

8. P_2O_5 损失分析

湿法磷酸生产中的 P_2O_5 损失包括工艺损失和机械损失两类。

工艺损失主要是指洗涤后磷石膏中的 P_2O_5 损失。一般由以下几种因素造成。

（1）洗涤不完全。

（2）磷矿分解不完全。

（3）磷酸溶液陷入硫酸钙晶体的空穴中。

（4）生成磷酸盐沉淀（主要是铁和铝的磷酸盐）。

（5）硫酸钙结晶过程中 HPO_4^{2-} 取代 SO_4^{2-}（又称晶间损失）。

工艺损失中的五种因素除与操作控制条件有关（如磷矿分解不完全）外，还与磷矿的性质有关（如生成磷酸盐沉淀）。

机械损失是指设备管道不严密和操作过程中产生的损失，如物料的跑、冒、滴、漏损失，开停车的损失等，正常生产时一般都很小。

三、湿法磷酸生产工艺流程（二水法流程）

二水法湿法磷酸生产包括酸解（硫酸分解磷矿）与过滤（磷酸与磷石膏的分离）两个主要工序，其工艺流程如图7-2所示。矿浆（或矿粉）和硫酸经计量后按比例加入酸解（萃取）槽。酸解得到的磷酸和磷石膏的混合料浆用料浆泵送至盘式过滤机（也可用带式过滤机）进行过滤分离。萃取槽中料浆温度用鼓风机加入空气冷却（也可用真空蒸发冷却）进行控制。逸出的含氟气体通过文丘里吸收塔用水循环吸收，净化尾气经排风机和排气筒排空。过滤所得的石膏滤饼经洗涤后卸入螺运机并用皮带运输机送到磷石膏场堆放。滤饼采用三次逆流洗涤（即三洗用水，二洗用三洗液，一洗用二洗液），各次滤洗液集于气液分离器的相应格内，经气液分离后，滤洗液也相应进入滤洗液中间槽的滤洗液格内。滤液磷酸经滤液泵，一部分作为产品送到磷酸滤洗液中间槽储存，另一部分返回一洗涤格内。一洗液由一洗液泵全部送到萃取槽。二洗液和三洗液分别经二洗液泵和三洗液泵返回逆流洗涤滤饼。吸干液经气液分离器进滤洗液中间槽三洗涤格内。过滤工序所需真空用水环式真空泵或由喷射式真空泵产生，真空泵的压出气则送至过滤机反吹磷石膏作渣卸料用。矿浆（或矿粉）进入第一槽，硫酸在第二槽中加入。从倒数第二槽中抽出料浆经真空蒸发冷却后作为“回浆”返回第一槽。最后一槽的料浆用料浆泵送至过滤。

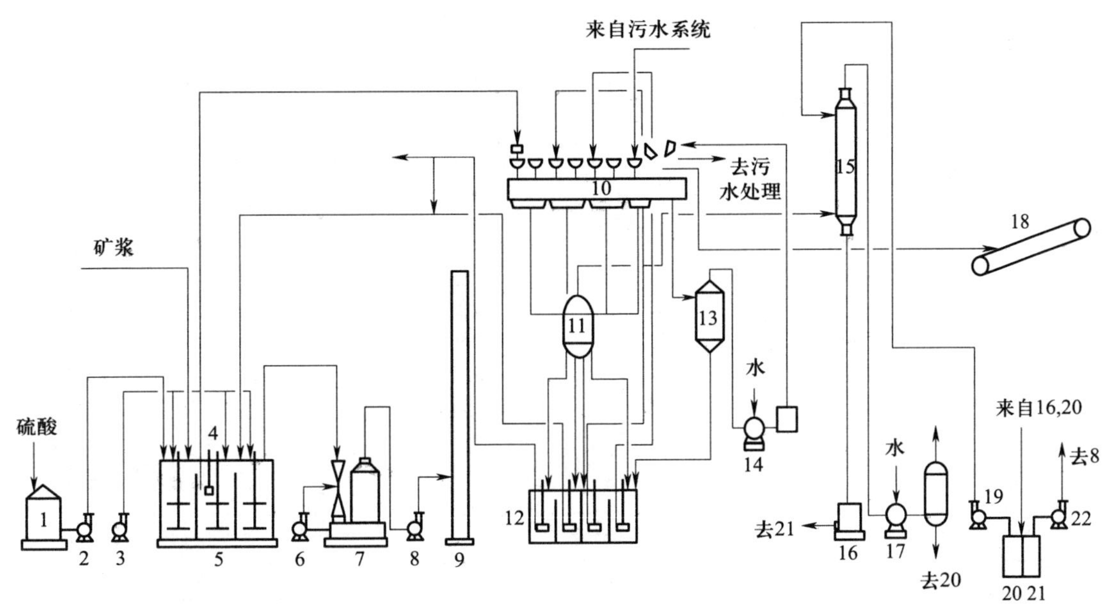

图 7－2　二水法湿法磷酸生产工艺流程

1—硫酸计量槽；2—硫酸泵；3，8—风机；4—料浆泵；5—酸解（萃取）槽；6，19，22—泵；7—文丘里吸收塔；9—排气筒；10—盘式过滤机；11，13—气液分离器；12—滤洗液中间槽；14，17—真空泵；15—冷凝器；16—液封槽；18—石膏运输皮带；20—冷却水池；21—冷凝水池；22—冷凝水泵

四、湿法磷酸的浓缩

目前，各种二水法湿法磷酸的浓度一般为含 P_2O_5 质量分数为28% ~32%，制造重过磷酸钙、磷酸一铵、磷酸二铵以及其他浓度磷、复合肥料时，往往需要含 P_2O_5 质量分数为45% ~54%的浓磷酸，因此稀磷酸必须加以浓缩。

湿法磷酸浓缩的特点：一是气、液相均有强烈的腐蚀性；二是浓缩过程中有固体物料析出。鉴于以上特点，湿法磷酸的浓缩在工艺上和设备上还存在不少问题。目前普遍采用的湿法磷酸蒸发浓缩方法有直接加热蒸发和管式加热蒸发两类。直接加热蒸发包括湿壁蒸发、喷雾塔蒸发、浸没燃烧蒸发和鼓泡浓缩等；管式加热蒸发包括热虹吸型蒸发、强制循环真空蒸发和降膜型蒸发等。但应用最广泛的是管式加热蒸发中的强制循环真空蒸发。

1. 强制循环真空蒸发工艺流程

真空蒸发属于间接传热的蒸发器，加热的蒸汽通过列管的管壁向液体传热。磷酸浓缩时，随着磷酸浓度的提高，换热管结垢，影响传热性能。因此，列管上端要维持一定的静压，即加热器出口至蒸发室进酸口的高度不低于2 m，以确保磷酸在加热管内不沸腾，减少传热管结垢。磷酸的循环采用强制循环，增大液体在管内的流速，既增加了传热速率，又可减少结垢。

如图 7－3 所示是一种广泛应用的强制循环真空蒸发浓缩磷酸的流程。稀磷酸与大量循环浓磷酸混合，在循环泵的作用下进入石墨加热器，加热至75 ~85 ℃后进入蒸发室进行闪蒸，蒸发掉部分水分得到浓磷酸。

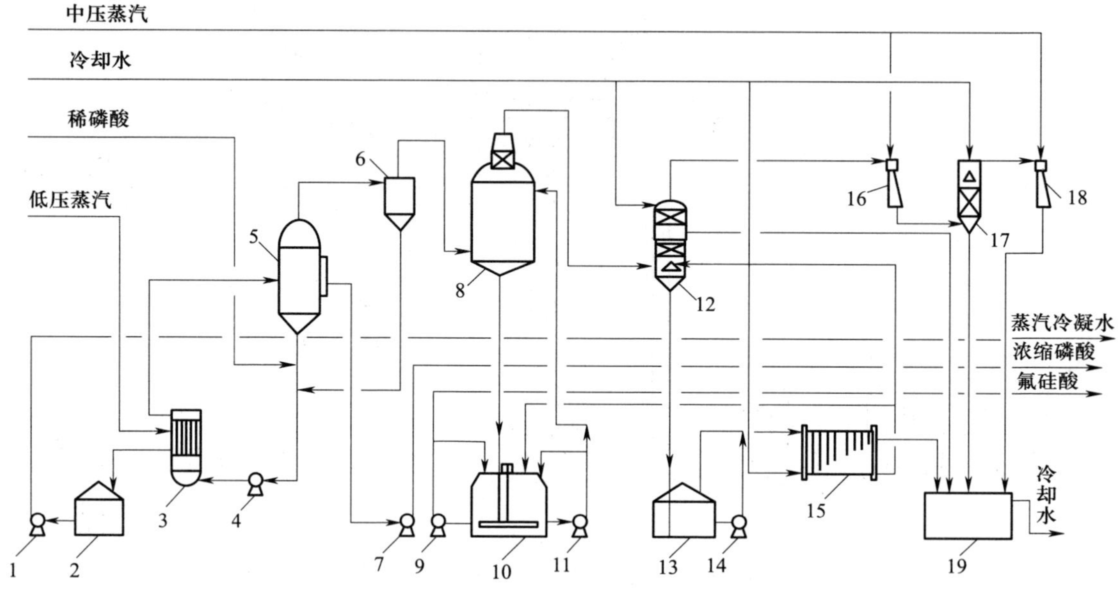

图 7－3　强制循环真空蒸发浓缩磷酸的流程

1—冷凝水泵；2—冷凝水槽；3—石墨换热器；4—循环酸泵；5—闪蒸室；6—除沫器；7—浓磷酸酸泵；8—第一氟吸收塔；9—氟硅酸泵；10，13—吸收塔循环槽；11，14—循环泵；12—第二氟吸收塔；15—吸收塔冷却器；16—主蒸汽喷射器；17—中间冷凝器；18—辅蒸汽喷射器；19—热水槽

蒸发室产生的二次蒸气进入除沫器分离磷酸酸沫后，经两次氟吸收，不凝性气体排入大气。蒸发系统所需的真空由两级蒸汽喷射器实现。

2. 浓缩的主要设备

（1）石墨加热器

石墨加热器是浓缩装置的关键设备，有列管式和块孔式两种，多数磷酸厂使用列管式。列管式外壳用钢板制成，保温材料采用膨胀珍珠岩保温砖，外涂石棉水泥。由于不透性石墨具有良好的耐腐蚀性能和导热性能，所以列管一般用不透性石墨制作。不透性石墨不能承受高压，操作温度不超过 120 ℃。近年来，用高铬、高镍不锈钢制作的换热器开始应用在湿法磷酸浓缩中。金属管换热器制作容易，机械强度大，可以机械清洗。

块孔式换热器是在石墨块垂直和水平方向上钻孔而成，磷酸走垂直通道，水平孔为蒸汽通道。

（2）循环泵

浓缩过程中，要保证加热管中的磷酸有较大流速，便于冲刷管壁、防止结垢，一般采用高流量、低压头的轴流泵。材质的要求较高，因为该泵要承受浓磷酸在较高温度下的腐蚀和磨蚀，通常使用高铬和高钼合金钢。

（3）蒸发器

蒸发器的外壳一般用钢制作，内衬橡胶或石墨砖。其形式有两种：一种是只有蒸发室，蒸发室上部为圆柱，下部为圆锥；另一种由上部蒸发室和下部结晶器组成。

（4）含氟气体洗涤塔

为了防止硅胶堵塞设备，一般采用空塔。外壳由碳钢制成，由于氟硅酸有腐蚀，内衬橡胶。液体分布采用数只离心式喷头。

3. 操作要点

（1）蒸发操作主要控制蒸发室的温度和真空度。

（2）注意冷凝水的 pH 值，若 pH 值小于 5，则可能是石墨管破裂，必须立即停车处理。

（3）不凝气体的存在会使蒸汽的传热速率下降，应经常排放不凝气体。

（4）真空度的调节要缓慢，不能大起大落，以防止出现“爆沸”现象。

（5）换热器蒸汽阀开关要缓慢，以避免蒸汽冲击加热器石墨列管而使其损坏。一定要放尽蒸汽系统中的冷凝水后才能向换热器内送蒸汽，以免“水击”损坏列管。

（6）经常检查传热情况，若传热较差应及时清洗加热器。清洗先用热水（70 ~ 80 ℃）循环 8 h，再用 5% 的硫酸循环 2 ~ 3 h。

课后练习

一、填空题

1. 湿法磷酸浓缩时产生的结垢组成主要是________、________及________。

2. 二水法湿法磷酸生产包括____________与____________两个主要工序。

二、判断题

1. 湿法磷酸是用无机强酸（一般为硫酸）分解磷矿制得的磷酸，又称萃取磷酸。（　　）

2. 过低的 SO_3 浓度会促使硫酸钙结晶成为薄片状难以过滤和洗涤。（　　）

3. 回浆可提供大量晶种，并可以防止局部游离硫酸浓度过高。（　　）

4. 提高液固比可以改善操作条件，有利于磷矿分解与硫酸钙的结晶，因此液固比越高越好。（　　）

5. 浸没燃烧蒸发属于管式加热蒸发。（　　）

6. 磷酸浓缩过程中通常用循环泵来强化热能的传递。（　　）

三、选择题

1. 以下属于倍半氧化物的是（　　）。

A. P_2O_5　　B. Fe_2O_3　　C. MgO　　D. SiO_2

2. 二水法流程控制的反应温度为（　　）℃。

A. 40 ~ 65　　B. 65 ~ 80　　C. 25 ~ 60　　D. 70 ~ 85

3. 制造重过磷酸钙、磷酸一铵、磷酸二铵以及其他浓度磷、复合肥料时，需要含 P_2O_5 (　　)（质量分数）的浓度磷酸。

A. 28% ~32%　　B. 45% ~54%　　C. 30% ~32%　　D. 35% ~44%

四、简答题

1. 用硫酸分解磷矿反应的特点是什么?
2. 写出硫酸分解磷矿粉的主副反应式。
3. 提高液相 P_2O_5 浓度后会带来哪些不利影响?
4. 回浆的作用是什么?
5. 画出二水法湿法磷酸的工艺流程图。
6. 湿法磷酸浓缩的目的是什么?
7. 湿法磷酸浓缩的特点是什么?

项目八

煤的液化生产技术

我国能源分布“富煤、贫油、少气”，石油资源匮乏和国内石油供应不足已成为限制我国经济发展的一个严峻现实。发展煤液化技术对补偿石油资源的短缺、减小煤炭使用导致的环境污染，具有非常重要的意义。煤的液化产品主要用作化学原料、动力燃料、柴油和航空汽轮机燃料等。本项目以煤的液化生产工艺为主线，通过学习煤的液化概况、煤的液化原理、工艺条件、工艺流程等，全面掌握煤的液化生产技术。

任务一　煤的液化概况

学习目标

1. 了解煤液化及煤液化的意义。
2. 了解煤液化技术的发展概况。

一、煤的液化

煤的液化就是把固体煤炭通过化学加工过程，使其转化成为液体燃料、化工原料和产品的洁净煤技术。煤液化产品又称“人造石油”。根据不同的加工路线，煤的液化可分为直接液化和间接液化两大类。

煤的直接液化又称煤的加氢液化，是指煤在高温高压下，借助于溶剂和催化剂的作用，通过裂解、加氢等反应转变为液体燃料的过程。通过煤直接液化不仅可以获得汽油、柴油、煤油、液化石油气等发动机燃料油，还可以提取苯、甲苯、二甲苯、乙烯、丙烯等重要的化工原料。煤直接液化基本过程包括煤浆制备、煤炭加氢液化、产品分离三个单元，如图 8－1 所示。

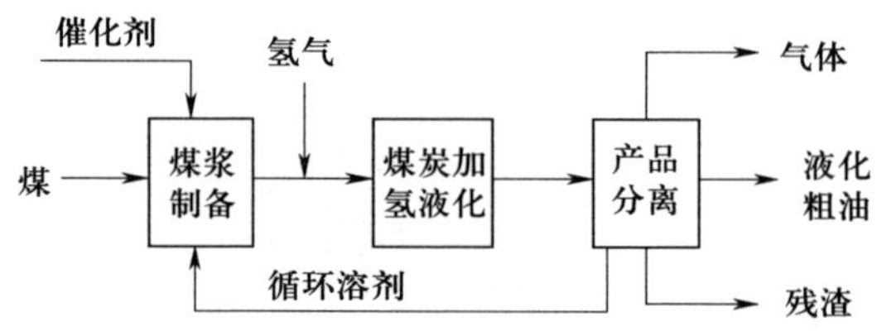

图 8－1　煤直接液化基本过程示意图

煤的间接液化又称一氧化碳加氢法，是以煤为原料，先汽化制成合成气（$CO+H_2$），再经催化剂作用将合成气转化成烃类燃料、醇类燃料和化学品的过程。煤的间接液化典型过程如图 8－2 所示，主要包括煤气化，粗煤气净化，费托合成，产品回收、分离及产品精制、改质。

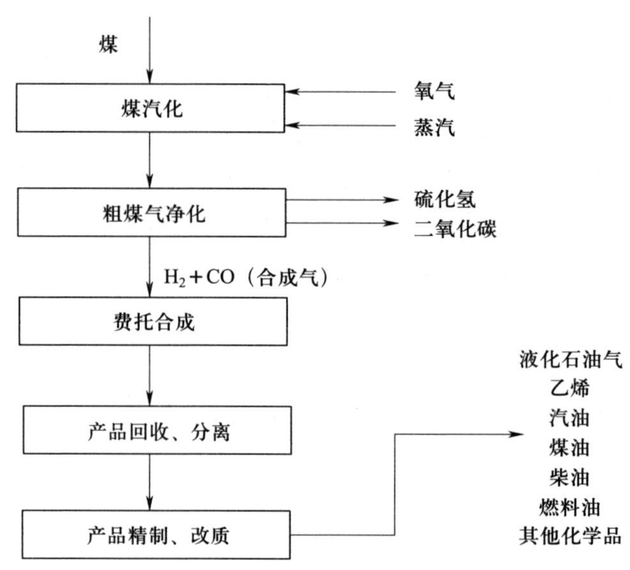

图 8－2　煤的间接液化典型过程

二、煤液化的意义

在我国，能源问题和环境问题日益突出，已逐渐成为国家发展的一个制约因素。石油在国民经济中占有非常重要的地位，而我国石油资源相对贫乏，供需矛盾日益突出，缓解石油紧张并寻找可替代能源已经刻不容缓。我国煤炭资源相对丰富，在一次性能源消费中占有主导地位。但是煤炭的开发与利用所产生的一氧化碳、二氧化硫、氮化物以及烟尘排放是引起国际与国内环境问题的主要原因之一，制约着我国煤炭工业的发展。

由于煤炭液化过程可以脱除煤中的硫、氮等污染大气的元素以及灰尘，获得的汽油、煤油、柴油等液体产品是优质洁净的液体燃料和化学品，所以发展煤炭液化技术是针对我国富煤、贫油的资源特点、保障能源供应安全、减少环境污染、促进经济可持续发展的战略举措。

三、煤液化技术的发展概况

1927 年，德国建成世界上第一家大规模工业化煤直接加氢液化的生产装置，被称为 IG 工艺。之后在此基础上世界各国结合本国煤质，不断改进工艺条件和降低生产成本，发展了具有自身特色的液化工艺。煤直接液化代表性工艺有德国的煤加氢液化和加氢精制一体化联合工艺（IGOR 工艺），美国的氢煤法（H-Coal 工艺）、催化两段液化法（CTSL 工艺）以及 HTI 工艺，日本的 NEDOL 工艺，中国的神华煤直接液化工艺等。

煤间接液化的关键技术是由德国科学家 F. Fischer（弗朗兹·费歇尔）和 H. Tropsch（汉斯·托罗普施）于 1923 年首次发现的，即将合成气（H_2+CO）在铁催化剂条件下合成了液态烃，因此得名费托（F-T）合成。费托合成是煤间接液化工艺的关键技术。煤间接液化代表工艺有南非 Sasol 公司的固定床 Arge 煤间接液化工艺和气流床 Synthol 煤间接液化工艺，德国的三相浆态床 Kolbel 工艺，中国兖矿的煤间接液化费托合成工艺和山西煤炭化学研究所自主研发的高温铁基浆态床煤炭间接液化技术等。

煤直接液化技术装置规模相对较小、投资较少、原煤消耗较低、液化油收率高，但直接液化操作条件苛刻、合成的油品质量较差，而且对煤种依赖性强。煤间接液化技术设备体积庞大、建设投资较高、运行费用高，但具有原料适应强、油品质量好等优点。两种煤液化技术各有所长，生产者应因地制宜，结合具体情况选用适宜的煤液化工艺。

课后练习

一、判断题

1. 煤的液化产品又称“人造石油”。（　　）

2. 煤间接液化操作条件苛刻、合成的油品质量较差，而且对煤种依赖性强。（　　）

3. 典型煤的间接液化过程主要包括煤气化、粗煤气净化、费托合成、产品回收、分离及产品精制、改质。（　　）

二、填空题

1. 根据不同的加工路线，煤的液化可分为__________和__________两大类。

2. 煤的液化就是把__________通过化学加工过程，使其转化为__________、和__________的洁净煤技术。

3. 煤直接液化基本过程包括__________、__________、__________三个单元。

任务二　煤的直接液化

学习目标

1. 掌握煤直接液化的机理、溶剂和催化剂。
2. 会分析选择煤直接液化生产工艺条件。
3. 了解煤直接液化反应器结构及特点。
4. 熟悉煤直接液化工艺流程。

一、煤直接液化的基本原理

煤的化学组成极其复杂，主要由 C、H、O 等元素组成，其基本结构单元是缩合芳环为主体的带有侧链和官能团的大分子，相对分子质量达到 5 000 以上。只有将煤转变为小分子，且提高产物的 H/C 原子比，才能把煤转化为液体燃料油。

研究表明，煤的加氢液化过程基本分为三个步骤。①煤的热裂解。当煤被加热至 300 ℃以上时，煤大分子结构中较弱的键开始断裂，打碎了煤的分子结构，从而产生大量带有活性的基团分子，即自由基碎片，其相对分子质量在数百范围内。②自由基加氢反应。不稳定的自由基碎片遇到氢自由基或者活化氢分子，发生加氢反应生成沥青烯及液化油的分子。③沥青烯液化分子被继续加氢裂化生成更小的分子。

煤直接液化的反应过程示意图如图 8－3 所示。

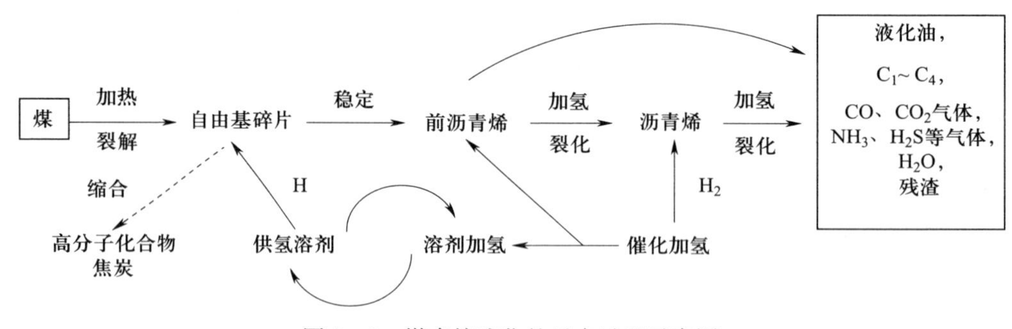

图 8－3　煤直接液化的反应过程示意图

在煤发生热解和加氢反应的同时，煤也会发生脱氧、脱硫、脱氮等脱除杂原子的副反应，生成 CO_2、CO、H_2S、NH_3 等，既影响产品的质量也会对环境造成污染。当温度过高或供氢不足时，自由基碎片会发生缩合反应生成半焦和焦炭，这不但会降低煤液化的收率，还会造成催化剂表面积炭或管道堵塞。

因此，煤的热解和供氢是煤液化过程中十分重要的两个因素。

煤结构中的化学键断裂处用氢来弥补，且裂解程度必须适当，如果裂解过度，生成的气体太多；如果裂解进行得不完全，液体油收率较低，所以必须严格控制反应条件。

加氢反应关系着油收率的高低，氢自由基主要来自以下四个方面：①溶解于溶剂中的氢在催化剂作用下转化为活性氢；②溶剂可供给的氢；③煤发生裂解、重排、缩聚等化学反应释放出的氢；④其他化学反应生成的氢，如 $CO + H_2O \longrightarrow CO_2 + H_2$。

二、煤直接液化的溶剂

1. 溶剂的作用

在煤炭加氢液化过程中，溶剂的作用主要体现在以下几个方面。

（1）与煤配成煤浆，形成流动介质，便于输送和加压。

（2）溶剂对煤具有溶胀作用。溶胀作用是指在溶剂分子的作用下，煤中的化学交联键在一定程度上的弯曲和伸展，发生体积的膨胀，以及非化学交联键的断裂和少量小分子被溶解的过程。

（3）溶解气相氢。溶剂溶解气相氢后，可使氢分子向煤或催化剂表面扩散，从而提高煤和固体催化剂、氢气的接触性能，加速加氢反应和提高液化速率。

（4）溶剂具有供氢作用。溶剂可向自由基碎片直接供氢和传递氢，可促进煤热解的自由基碎片稳定化，提高煤液化的转化率，同时减少煤液化过程中的氢耗量。

2. 溶剂的来源

煤液化装置开车时，没有循环溶剂，则需要采用外来的其他油品作为起始溶剂。起始溶剂可以选用高温煤焦油中的蒽油和洗油馏分；也可以采用石油重油催化裂化装置产出的澄清油或石油常减压装置的渣油等。起始溶剂使用前需要进行预加氢，使其具有供氢能力，随着投煤后不断循环使用 10 次以上，逐渐被煤液化自身产生的重质油代替。

在煤液化装置的连续运转过程中使用的是循环溶剂，生产中采用的是煤直接液化产生的中质油和重质油的混合物，主要由 2～4 环的芳烃和氢化芳烃组成。循环溶剂要经过预先加氢，提高溶剂中氢化芳烃的含量，从而提高溶剂的供氢能力。供氢溶剂在向自由基提供氢原子后，自身又变为贫氢溶剂，可以通过催化剂对其加氢，恢复其供氢能力。循环溶剂对煤的溶解性优于起始溶剂。

三、煤直接液化的催化剂

1. 催化剂的作用

催化剂是煤直接液化过程的核心技术，是降低反应条件要求、提高油品质量、控制生产成本的重要因素。煤加氢液化过程中催化剂的作用主要体现在以下三个方面。

（1）活化反应物，降低氢与自由基的反应活化能，增加分子氢的活性，加速加氢液化反应速率，提高煤液化的转化率和油收率。

（2）促进溶剂的再加氢和氢源与煤之间的氢传递。在催化剂的作用下，溶剂再加氢速度加快，维持或增加了氢化芳烃化合物的含量和供体的活性，促进了氢源与煤之间的氢传递，从而提高了液化反应速率。

（3）具有选择性。煤加氢液化反应十分复杂，为了提高油收率和油品质量，减少残渣和气态烃收率，要求催化剂具有选择性催化作用，能加速热裂解，加氢，脱氢、氮、硫等杂原子及异构化反应，抑制缩合反应的发生，一般根据工艺目的的不同来选择相适应的催化剂。

2. 催化剂的种类

煤加氢液化催化剂种类很多，煤炭直接液化中使用的催化剂通常有以下三类。

第一类是金属催化剂，主要是钴、钼、镍催化剂。该类催化剂活性高，但价格较昂贵，而且丢弃对环境污染比较严重，因此用后需要回收，属于高价可再生催化剂。

第二类是金属卤化物催化剂，如 $ZnCl_2$，属于酸性催化剂，因对设备有腐蚀性，目前工业上很少应用。

第三类是铁系催化剂，如含铁的天然矿石、含铁的工业残渣和各种纯态的铁的化合物。该类催化剂活性好，性价比高，对环境没有污染，属于廉价可弃型催化剂，是目前煤炭直接液化催化剂研究的重点和方向。

四、煤直接液化的工艺条件

1. 原料煤

原料煤的变质程度、化学组成、岩相组成等会对加氢液化的转化难易程度、氢耗量、液体油收率等产生影响。原料煤中的元素组成是评价原料煤加氢液化性能的重要指标。

一般来说，煤化度越低，煤中元素的 H/C 比越高，氧及氮等杂原子含量越低，且灰分含量越低的煤，液化活性越好。无烟煤很难液化，一般不作加氢液化原料，适宜的加氢液化原料是高挥发分的烟煤和褐煤。

2. 反应温度

反应温度是煤加氢液化的一个主要工艺参数。在加热的情况下，煤发生解聚、分解等反应，随着反应温度的升高，氢气在溶剂中的溶解度增加，氢传递速度加快，加氢反应速度增加明显。当温度升到最佳范围 420～450 ℃时，煤的转化率和油收率最高，沥青烯和前沥青烯的收率低。但若温度偏高，可使部分反应生成的液化产物缩合或裂解生成气体产物，造成气体收率增加，还有可能出现结焦，严重影响液化过程的正常进行，对液化不利。所以生产中应根据煤种特点选择合适的液化反应温度。

3. 反应压力

反应压力对煤液化反应的影响主要是指氢气分压，煤液化反应速率与氢气分压的一次方成正比，氢气分压越高越有利于煤的液化反应，因此，采用高压的目的主要在于加快加氢反应速度。

提高压力，煤液化过程中的加氢速度就会加快，从而阻止了煤热解生成的低分子组分裂解或聚合成半焦的反应，使低分子物质稳定、油收率提高；提高压力，还使液化过程有可能采用较高的反应温度。但压力的增加可压缩能量消耗量、氢的消耗量以及设备投资。因此，选择煤液化装置的压力需综合各方面因素。一般压力控制在 20 MPa 以下是可行的。

4. 反应时间

实验证明，在适合的反应温度和足够氢供应下进行煤加氢液化，随着反应时间的延长，液化率开始增加很快，之后液化率增速减慢，而沥青烯和油收率却相应增加，并依次出现最高点，气体收率和氢耗量随着温度的增加而增加。

从生产角度出发，一般要求反应时间越短越好，因为反应时间短意味着空间速率高、处理量高。合适的反应时间与煤种、催化剂、反应温度、压力、溶剂以及对产品的质量要求等因素有关，应通过实验来确定。

5. 气液比

气液比通常用标准状态下气体的体积流量与煤浆体积流量之比来表示。提高气液比可以降低轻质油的停留时间，降低小分子液化油继续发生裂解生成气体的可能性，这对反应是有利的。但是提高气液比，反应器内气含率也随之增加，液相所占空间减小，液相停留时间短，对反应不利，同时气液比的提高还会增加循环压缩机的负荷，增加能量消耗。

五、煤直接液化反应器

煤直接液化反应器是煤液化的核心设备，它必须能耐受煤直接液化的高温高压以及氢腐蚀。另外加氢液化较大的反应热会使床层温度升高，但又不应出现局部过热现象，还要解决煤、催化剂等固体颗粒的沉积、磨损等问题，所以液化反应器也要保证液、固、气三相的传热和传质。

目前已工业化的直接液化反应器主要有鼓泡床液化反应器和悬浮床液化反应器。环流液化反应器是一种高效多相反应器，具有结构简单、传质性能好等特点，目前仍处于研究阶段，有望在煤液化领域得到应用。

1. 鼓泡床液化反应器

鼓泡床液化反应器结构简单，其外形为细长的圆筒，其长径比一般为 18 ~ 30，里面除必要的管道进出口外，无其他多余的构件。氢气和煤浆从反应器底部进入，利用氢气增加反应器内的扰动，进而实现物料与氢气的混合，反应后的物料从上部排出。由于反应器内物料的流动形式为平推流（即柱塞流），也被称为柱塞流鼓泡反应器，如图 8 – 4 所示。早期的煤液化反应器都是柱塞流鼓泡反应器，煤、油浆和氢气三相之间缺少相互作用，液化效果欠佳。如德国的 IG 工艺和 IGOR 新工艺、日本的 NEDOL 工艺、美国的 SRC 和 EDS 以及俄罗斯的低压加氢工艺等都采用了这种反应器。

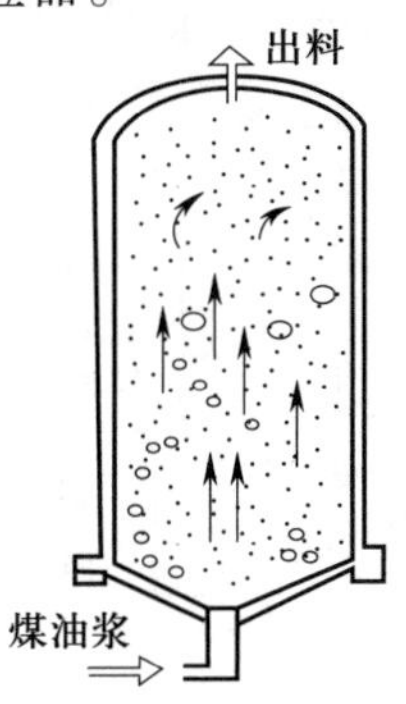

图 8 – 4　柱塞流鼓泡反应器

2. 悬浮床液化反应器

悬浮床液化反应器是在鼓泡反应器的基础上开发出的新型反应器，该种反应器因内部有循环杯，并带有循环泵，因此称为强制循环悬浮床反应器。由于底部设置了强制循环泵，使得浆体在反应器内的流速增加，加快了油煤浆混合程度，降低了固体颗粒在反应器内沉积的概率，也减小了结焦的可能性，加速了煤加氢液化反应过程。但该种反应器由于内构件的加入，使得内部结构复杂，且对循环泵的质量要求高。应用该种反应器的煤液化工艺主要有美国的 HTI 液化工艺、中国神华集团的煤液化工艺等。中国神华煤直接液化反应器如图 8－5 所示，主要由上下封头、筒体、分布器、分布盘、循环杯及循环管等组成。采用新型抗氢耐热 2.25 CrMoV 钢，大型加氢反应器的内径 4 800 mm，高 44 m，容积可达 688 m^3。

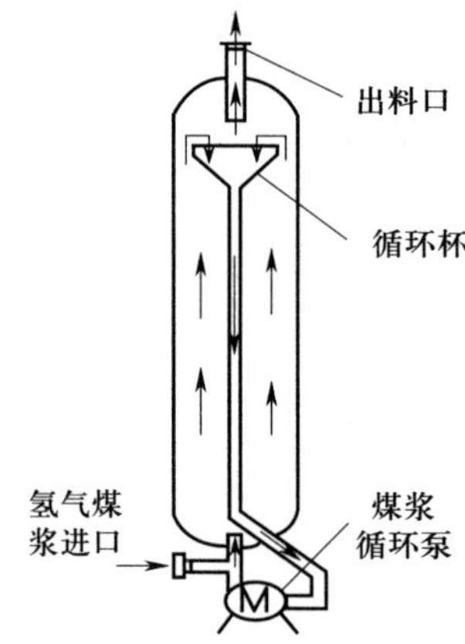

图 8－5　中国神华煤直接液化反应器

六、煤直接液化工艺流程

1. 煤直接液化工艺主要工艺过程

随着加氢反应器的改进、催化剂性能的改善以及工艺条件优化等，煤直接液化工艺不断发展。单段液化的代表工艺有 IGOR、H－Coal、EDS、NEDOL 等，两段液化的代表工艺有 CTSL、HTI、神华工艺等。

虽然各类工艺各具特点，流程组织也不同，但其煤直接液化工艺主要工艺过程相同，主要包括煤浆制备、煤炭直接液化、液固分离、提质加工以及溶剂加氢，如图 8－6 所示。

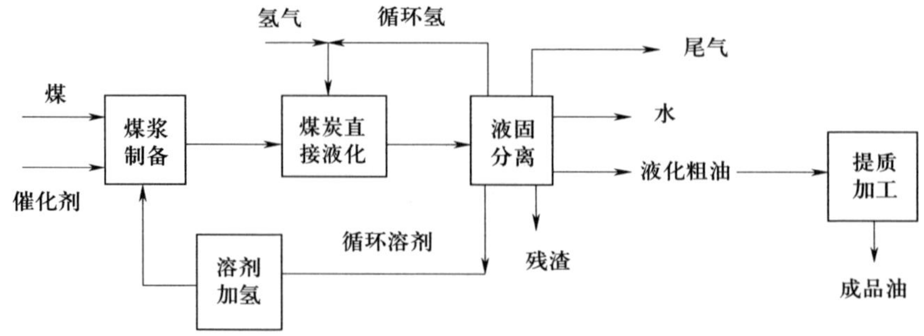

图 8－6　煤直接液化工艺主要工艺过程

（1）煤浆制备

先将原料煤破碎制成煤粉，然后与溶剂及催化剂配成煤浆，这样既便于泵送和加压，也能为液化反应提供供氢溶剂。

因为煤中水分会影响煤粉的输送及煤浆配制，并会降低反应的氢气分压，所以原料煤首先通过粉碎干燥系统被加工成水分低于2%、粒度小于0.15 mm的煤粉。然后通过混捏机、分散搅拌罐、溶胀搅拌罐等设备使煤粉经历湿润、分散、溶胀三个过程，与溶剂和催化剂制成质量分数为40%～50%的煤浆。

（2）煤炭直接液化

煤浆加压加热是为煤液化反应创造适合的反应条件。来自煤浆配制单元的煤浆通过高压煤浆泵加压后，与氢气混合经加热设备升温后，进入加氢液化反应器进行液化反应，直接液化反应器的工艺条件范围为压力10～30 MPa（氢气分压大于14 MPa），温度420～470 ℃，停留时间0.5～1.5 h。

从反应器采出的高温反应产物以及剩余氢气的混合物，经过一系列冷却、冷凝和气液分离器，温度降至50 ℃左右，分离出的气体一部分经循环压缩机和换热器后与原料氢气混合循环使用，而其余酸性废气则进入尾气处理系统，分离出的液体油分为轻质油、中质油和重质油的粗品。

（3）液固分离

由加氢液化反应系统分离得到的重质油粗品中含有少量未反应的煤、矿物质和催化剂的固态颗粒，液固分离的目的是把固态颗粒和重质液化油分开。由于这些固体具有颗粒度很细、黏度高、与液相之间的密度差很小的特点，导致液固分离操作比较困难。目前可以采用减压蒸馏、溶剂萃取、水力旋流和过滤等技术进行液固分离。

分离后的重质油作为循环溶剂返回煤浆配制系统；分离后所得的固体产物是一种高碳、高灰、高硫的物质，称为液化残渣，在某些工艺中占液化原料煤总量的30%左右。分离得到的液化残渣可以进一步利用，如气化制氢、干馏回收残渣中油品、燃烧用于锅炉或窑炉加热等。

（4）提质加工

液化粗油的提质加工一般以生产汽油、柴油和化工产品为目的。液化粗油主要组成是芳烃和环烷烃类的物质，碳含量较高，氢含量较低，并含有一定量的氮、氧和硫等杂原子，与石油产品相比，色相与储藏稳定性差，且煤液化粗油难以燃烧，热值低，燃烧过程中会产生较多的二氧化碳和烟尘，严重污染环境。直接液化粗油只有进行提质加工，才能制得符合国家标准的液体燃料。提质加工工艺会根据液化油性质的不同而略有差别，可通过加氢、裂化、重整、精馏等进行提质加工，来获得商品汽油和柴油为主的精制产物。

（5）溶剂加氢

在煤直接液化生产中循环溶剂的供氢作用非常重要。尤其在液化初期，自由基的活性氢主要来自溶剂。溶剂供氢能力强，可提供氢原子与煤裂解生成的自由基碎片结合，使之稳定；若供氢能力差，自由基会相互缩合生成更稳定的大分子化合物，降低液化油收率。循环溶剂通常是由不同流股的液化产物混合而成，溶剂预加氢处理可以增加溶剂馏分中氢化芳烃的量，提高溶剂的供氢能力，优化溶剂组成。

溶剂加氢多采用 Ni/Mo、Ni/W 或 Co/Mo 系催化剂，在固定床加氢反应器或沸腾床加氢反应器中进行溶剂的催化加氢，通过控制反应压力、反应温度、反应停留时间、氢油比等工艺条件来控制溶剂预加氢的深度。适宜的加氢深度，才能保证溶剂中氢的反应活性高，数量多。

四种典型煤直接液化工艺主要特征见表 8－1。

表 8－1　　四种典型煤直接液化工艺主要特征

工艺名称		IGOR	HTI	NEDOL	神华
液化反应器	类型	鼓泡床	悬浮床	鼓泡床	悬浮床
	段数	单段	两段	单段	两段
液化催化剂		铁系（赤泥）	铁系（胶状铁）	铁系（黄铁矿）	铁系（863）
液化工艺条件	温度/℃	470	440～450	430～465	440～450
	压力/MPa	30	17	17～19	18～19
	空间速率/[t/(m³·h)]	0.6	0.24	0.36	0.702
固液分离方法		减压蒸馏	溶剂萃取	减压蒸馏	减压蒸馏
转化率（daf 煤）/%		97.5	93.5	89.7	91.7
油收率（daf 煤）/%		58.6	67.2	52.8	61.4
残渣（daf 煤）/%		11.7	13.4	28.1	14.7

注：daf 为干燥无灰基。

2. 中国神华煤直接液化工艺

中国神华集团在煤炭液化研究成果的基础上，根据煤液化单项技术的成熟程度，将 HTI 工艺的优点与日本提出的 TOP－NEDOL 工艺的优点进行结合，开发了具有自主知识产权的中国神华煤直接液化工艺技术，2009 年 5 月正式投产，使我国成为世界上唯一掌握百万级煤直接液化技术的国家。中国神华煤直接液化项目建设规模为年产油品 500 万 t，分两期建设，中国神华煤直接液化工艺流程如图 8－7 所示。

经粉碎干燥后的煤粉与配制好的“863”煤液化高效催化剂、循环溶剂送入煤浆配制系统，配制完成的煤浆经加压，与氢气混合进入煤浆预热器升温后进入液化反应器 Ⅰ 反应后，再配入氢气进入液化反应器Ⅱ进行加氢反应，控制反应温度在 450～460 ℃，压力为 19 MPa。从液化反应器 Ⅱ 出来的产物进入高温高压分离器进行气液固分离，下部出来的液化油、未反应煤粉等进入常压塔，上部出来的气体、水、部分液化油进入低温高压分离器进行气液分

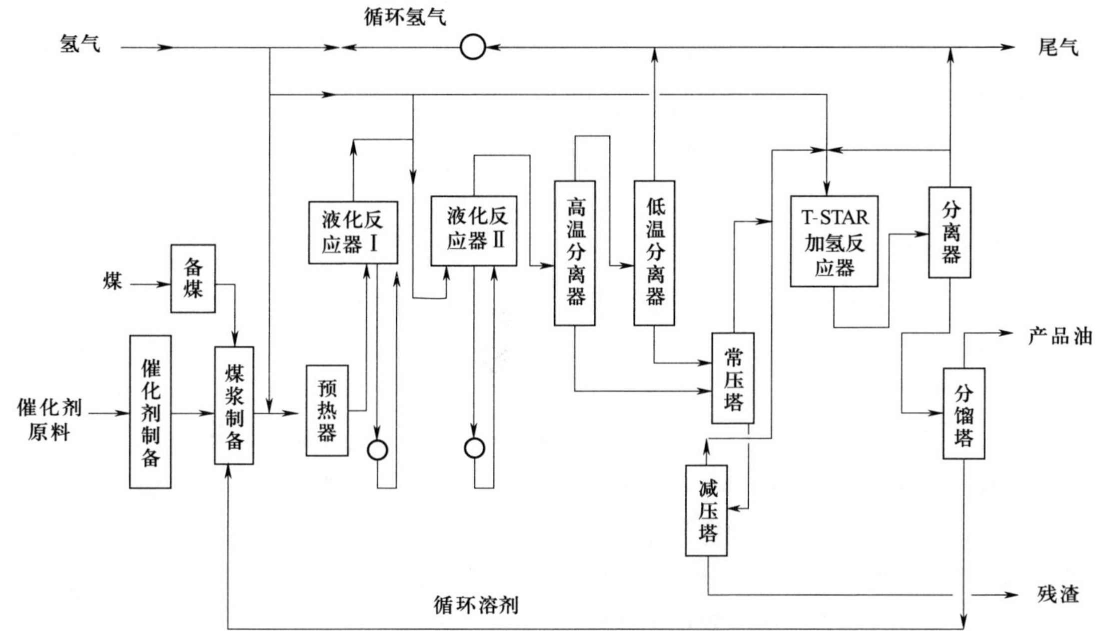

图 8－7　中国神华煤直接液化工艺流程图

离，由低温高压分离器分离出气相为富氢气体，富氢气体与新鲜氢气混合后循环使用，分离出的液化粗油进入常压塔进行蒸馏分离。在常压塔底部采出的重质油，再进入减压塔进行减压蒸馏，塔底采出液化残渣，塔顶得到的馏出物，与从常压塔塔顶采出的中质油和轻质油一起，进入 T-STAR 加氢反应器中进行加氢反应，既对循环溶剂进行预加氢，又对油品进行了加氢改质，同时脱除部分硫、氮、氧等杂物从而达到预精制的目的。T-STAR 装置的产物经气液分离后的液化粗油进入分馏塔，经精馏获得煤油、柴油等油品，塔釜得到的重组分作为循环油溶剂使用，分离出的气体进入尾气系统。煤液化生产中所用到的氢气由煤制氢装置生产并提供。

中国神华煤直接液化技术的创新特点主要体现在以下几个方面。

（1）采用高活性“863”液化催化剂。该催化剂具有自主知识产权，价格低，活性高，添加量少，煤液化转化率高，残渣中由于催化剂带出的液化油少，提高了蒸馏油收率，同时避免了 HTI 的胶体催化剂加入煤浆的难题。

（2）全部采用经过预加氢后的供氢循环溶剂。预加氢循环溶剂性质稳定，可配制浓度高且黏度低的煤浆，流动性好；溶剂供氢性能好，使得液化系统操作稳定性提高。

（3）采用强制循环的悬浮床反应器。该反应器具有反应温度容易控制、矿物质不易沉积、产品性质稳定、反应器利用率高、单系列处理量大等优点。

（4）采用成熟的减压蒸馏进行固液分离。溶剂中不含有沥青，为循环溶剂的预加氢提供了条件，同时残渣中油含量少，油品率提高。

（5）T-STAR 加氢工艺中采用了强制循环悬浮床加氢反应器。由于强制循环悬浮床加氢反应器采用上流式，催化剂可以定期更新，加氢深度稳定，供氢性能好，产品性质稳定。

课后练习

一、判断题

1. 铁系催化剂是目前煤炭直接液化催化剂研究的重点和方向。（　）

2. 无烟煤适宜作为加氢液化的原料，高挥发分的烟煤和褐煤不适宜作为加氢液化原料。（　）

3. 煤液化过程中，压力提高，煤液化过程中的加氢速度就会加快，油收率提高。（　）

4. 在煤直接液化生产中循环溶剂的供氢作用非常重要，通常是在固定床加氢反应器或沸腾床加氢反应器中进行溶剂的催化加氢。（　）

5. 神华煤质直接液化技术采用强制循环的鼓泡床反应器，反应温度容易控制，矿物质不易沉积，产品性质稳定，反应器利用率高。（　）

二、填空题

1. 煤的加氢液化过程基本分为______、______、______三个步骤。

2. 在煤炭加氢液化过程中，溶剂的作用主要体现在_____、_____、______、______。

3. 煤直接液化的工艺影响因素有______、______、______、______、______。

4. 目前已工业化的直接液化反应器有__________和__________。

5. 神华煤直接液化技术采用了__________催化剂，具有自主知识产权。

三、简答题

简述中国神华煤质液化工艺流程。

任务三　煤的间接液化

学习目标

1. 掌握煤间接液化的机理、费托催化剂。
2. 会分析选择费托合成生产工艺条件。
3. 了解煤间接液化反应器结构及特点。
4. 熟悉煤间接液化工艺流程。

煤的间接液化过程主要包括煤气化、粗煤气净化、费托合成、产品回收、分离及产品精制、改质，其中费托合成是煤的间接液化的核心技术。

一、费托合成基本原理

费托合成是指在催化剂作用下 CO 加氢生成脂肪烃的过程。发生的化学反应主要有以下几种。

（1）烷烃生成反应：

$$nCO+(2n+1)H_2 \longrightarrow C_nH_{2n+2}+nH_2O$$

（2）烯烃生成反应：

$$nCO+2nH_2 \longrightarrow C_nH_{2n}+nH_2O$$

以上两个反应都是强放热反应，是生成直链烷烃和 α - 烯烃的主反应。

（3）变换反应：

$$CO+H_2O \longrightarrow H_2+CO_2$$

本变换反应对费托合成具有一定的调节作用。

还有生成醇、醛、酮、酯等含氧化合物的副反应，如下所示。

（4）醇类生成反应：

$$nCO+2nH_2 \longrightarrow C_nH_{2n+1}OH+(n-1)H_2O$$

（5）醛类生成反应：

$$(n+1)CO+(2n+1)H_2 \longrightarrow C_nH_{2n+1}CHO+nH_2O$$

（6）酮类生成反应：

$$(n+m+1)CO+(2n+2m+1)H_2 \longrightarrow C_nH_{2n+1}COC_mH_{2m+1}+(n+m)H_2O$$

（7）酯类生成反应：

$$nCO+(2n-2)H_2 \longrightarrow C_nH_{2n}O_2+(n-2)H_2O$$

还会发生生成单质碳的副反应，碳附着在催化剂表面会造成催化剂失活，如：

$$2CO \longrightarrow C+CO_2$$

$$H_2+CO \longrightarrow C+H_2O$$

费托合成过程是非常复杂的反应体系，实际过程中并不止于上述几种反应，控制反应条件和选择合适的催化剂，能使得到的反应产物主要是烷烃和烯烃。

二、费托合成催化剂

催化剂对费托合成是非常重要的，只有在合适的催化剂下反应才能实现，而且其活性对间接液化的转化率和产物分布有着极其重要的影响。目前，研究最多的工业化费托合成催化剂是铁基催化剂和钴基催化剂。

1. 铁基催化剂

铁基催化剂是最早用于费托合成研究的催化剂，因其储量丰富、价格低廉而备受关注。目前，工业上用于费托合成的铁基催化剂一般可分低温铁基催化剂和高温铁基催化剂。低温铁基催化剂主要是沉淀铁催化剂，主组分为 α-Fe_2O_3，助剂多是 CuO、K_2O、SiO_2、MgO 或 Al_2O_3 等，使用温度范围一般为 220 ~ 250 ℃，主要用于固定床反应器中，主要反应产物是长链重质烃。高温铁基催化剂有熔铁催化剂和烧结铁催化剂两种，使用温度范围一般为 320 ~ 340 ℃，主要用于反应温度较高的流化床反应器，反应产物以烯烃、化学品、汽油和柴油为主。

2. 钴基催化剂

在实际工艺中，除了铁基催化剂外，钴基催化剂也有应用。钴基催化剂活性高、积碳倾向低、寿命相对较长。钴基催化剂合成的产物主要是直链烷烃，油品较重，含蜡多，较铁基催化剂贵且机械强度较低，故空间速率不宜太大，只适用于固定床合成。钴基催化剂是以沉淀法制得的高活性催化剂，但钴属于贵金属，价格高，影响其在工业的应用。

三、费托合成工艺影响因素

影响费托合成反应速率、转化率和产品分布的因素很多，主要有原料气的组成、反应温度、反应压力、空间速率等。

1. 原料气的组成

费托合成原料气中的有效成分是 CO 和 H_2，其含量越高，反应速率也就越快，转化率增加，但是反应放出的热量也随之增大，容易造成床层超温，且生产成本较高，工业上一般控制（CO + H_2）体积分数为 80% ~85%。

费托合成过程是复杂的反应体系，原料气中 H_2 含量和 CO 含量影响反应进行的方向和产品的分布。$V(H_2)/V(CO)$ 比值越高，越有利于饱和烃、轻产物及甲烷的生成，反之则有利于链烯烃、重产物和含氧物的生成，一般控制 $V(H_2)/V(CO)$ 在 0.5 ~3 比较适宜。

2. 反应温度

费托合成是一个气 - 固催化反应，反应温度主要取决于所用催化剂的活性温度。活性温度高的催化剂，适合反应的最佳温度范围一般较低，如钴催化剂合适的最佳温度为 170 ~ 210 ℃，铁催化剂合适的最佳温度为 220 ~ 340 ℃。

反应温度不仅影响 CO 的加氢反应速度，而且对合成产物分布影响也很大。一般规律是，提高反应温度，中间产物的脱附增强，限制了链的生长反应，有利于轻产物的生成；降低反应温度，有利于重产物的生成。例如，当选用 Fe - Mn 系列催化剂时，其目的产物以低级烯烃为主，因此应选择较高的反应温度，利于低级烯烃生成；当选用 Fe - Cu - K 催化剂时，其目的产物为液态烃和固体蜡，在保证一定转化率时应选择尽量低的反应温度。

3. 反应压力

反应压力不仅影响费托合成催化剂的活性和寿命，还会影响产物的组成和收率。不同的催化剂和目的产物对费托系统压力要求也不一样。

钴基催化剂在常压下就具有一定的活性，可采用常压操作，在 0.5 ~1.5 MPa 下合成效果更好，并且可以延长催化剂的寿命，生产过程中也不需要再生。对铁基催化剂，由于其活性低，寿命短，反应要求在 0.7 ~3.0 MPa 进行。

由化学平衡可知，费托合成是体积缩小的反应，故增加压力有利于费托合成活性的提高和高级烃的生成，但是压力增加，合成反应速度加快，同时副反应的速度也加快。过大的反应压力不仅会降低催化剂的活性，而且对设备要求高，设备的投资费用也高，能耗也随之增大，所以费托合成的操作压力总体不必太高。

4. 空间速率

空间速率对费托合成反应产物分布具有一定的影响，空间速率的提高有利于低碳烯烃生成，但一般转化率降低。

空间速率的高低影响产物中烯烃的二次反应，气体中较高的 H_2O（g）分压会对烯烃二次反应有一定的抑制作用，减小链增长的概率，从而影响了产物分布。随着原料气空间速率的增加，（$CO+H_2$）转化率逐渐降低，烃分布向相对分子质量低的方向移动，CH_4 比例明显增加，低级烃中烯烃比例也会增加。空间速率的选择还要与催化剂、反应温度等因素结合起来考虑。

四、费托合成反应器

由于不同反应器所用的催化剂和反应条件都有区别，反应器内传热、传质和物料停留时间等工艺条件不同，故所得的产物有很大的差别，反应器是费托合成过程的关键设备。

费托合成的反应器经历了固定床反应器技术阶段、循环流化床反应器技术阶段、固定流化床反应器阶段和浆态床反应器技术阶段，各类型的反应器工作原理如图 8－8 所示。

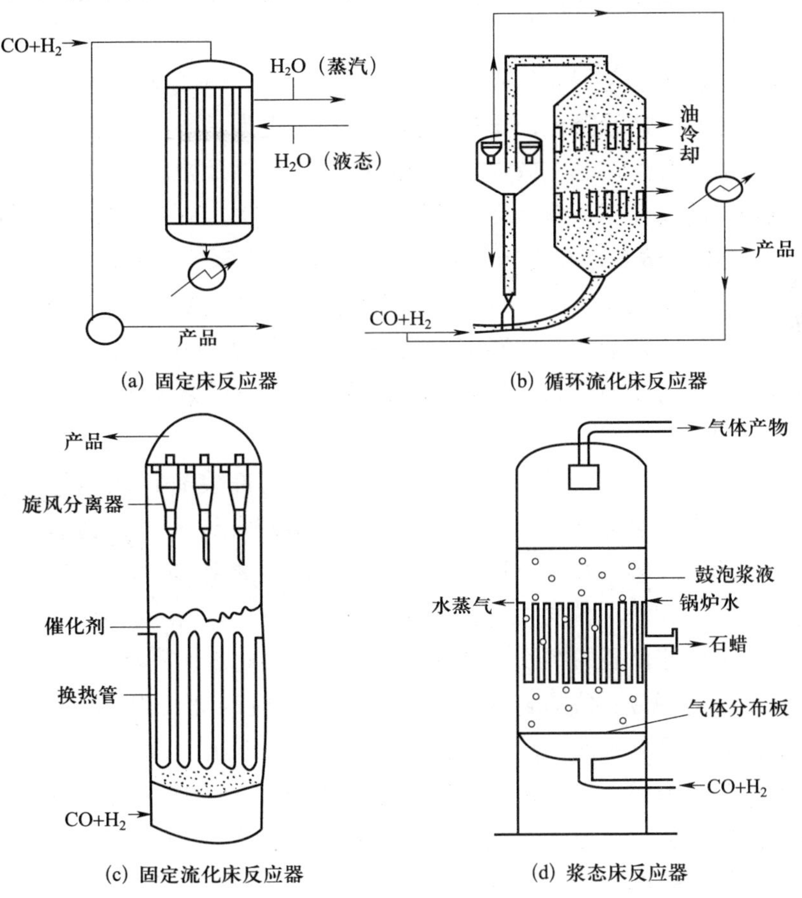

图 8－8　费托合成的反应器工作原理

1. 固定床反应器

固定床反应器是费托合成最早采用的反应器形式。其中的常压平行薄层反应器和套管式反应器由于效率低，工业上已不再应用，主要应用列管式固定床反应器，简称 Arge 反应器。南非 Sasol-I 厂使用的 Arge 反应器直径为 2.95 m，高为 12.8 m，内设有 2 052 根内径为 50 mm、长为 12 m 的反应管，管内可填装催化剂 40 m^3，管间通沸腾水，合成时放出的反应热由水的沸腾汽化带出。因此可以通过调整管间蒸汽压力来控制管内反应温度。该反应器尺寸较小，操作简单，但产量低，催化剂床层压降大且更换困难。一般来讲，固定床反应器由于反应温度较低及其他原因，重质油和石蜡收率高，甲烷和烯烃收率低。

2. 流化床反应器

流化床反应器分为循环流化床反应器和固定流化床反应器。

循环流化床反应器的催化剂随合成气一起进入反应器，在反应器内呈流化态，并被气流夹带采出，经分离后循环使用于反应器中，反应器上下两段设水冷（或油冷）装置，用以移出反应热。循环流化床反应器强化了传热、传质过程，催化剂装卸容易。改进后的 Sasol-Ⅲ厂的循环流化床反应器直径为 3.6 m、高为 75 m，产能可达 18 万 t，但其气固两相流速较高，设备磨损大，结构复杂，操作费用高。循环流化床反应器的初级产物烯烃含量高，重质烃选择性差。

固定流化床反应器的催化剂在反应器内处于湍流状态，但整体呈静止不动，气速比循环流化床低，减少了磨损，造价降低，反应器体积缩小。更为重要的是通过内设旋风分离装置解决了催化剂和气体的分离问题，减少了催化剂的损失量以及操作的不稳定性，相同生产能力固定流化床反应器的催化剂用量约是循环流化床反应器的 50%。超大型固定流化床反应器直径为 10.7 m，高为 38 m，产能达到 18 万 t。固定流化床反应器的生产能力大，转化率高，循环比降低和压力降减小，操作费用低。在生产操作中要通过控制氢碳比等方式，尽量减少积炭现象的发生，否则会使反应器流化状态恶化，催化剂损失增加，反应器操作困难。一般来讲，流化床反应器中甲烷和烯烃收率高，重质油和石蜡收率低。

3. 浆态床反应器

三相浆态床费托合成反应器是一个三相鼓泡塔，内部装有移热盘管，顶部有气－液（固）分离器，下部设气体分布板，外部为液面控制器，大型浆态床反应器直径为 9.6 m，生产能力 17 000 桶/d（1 桶 = 158.987 dm^3，下同）。反应器结构简单，易于放大，投资小；反应器床层内反应物混合好，温度均匀，可等温操作，可在较高的温度下运转，单位体积的收率更高；可简易实现催化剂的在线添加和移走，每吨催化剂的消耗仅为列管式固定床反应器的 20% ~30%；通过改变催化剂组成、反应压力、反应温度、H_2/CO 比及空间速率等条件，可改变产品组成，操作弹性大，产品灵活性大，但浆态床的固－液分离相对复杂，催化剂与产品分离困难且易磨损失活。Sasol 浆态床技术的核心和创新在于其拥有专利的蜡产物和催化剂实现分离的工艺。浆态床反应器主要用来生产石蜡和重质燃料油。浆态床反应器是当前国际上重点发展的技术，在费托合成液体燃料方面具有良好的应用前景。

三种床型反应器在铁系催化剂下的操作条件及产物分布见表 8－2。

表 8－2　　三种床型反应器在铁系催化剂下的操作条件及产物分布

项目			固定床	气流床	浆态床
反应温度/℃			265	305	265
反应压力/MPa			2.0	2.0	2.0
CO/H_2 比			2.05	2.11	2.10
（$CO+H_2$）转化率/%			93	90	97
产物分布（质量分数）/%	C_1		22	27	8
	$C_2\sim C_4$		34	34	35
	C_5	200 ℃	32	32	22
		200～300 ℃	6	3	11
		>300 ℃	4	1	17
含氧化合物/%			2	3	7
烯烃/总烃/%			49	82	59

五、费托合成技术

费托合成技术是煤间接液化工艺过程中的关键技术。按照反应温度的不同，费托合成可分为低温费托合成（低于 280 ℃）和高温费托合成（高于 300 ℃）。低温费托合成一般采用固定床或浆态床反应器，可生产石脑油、柴油、润滑油等基础油品，以及费托蜡等多种产品。高温费托合成一般采用流化床反应器，可生产甲烷、液化气、石脑油、柴油、烯烃、含氧化合物等多种产品。

目前工业上最具有代表性的煤间接液化技术是南非 Sasol 公司的费托合成技术、山西煤化所低温煤间接液化工艺及上海兖矿能源科技研发有限公司的低温费托合成技术。

上海兖矿能源科技研发有限公司开发了具有自主知识产权的低温费托合成技术，采用该技术建设的百万吨级煤间接液化煤制油项目于 2015 年投产，年生产能力为 109.57 万 t 油品，其中柴油 78 万 t、石脑油 25 万 t、液化气 5.5 万 t。也开发了国内单台产能最大的费托合成反应器，使我国煤间接液化技术工程实现了大型化、规模化的高水平。

该低温费托合成技术采用连续操作三相浆态床反应器，使用的是自主研制的铁基催化剂，具有柴油选择性高、吨油品催化剂消耗低等特点。工艺过程分为催化剂前处理、费托合成及产品分离三部分。其工艺流程如图 8－9 所示。

来自净化工段的新鲜合成气和循环尾气混合，经循环压缩机加压后，被加热到 160 ℃进入费托合成反应器，在催化剂的作用下部分转化为烃类物质，反应器出口气体进入激冷塔进行冷却、洗涤，冷凝后，液体经高温冷凝物槽冷却进入过滤器过滤，过滤后的液体作为高温冷凝物送入产品储槽。在激冷塔中未冷凝的气体，经激冷塔冷却器进一步冷却至 40 ℃，然后进入高压分离器，液体和气体在高压分离器中得到分离，液相中的油相作为低温冷凝物送入低温冷凝物槽，水相送至废水处理系统。高压分离器顶部排出的气体，经过闪蒸槽闪蒸

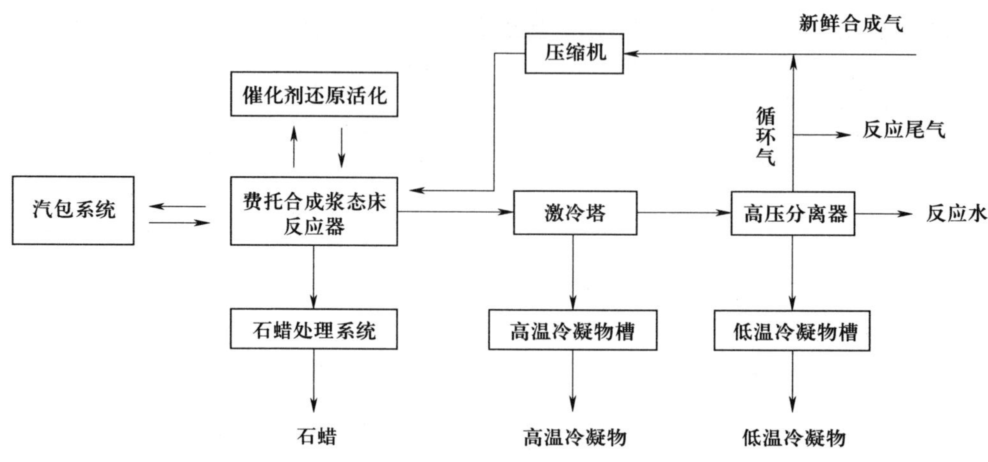

图 8-9　上海兖矿低温浆态床费托合成工艺流程

后，一小部分放空进入燃料气系统，其余与新鲜合成气混合，经压缩机加压，并经原料气预热器预热后返回反应器。反应产生的石蜡经反应器内置液固分离器与催化剂分离后排放至石蜡收集槽，经粗石蜡冷却器冷却至 130 ℃，进入石蜡缓冲槽闪蒸，闪蒸后的石蜡进入石蜡过滤器过滤，过滤后的石蜡送入石蜡储槽。

上海兖矿低温煤间接液化中试装置产物分布情况见表 8-3。

表 8-3　上海兖矿低温煤间接液化中试装置产物分布情况

产物	质量选择性/%	产物	质量选择性/%
甲烷	3.56	丁烷	0.86
乙烯	0.86	$>C_5$	81.57
乙烷	1.91	低温冷凝物	22.76
丙烯	6.48	高温冷凝物	14.70
丙烷	1.36	石蜡	37.80
丁烯	0.25	非酸氧化物	3.14

课后练习

一、判断题

1. 费托合成是一个气-固催化反应，反应温度主要取决于所用的催化剂的活性温度。（　）

2. 低温费托合成一般采用流化床反应器，高温费托合成一般采用固定床或浆态床反应器。（　）

3. 兖矿低温费托合成技术采用连续操作三相浆态床反应器。（　　）

4. 费托合成反应中空间速率的提高不利于低碳烯烃生成。（　　）

5. 费托合成原料气中的有效成分是 CO、H_2，其含量越高，反应速率就越快。（　　）

6. 费托合成反应温度会影响 CO 加氢反应速率，对合成产物分布影响不大。（　　）

二、填空题

1. 煤的间接液化过程主要包括______、______、______、______，其中______是煤的间接液化的核心技术。

2. 目前，研究最多的工业化费托合成催化剂是________和________。

3. 费托合成技术是煤间接液化工艺过程中的关键技术，按照反应温度不同，费托合成可分为________（低于______℃）和________费托合成（高于______℃）。

4. 影响费托合成反应速率、转化率和产品分布的因素主要有________、________、________、________等。

5. 兖矿低温费托合成技术具有________选择性高、吨油品催化剂消耗低等特点。

三、简答题

识读兖矿低温浆态床费托合成工艺流程图，叙述其工艺过程。

项目九

石油炼制生产技术

石油炼制是国民经济最重要的支柱产业之一，是提供能源，尤其是交通运输燃料和有机化工原料最重要的工业。全世界能源需求很大程度上依赖于石油产品，汽车、飞机、轮船等交通运输工具使用的燃料几乎全部是石油产品，有机化工原料主要也来源于石油炼制工业。石油产品种类繁多，用途广泛，大体分为燃料、润滑油、有机化工原料、工艺用油、沥青、蜡、石油焦炭等。本项目以燃料油、润滑油生产工艺为主线，通过学习石油及其产品的组成与一般性质、常减压精馏原理与工艺、催化裂化、加氢裂化、加氢精制、润滑油性能、润滑油生产原理及工艺流程等，全面掌握石油炼制生产技术。

任务一　认识石油及其产品的组成与一般性质

学习目标

1. 了解石油及其产品的组成。
2. 了解石油产品的一般性质。

一、石油的元素组成

石油（或称原油）通常是一种流动或半流动的黏稠液体，相对密度一般为 0.8～0.98。它与油页岩、泥煤、褐煤、烟煤等同属于可燃性有机矿物质，是一种主要含烃类等化合物以及少量硫、氮、氧等元素组成的复杂混合物。世界各地所产的石油在性质上都有不同程度的差异，甚至同一产地，所采油层位不同，石油的颜色、密度及凝点等性质有较大差别，其颜色有暗绿、赤褐、深黑。石油一般具有特殊气味。各地石油凝点差别很大，如胜利石油、四川石油等高达 30 ℃，而克拉玛依石油低至 -50 ℃。

组成石油的元素主要为碳、氢、硫、氧及氮等五种，此外还有微量的金属元素和非金属元素。其中金属元素有钒、镍、铁、钙、钛、镁、钠、钴、铜、锌、铝、铬、钼、铅等。这些金属元素多数与石油中的有机化合物形成络合物。石油中的微量非金属元素有氯、硅、磷、砷、碘等。这些微量的金属元素和非金属元素的存在，对石油加工过程和产品性质都有影响，不可忽视。

以下列举一些石油的元素组成，见表 9-1。

表 9-1　　石油的元素组成

石油产地	相对密度	元素质量分数/%				
		碳	氢	硫	氮	氧
中国大庆	0.861 5	85.74	13.31	0.11	0.15	—
中国胜利	—	86.88	11.11	0.90	0.52	—
中国孤岛	0.964 0	84.24	11.74	2.20	0.47	—
中国大港	0.889 6	85.82	12.70	0.14	0.09	—
中国克拉玛依	—	86.13	13.30	0.12	0.28	—
美国宾夕法尼亚	0.874 0	84.90	13.70	0.50	—	0.90
俄国杜依马兹	—	83.90	12.30	2.67	0.33	0.74
伊朗	0.873 0	85.40	12.80	1.06	—	0.74

从表 9-1 中数据可以看出，组成石油最重要的元素是碳和氢，质量分数占 96% ~ 99.5%，碳氢比［n（C）/n（H）］约为 6.5。大部分石油中的硫、氮、氧及其他微量元素总质量分数不超过 1%。

二、石油的馏分和馏分组成

石油或石油产品是组成复杂的混合物，没有固定的沸点。当加热蒸馏石油时，低沸点的组分首先蒸发出来，高沸点的组分则随蒸馏温度继续升高后才蒸发出来。蒸馏出第一滴油品时的气相温度叫初馏点。蒸馏出 10%、50%、90% 体积时的气相温度，分别叫 10% 点、50% 点和 90% 点。蒸馏最后达到的气相最高温度叫终馏点或干点。在一定温度范围蒸馏出的油品叫馏分，即馏出的部分。蒸馏石油及石油产品时，从初馏点到干点的这一温度范围叫某馏分的馏程。例如，航空汽油的馏程为 40 ~ 180 ℃，车用汽油的馏程为 35 ~ 200 ℃。馏分组成也可以利用某个温度范围内馏出物的质量分数或体积分数来表示。

馏分常冠以汽油、煤油等名称，但馏分并不是石油产品，如汽油馏分不等于汽油。石油馏分还必须进行再加工至满足石油产品的规格要求后，才能成为石油产品。同一沸点范围馏分也可以加工成不同产品。例如，航空煤油（150 ~ 250 ℃）、灯用煤油（200 ~ 300 ℃）、轻柴油（200～350 ℃）都包含着一段200～250 ℃的共同馏分。

一般小于200 ℃的馏分称为汽油馏分或低沸馏分，200～250 ℃的馏分称为煤柴油馏分或中沸馏分，350～500 ℃的馏分称为润滑油馏分或高沸馏分。

石油馏分沸点升高，碳原子数和平均相对分子质量均增加，三者关系见表9－2。

表9－2　石油馏分沸点与碳原子数和平均相对分子质量的关系

馏分	碳原子数	平均分子量
航空汽油馏分，40～180 ℃	$C_5 \sim C_{10}$	100～120
车用汽油馏分，80～205 ℃	$C_5 \sim C_{11}$	100～120
溶剂油馏分，160～200 ℃	$C_8 \sim C_{11}$	100～120
灯用煤油馏分，200～300 ℃	$C_{11} \sim C_{17}$	180～200
轻柴油馏分，200～350 ℃	$C_{15} \sim C_{20}$	210～240
低黏度润滑油	$> C_{20}$	300～360
高黏度润滑油	—	370～470

三、石油的烃类组成

组成石油的元素主要是碳和氢，石油中的化合物主要是碳氢化合物，即烃类。石油中的烃类可分为烷烃、环烷烃和芳香烃。

烷烃分正构烷烃和异构烷烃。在常温下 $C_1 \sim C_4$ 为气体，$C_5 \sim C_{15}$ 为液体，C_{16} 以上为固体。在多数石油中，烷烃的含量较多。

石油中的环烷烃主要为五元环和六元环。除单环外，还有双环环烷烃。两个环可能都是五碳环，也可能都是六碳环，或者是一个五碳环一个六碳环，还有带不同侧链的环烷烃。

芳香烃分为单环芳香烃、双环芳香烃和多环芳香烃，有带侧链的芳香烃，还有由环烷烃和芳香烃混合组成的环烷－芳香烃。

一般天然石油中不含不饱和烃，但二次加工产品多数含有数量不等的不饱和烃，包括烯、环烯、二烯、环二烯和炔等。

除了烃类外，石油中还含有许多非烃类化合物，主要是含硫、含氧、含氮化合物和胶质－沥青状物质。虽然石油中硫、氮、氧元素质量分数只有约1%，但其化合物却可能是15%～20%，是不能忽视的重要组成部分。

不同沸点的馏分密度不同。沸点越高的馏分密度越大；同样沸点范围的石油馏分，密度也因其化学组成不同而异。含烷烃高的油品密度较小，含芳烃高的油品密度较大。由此可知，石油馏分的相对密度、平均沸点与它的化学组成之间存在一定关系，其特性因数的经验关系式为：

$$K = 1.216 \frac{\sqrt[3]{T}}{d_{15.6}^{15.6}}$$

式中：K——特性因数；

T——石油产品的平均沸点，K；

$d_{15.6}^{15.6}$——石油产品的相对密度。

石油是烃类的复杂混合物，当组成不同时，K 值也有差别。一般石油 K 值为 9.7 ~ 13.0，其大小随组成而变化。含烷烃较多的油品 K 值为 12.0 ~ 13.0；含芳香烃较多的油品 K 值为 9.7 ~ 11.0；含环烷烃较多的油品 K 值为 11.0 ~ 12.0。

特性因数可用于了解石油及其馏分的化学性质，对确定石油的加工方案有参考价值，还可用于求它的物性参数，如汽化潜热等。

石油的烃类分析一般用三种方式表示：一是单体烃分析，如用气相色谱法测出汽油馏分的单体烃或其他馏分的正构烷烃；二是烃类族分析，即测出石油所含的饱和烃（P）、环烷烃（N）及芳香烃（A）；三是以结构族组成分析。馏分油的结构族组成分析采用 n-d-M 法。随着石油馏分沸点的升高，烃类的结构越来越复杂。有一些分子中既有芳香环，又有环烷环，还带有烷基侧链。因此，对石油的重馏分提出了结构族组成的概念。它是把各石油馏分数以千百计的各种复杂分子都看成是一种“平均分子”，由烷基侧链、环烷环和芳香环 3 个“结构单位”所组成。用平均分子上的环数（芳香环和环烷环）和碳原子在各个结构单位上所占的百分数来表示它的组成。例如，用 C_A、C_N、C_P 分别表示芳香环、环烷环和烷基侧链上碳原子占分子中总碳分子数的百分数，R_A、R_N 分别表示芳香环和环烷环的环数，则石油的结构族组成就可较清楚地用这些参数表示。平均分子的概念把复杂的问题简化了，如果通过实验测定了某馏分的平均相对分子质量和元素组成，就可以像化合物一样写出它的平均分子式来。这种分子式可能出现小数，如大庆石油 375 ~ 400 ℃窄馏分饱和烃的分子式为 $C_{22.8}H_{44.1}$，通式为 $C_nH_{2n-1.5}$。

四、石油中的非烃化合物

烃类是石油的主体，但非烃类也同样不能忽视。虽然在石油中硫、氮、氧等元素的质量分数只有约 1%，但它们常以化合物形态存在，而且通常是大分子化合物。假定含硫化合物的平均相对分子质量是 320，而且每个分子只含一个硫原子，则含硫化合物质量分数将是硫元素质量分数的 10 倍。这样，石油中非烃组分的质量分数将是百分之几十。

硫、氮、氧在石油馏分中质量分数分布的一般规律是随着馏分沸点升高而增大，而且绝大部分集中在重油、渣油中，以胶状、沥青状物质的形态存在。

1. 石油中的含硫化合物

世界各地石油的含硫量多少不一，通常称含硫质量分数大于 2% 的为高硫石油，0.5% ~ 2.0% 的为含硫石油，小于 0.5% 为低硫石油。我国的石油除胜利、江汉和孤岛外，均属低硫石油。而中东、阿塞拜疆、委内瑞拉的某些石油则是典型的高硫石油。由于硫对石油加工、产品质量影响极大，所以含硫量通常作为评价石油的一项重要指标。

硫在石油中的存在形态已确定的有元素硫、硫化氢、硫醇、硫醚、二硫醚、噻吩及其同系物。元素硫、硫化氢及硫醇都能与金属作用而腐蚀设备，称为活性硫；硫醚、二硫醚、噻吩等硫化合物对金属没有直接腐蚀作用，称为非活性硫。

在石油加工过程中，硫的危害主要是对金属的腐蚀作用。当发动机燃料中有含硫化合物时，燃烧后均变成 SO_2 和 SO_3，遇水生成 H_2SO_3 或 H_2SO_4，对金属有强烈腐蚀作用。H_2SO_3 或 H_2SO_4 与润滑油作用生成磺酸、硫酸酯及胶质等。此外，硫的氧化物对烃类氧化产物的缩合还有加速作用，会促进漆膜、积炭和油泥的生成，加速机械零件的磨损，使润滑油的使用周期缩短。含硫化合物对汽油的抗爆性也有不良影响，使辛烷值降低。有氧存在时，噻吩氧化生成磺酸，这是导致柴油迅速变色和储存时产生沉淀的原因。硫还是大多数催化剂的毒物，因此炼油厂要用各种方法进行脱硫操作。

2. 石油中的含氧化合物

石油中氧的质量分数一般约在千分之几的范围。我国玉门石油中氧的质量分数为 0.81%，克拉玛依为 0.28%。石油中几乎 90% 以上的氧集中在胶状、沥青状物质中，因此多胶质重质石油中氧的质量分数一般较高。除了胶状、沥青状物质以外的含氧化合物可分为酸性和中性两大类。酸性的含氧化合物有环烷酸、脂肪酸及酚类，总称为石油酸；中性的含氧化合物有醛、酮等，含量极微。

酸性含氧化合物中最重要的是环烷酸，约占石油酸的质量分数为 95%。一般石油含环烷酸都在 1%（质量分数）以下，克拉玛依石油中环烷酸的质量分数为 0.48%。环烷酸在石油馏分中的分布规律很特殊，在中沸点馏分（多在 250 ~ 300 ℃）有最高值，低沸点或高沸点馏分中都比较低。研究表明，从不同馏分中所得到的环烷酸，无论相对分子质量大小如何，都是含羧基的。

环烷酸的化学性质和脂肪酸相似，易溶于油，不溶于水。但其碱金属盐则相反，不溶于油而易溶于水。环烷酸能腐蚀金属，通常要用碱洗的方法将之除去。

3. 石油中的含氮化合物

石油中氮的质量分数一般在万分之几至千分之几。氮在石油中主要是以胶状、沥青状物质形态存在，在馏分中的分布也是随着馏分沸点升高而增加，有 90% 左右集中在渣油里。从石油和页岩油中分离或鉴定出的含氮化合物，绝大部分是含氮杂环化合物。根据它们的碱性强弱，可以分为以下两类：碱性氮化物，即能用高氯酸（$HClO_4$）在醋酸溶液中滴定的氮化物，包括吡啶、喹啉、异喹啉及吖啶的同系物；非碱性氮化物，即不能用高氯酸滴定的氮化物，包括吡咯、吲哚和咔唑的同系物。

此外，还有另一类很重要的非碱性氮化物，即金属卟啉化合物。石油中的微量钒、镍、铁等在石油中都以金属卟啉化合物的形态存在，大部分结合在沥青状物质的胶粒中，小部分分布在渣油的油分和胶质中。由于简单的卟啉化合物具有一定挥发性，所以从煤油开始的中间馏分含有痕量的钒和镍。复杂的卟啉化合物虽不挥发，但它对热不稳定，在 370 ℃开始就有热分解。

碱性氮化物和钒、镍等微量元素化合物是催化裂化所用硅铝催化剂的毒物，还会引起油品变质、变色。所以，减少含氮化合物在油品中的含量对改进油品质量有重要意义。

五、石油中的胶状、沥青状物质

石油中的胶状、沥青状物质，是石油非烃组分中最重要的一类，石油中硫、氧、氮等元素绝大部分都以这种形态存在。它们是一些相对分子质量很高、分子中杂原子不止一种的复杂化合物，大部分集中在石油蒸馏后的渣油中。由于结构不明，只能根据其外形称之为胶状、沥青状物质。

胶质受热或氧化可转化为沥青状物质（沥青质），甚至不溶于油的油焦质（焦炭状物质）。油品中含有胶质，使用时就会生成炭渣，使机械部件磨损、油路堵塞。因此，在精制过程中要把大部分胶质除去。沥青状物质是中性物质，是一种深褐色或黑色的无定型固体，密度稍高于胶质，不溶于石油醚和酒精，在苯中形成胶状溶液（先吸收溶剂而膨胀，再均匀分散）。石油中的沥青状物质没有挥发性，全部集中在渣油中。当加热到300 ℃时，会分解成焦炭状物质和气体。沥青状物质的相对分子质量一般约为2 000，为胶质相对分子质量的2～3倍。其n（C）/n（H）为10～11，也比胶质高，说明它是高度缩合的产物。

沥青状物质可认为是胶质的缩合产物，其分子结构基本相似而且更复杂些。沥青状物质受热或氧化也可进一步缩合成半油焦质和油焦质。它们的区别是：沥青状物质能溶于CS_2和CCl_4，半油焦质能溶于CS_2而不溶于CCl_4，油焦质不溶于任何溶剂。

石油高度减压蒸馏所余的渣油称为人造沥青，或者用一般渣油作原料，长时间吹入空气氧化，使一部分烃类、胶质转化为沥青状物质，也是常用的制造人造沥青的方法。人造沥青是沥青状物质、胶质、沥青质酸酐和油分的混合物，是道路、建筑、油漆和电气绝缘的重要材料。

我国石油的渣油一般含饱和烃多，含芳香烃和沥青状物质少，通常不作为道路沥青的原料。但是孤岛石油的渣油含沥青状物质的质量分数约为8%，是生产道路沥青的适宜原料。

六、石油中的固体烃

石油中有一些高熔点且在常温下为固态的烃类，如C_{16}以上的正构烷烃，它们通常以溶解状态存在于石油中。当温度降低、溶解度低于石油中的浓度时，就会有一部分结晶析出。这种从石油中分离出来的固体烃类，在工业上称为蜡。根据结晶形状可将蜡分为两种：一种是板状（或鳞片状、带状）结晶，称为石蜡；另一种是细小针状结晶，称为地蜡。

石蜡通常从柴油、润滑油馏分中分离出来，地蜡则从减压渣油中分离出来。高黏度的重质润滑油中有石蜡也有地蜡。一般来说，石蜡相对分子质量为300～500，分子中碳原子数为20～30，熔点为30～70 ℃；地蜡相对分子质量为500～700，分子中碳原子数为35～55，熔点为60～90 ℃。地蜡的沸点、熔点、相对分子质量、密度、黏度、折射率都比相应的石蜡高，颜色也较深。以化学性质比较，石蜡对化学试剂比较稳定，不与氯磺酸反应，在熔融态与发烟硫酸作用时仅颜色稍变黑。地蜡则比较活泼，能与氯磺酸反应而放出HCl气体，与发烟硫酸共热时发生剧烈反应，产生泡沫并生成焦炭状物质。

研究表明，石蜡是由各种不同烃类组成的，但以烷烃为主。随着石蜡熔点的上升，正构烷烃含量渐减，其他烃类的含量渐增；地蜡主要是由固体环烷烃及芳香烃组成，正构烷烃含量不多，异构烷烃含量极少。

蜡存在于石油或石油馏分中，严重影响油品的低温流动性，这对石油的输送、加工和产品质量都有不良影响。石油中即使含少量的蜡，在低温下会结晶析出并形成晶网，阻碍油品流动，甚至会使其凝固。我国石油大都是多蜡、高凝点石油，要生产出低温流动性能好的油品必须进行脱蜡。我国几种石油的凝固点、蜡熔点及蜡的质量分数见表 9－3。

表 9－3　我国几种石油的凝固点、蜡熔点及蜡的质量分数

石油	大庆	胜利	孤岛	大港	任丘	克拉玛依
凝固点/ ℃	23	20	－2	20	36	－50
蜡熔点/ ℃	17.9	17.1	7.0	14.0	22.8	2.04
蜡的质量分数/%	51～52.4	52～54	—	—	—	50

蜡本身也是一种很有价值的石油产品。石蜡可做蜡烛、蜡纸，在医药和化妆品工业也有广泛应用。石蜡氧化生成的脂肪酸可作为肥皂和合成洗涤剂的原料。由于地蜡具有较高的熔点和微针状结晶，且具有良好的绝缘性能和密封性能，在化妆品中可作为抗静电剂、黏合剂、乳化稳定剂使用。石蜡还是制造烃基润滑脂的重要原料。

课后练习

一、填空题

1. 石油通常是__________的黏稠液体，相对密度一般介于_________之间。其颜色为_____、_____、_____。组成石油的元素主要为_____、_____、_____、_____及_____等五种。

2. 石油中的烃类可分为_____、_________和_________。

3. 石油的烃类分析一般用三种方式表示，分别是_____、_____、_____。馏分油的结构族组成分析采用_________。

4. 世界各地石油的含硫量多少不一，通常称含硫质量分数大于 2% 的为_________，0.5%～2.0% 的为_________，小于 0.5% 为_________。

5. 从石油和页岩油中分离或鉴定出的含氮化合物，绝大部分是含氮杂环化合物，根据它们的碱性强弱，可以分为两类：__________和__________。

6. 根据蜡的结晶形状可将蜡分为两种：__________和__________。

二、判断题

1. 馏分组成是利用某个温度范围内馏出物的质量分数或体积分数来表示的。（　　）

2. 馏分常冠以汽油、煤油等名称，馏分就等同于石油产品。（　　）

3. 含烷烃高的油品密度较小，含芳烃高的油品密度较大。（　　）

4. 特性因数可用于了解石油及其馏分的化学性质，对确定石油的加工方案有参考价值。（　　）

5. 硫、氮、氧在石油馏分中质量分数分布的一般规律是随着馏分沸点升高而减小。（　　）

6. 在石油加工过程中，硫的危害主要是对金属的腐蚀作用。（　　）

7. 石油中的环烷酸通常要用碱洗的方法将之除去。（　　）

任务二　石油的预处理、精馏及其重组成的加工

学习目标

1. 掌握石油的脱盐脱水、常减压精馏、催化裂化、加氢裂化和加氢精制的原理。
2. 会分析选择常减压精馏、催化裂化和加氢裂化的生产工艺条件。
3. 熟悉常减压精馏、催化裂化、加氢裂化、加氢精制等生产工艺流程。

一、石油的预处理

石油中所含的盐类以质量分数计，一般 NaCl 约占 75%，$CaCl_2$ 约占 10%，$MgCl_2$ 约占 15%。这些盐类一般是溶解在水中的，并以牢固的乳化液形式存在。由于水的相对分子质量比油小得多，因而汽化后蒸汽体积比同样质量的油气体积大得多，会使系统压力降增加，动力消耗加大。由于水的汽化潜热很大，石油蒸馏时要显著增加塔底加热炉和塔顶冷却器的热负荷，增加燃料消耗量和冷却水用量，降低装置的处理能力。在石油加工过程中，石油所含的盐会沉积在工艺管道、加热炉和换热器管壁并形成盐垢，影响传热，使燃料消耗增加并缩短炉管寿命。在加工过程中，$CaCl_2$ 和 $MgCl_2$ 可能水解放出 HCl，严重腐蚀设备，尤其是可能使蒸馏塔顶系统腐蚀穿孔、漏油而造成火灾。石油中的盐还可对二次加工工艺的催化剂造成污染。因此，从平稳操作、降低能耗、减轻设备腐蚀、保证生产安全、延长开工周期和提高二次加工产品质量等各方面看，都必须认真对石油进行脱盐脱水处理。

1. 脱盐脱水基本原理

石油中的绝大部分盐是溶于水中的，并以微滴形式分散于连续的油相中，形成稳定的油包水型乳状液。仅靠加热沉降是不能将水脱彻底的，所以脱盐和脱水是同时进行的。

工业上普遍采用电－化学脱盐脱水法，其原理是借助破乳剂和高压电场的共同作用进行破乳化，使微小水滴聚集成大水滴并沉降分离，达到脱盐脱水的效果。通常先在石油中注入一定量含氯低的新鲜水溶解残留在石油中的未溶解盐类，并稀释原盐水浓度，形成新的乳化液，然后再加破乳剂和高压电场脱盐脱水。

破乳剂的类型、用量必须根据不同石油通过实验筛选，并经工业实践确定。一般将确定的破乳剂配制成质量分数为1%～3%的水溶液，其中的破乳剂用量通常为10～20 μg/g。高压电场一般用16～35 kV的交流电，我国各炼油厂实际强电场梯度为500～1 000 V/cm，弱电场梯度为50～300 V/cm。

2. 主要设备

（1）电脱盐罐

交直流电脱盐罐结构示意图如图9－1所示，其中主要部件为石油分配器和电极板。

石油分配器的作用是使从底部进入的石油通过石油分配器后能均匀地垂直向上流动，目前一般采用低速槽型分配器。

电极板一般有水平和垂直两种放置形式。交流电脱盐罐常采用水平电极板，交直流脱盐罐则采用垂直电极板。水平电极板往往为两层或三层。

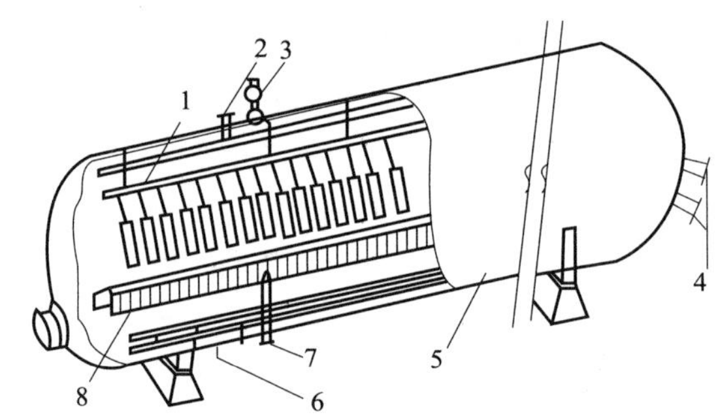

图9－1　交直流电脱盐罐结构示意图

1—电极板；2—油出口；3—变压器；4—油水界面控制器接口；5—罐体；6—排水口；7—石油进口；8—石油分配器

（2）防爆高阻抗变压器

根据电脱盐的特点，应采取限流式供电，所以要用电抗器接线或可控硅交流自动调压变器，而且必须要求其有良好的防爆性能。变压器是电脱盐过程的关键设备。

（3）混合设施

油、水、破乳剂进脱盐罐前应充分混合，使水和破乳剂在石油中尽量分散到合适程度。一般来说，分散越细，脱盐率越高，但分散过细时可形成稳定乳化液反而使脱盐率下降。脱盐设备多用静态混合器与可调差压的混合阀串联来达到上述目的。

3. 工艺流程

炼油厂多采用二级电脱盐脱水工艺，典型工艺流程如图9－2所示。

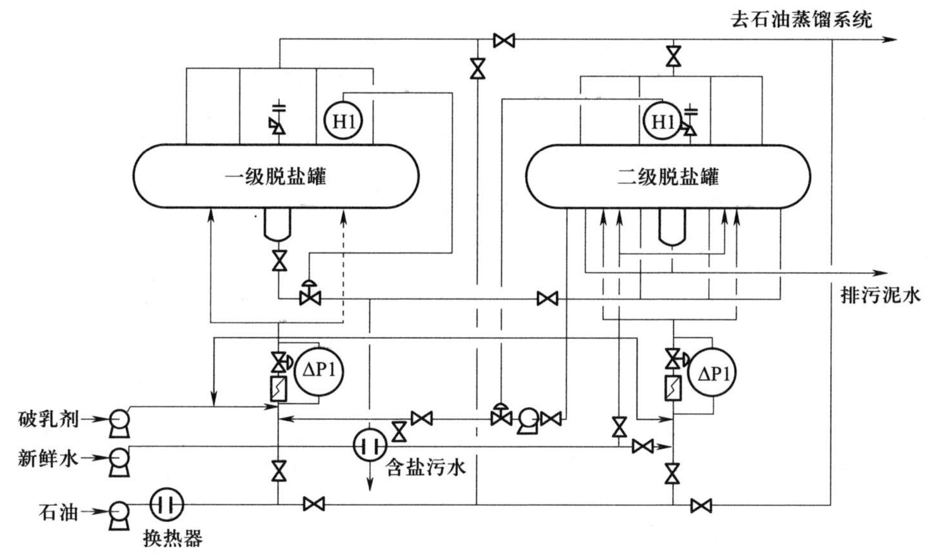

图 9－2　二级电脱盐脱水典型工艺流程

二、石油的精馏

石油是各种不同类有机化合物的复杂混合物，其中许多成分具有相近的沸点、密度等物理性质，因此利用精馏方法不可能将各个组分完全分离，实际上也没有必要。只要先将石油按照一定的沸点范围分割成若干馏分，然后分别进行加工利用就可满足工业要求。

在现代炼油厂中，石油分馏是在有外部汽提的石油精馏塔中进行的，如图 9－3 所示。

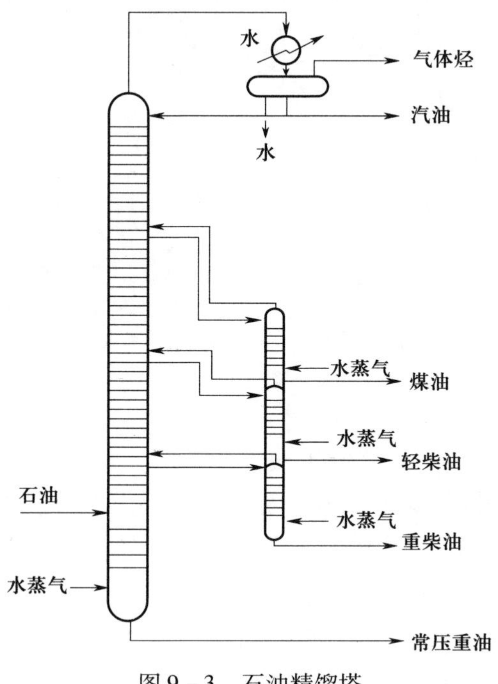

图 9－3　石油精馏塔

经加热后的石油由第一段（最低一段）中部送入，在此段汽油、煤油和柴油以气相被蒸出，从塔底分出重油。上升的油气在第二段底部分出液相柴油，并在第三段底部分出液相煤油。汽油由第三段顶部以气相馏出，经冷凝器和冷却器冷却为液相产品进入储罐，其中部分汽油由回流泵打回塔顶作回流。

上述精馏塔中每一段都相当于一个简单精馏塔。除第一段外，其余各段塔的提馏段设置于塔外部，叫汽提塔。它们都通过管线和主塔中属于各自的精馏段相连，并构成一个完整的简单塔。汽提塔的作用和简单塔内的提馏段完全一样，需通入过热水蒸气进行汽提，以保证分出的液相产品达到规定要求。

当精馏重质油品时，需要在减压下操作，降低压力有利于提高分馏效果。

1. 常减压蒸馏装置及流程

常减压蒸馏装置一般分为三段，即初馏、常压蒸馏和减压蒸馏，可生产各种燃料油和润滑油馏分。燃料型石油蒸馏的典型工艺流程如图 9 –4 所示。

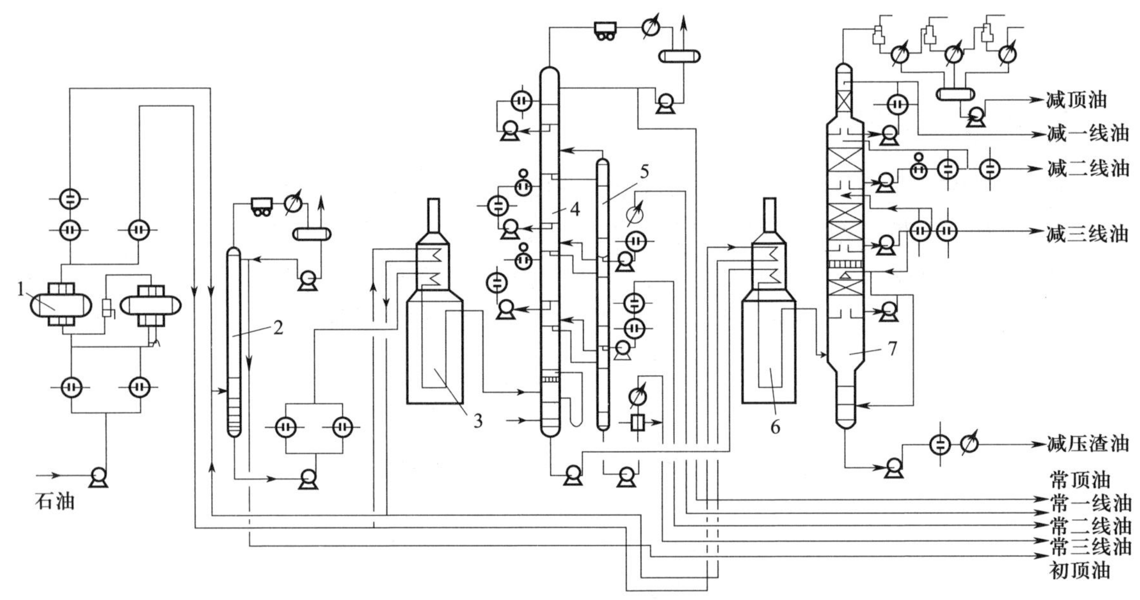

图 9 –4　燃料型石油蒸馏的典型工艺流程

1—电脱盐罐；2—初馏塔；3—常压加热炉；4—常压塔；
5—常压汽提塔；6—减压加热炉；7—减压塔

（1）初馏

脱盐脱水后的石油换热至 215 ~230 ℃进入初馏塔，从塔顶蒸馏出初馏点至 130 ℃的馏分经冷凝冷却后，其中一部分作塔顶回流，另一部分引出作为重整原料或较重汽油，又称初顶油。

（2）常压蒸馏

初馏塔底拔头石油经常压加热炉加热到 350 ~365 ℃，进入常压分馏塔。塔顶打入冷回流，使塔顶温度控制在 90 ~110 ℃。由塔顶到进料段温度逐渐上升，利用馏分沸点范围不同，塔顶蒸出汽油，依次从侧一线、侧二线、侧三线分别蒸出煤油、轻柴油、重柴油。这些侧线馏分经常压汽提塔，用过热水蒸气提出轻组分后，经换热回收一部分热量，再分别冷却到一定温度后送出装置。塔底温度约为 350 ℃，塔底未汽化的重油经过热水蒸气提出轻组分后，作减压塔进料油。为了使塔内沿塔高的各部分的气、液负荷比较均匀，并充分利用回流热，一般在塔中各侧线抽出口之间打入 2 ~3 个中段循环回流。

（3）减压蒸馏

常压塔底重油用泵送入减压加热炉，加热到 390 ~400 ℃左右进入减压分馏塔。塔顶不出产品，分出的不凝气经冷凝冷却后，通常用二级蒸汽喷射器抽出不凝气，使塔内保持残压 1.33 ~2.66 kPa，以利于在减压下使油品充分蒸出。塔侧从一侧、二侧线抽出轻重不同的润滑油馏分或裂化原料油，它们分别经汽提塔汽提、换热冷却后，一部分可以返回塔作循环回流，一部分送出装置。塔底减压渣油也吹入过热蒸汽区提出轻组分，提高拔出率后，用泵抽出，经换热、冷却后出装置，可作为自用燃料或商品燃料油，也可作为沥青原料或丙烷脱沥青装置的原料，进一步生产重质润滑油和沥青。

2. 常减压蒸馏操作影响因素及调节

（1）常压系统操作影响因素

常压系统生产燃料油，要求严格的馏分组成，所以常压系统以提高分馏精确度为主。分馏精确度是精馏塔效能和操作好坏的标志之一，通常用相邻两个馏分的“重叠”和“间隙”来表示。例如，两馏分中，轻馏分的终馏点低于重馏分的初馏点时，说明分馏效果好，此两种温度的间隔称为“间隙”；反之，轻馏分的终馏点高于重馏分的初馏点时，说明分馏效果差，此时称为“重叠”。分馏精确度的高低，除与分馏塔的结构（如塔板型式、板间距、塔板数等）有关外，在操作上的主要影响因素是温度、压力、回流比、塔内气流速度及水蒸气吹入量等。

1）温度。炉出口温度、塔顶及侧线温度都要严格控制平稳，任何一点波动都会影响分馏效果。在原料一定的情况下，若提高炉出口温度，会使进塔油品的汽化量和带入塔内的热量增加。其他各点温度如不注意调节也会相应提高，使产品变重。反之，炉出口温度突然降低，就会使进入塔内的油气量及热量减少，如不进行相应调节，其他各点温度也会随之下降，使产品变轻。因此生产中关键点的温度都有仪表自动控制。

2）压力。操作压力降低，有利于各组分在较低的温度下沸腾，消耗热量较少。压力增高不利于汽化与分馏，但可降低油汽体积流量，有利于提高处理量。操作中，初馏塔和常压塔压力变高，往往是由于石油含水多、塔顶回流带水或处理量增大等原因，促使塔内蒸汽量增大而引起的。这时容易造成冲油事故，必须密切注视压力的变化。

3）回流比。回流比的大小直接影响塔顶温度和分馏效果，是调节产品质量的重要手段。增大回流比，可改善分馏效果。若回流比过大，一方面将使塔内油汽速度增大，如超过允许速度，会造成雾沫夹带严重，反而对分馏不利；另一方面使加热蒸汽和冷却水耗量增大，操作费用上升，所以必须适当控制回流比。

4）塔内气流速度。塔内气流速度过高，雾沫夹带严重，分馏效果降低；气流速度过低，不仅处理量下降，分馏效果也下降，甚至产生漏液。操作中应在不超过允许速度的前提下，使气速尽可能高，既可提高分馏效果，又可提高设备的处理能力。常压塔允许气速一般为0.8～1.1 m/s，减压塔一般为1～3.5 m/s。

5）水蒸气吹入量。在常减压系统汽提塔中，用过热水蒸气汽提，一方面是主塔和侧线的补充热源，另一方面也能起降低油气分压的作用，以利于除去其中的轻组分。蒸汽量不宜过大，总量一般为石油处理量（质量分数）的2%～5%。若水蒸气量过大，塔内气速过高，将会破坏塔的平稳操作，同时在塔顶还要消耗过多的冷却水来冷凝。

（2）减压系统操作影响因素

减压系统生产润滑油馏分或裂化原料，对馏分组成要求不太高。在馏出油残炭合格的前提下尽可能提高拔出率，减少渣油量是该段操作的主要目标。所以，减压系统以提高汽化段真空度、提高拔出率为重要控制指标。其主要影响因素如下。

1）塔盘压力降。选用阻力较小的塔盘和采用中段回流，使蒸汽负荷分布均匀。同时，应在满足分馏要求的前提下，尽量减少塔盘数。

2）塔顶气体导出管压力降。为降低减压塔顶至冷凝器间的压力降，一般减压塔顶都不采出产品，也不打塔顶回流，而用一线油打循环回流来控制塔顶温度。这样，塔顶导出管蒸出的只有不凝气和吹入塔内的水蒸气。由于塔顶的蒸汽量大为减少，从而降低了导出管的压力降。

3）抽真空设备的效能。采用二级蒸汽喷射器，控制好蒸汽压力和水温的变化及冷凝器的用水量，一般能满足要求。

综上所述，常压系统关键是控制好温度，在温度发生波动时，最主要的调节手段是改变回流比。减压系统操作中，蒸汽压力变化是造成真空度波动的关键因素，必须注意调节。

（3）各种条件变化时的调节方法

1）石油含水量的变化。石油含水量高，将使预分馏塔操作困难。由于含水量多，一方面使换热后石油升温不够，影响预分馏塔的汽化量；另一方面大量水汽化会使预分馏塔内压力增大，液面波动，严重时造成冲塔或塔底油泵抽空。此时应补充热源，使石油换热后进初馏塔油温在200 ℃以上，尽量使水分在预分馏塔蒸出。

2）产品头轻。产品头轻即初馏点低、闪点低，说明低沸点馏分未充分蒸出。不仅影响油品的质量，还影响上段油品的收率。处理方法是提高上段侧线油品的馏出量，使下来的回流减少，馏出温度提高或加大本线汽提蒸汽量，均可使轻组分被赶出。

3）产品尾重。产品尾重的表现为干点高、凝点高，对润滑油馏分则表现为残炭高。产品尾重说明该段产品与下段馏分分割不清，重组分被携带上来了，这样不但本线油品质量不合格，还影响下段侧线油品的收率。处理方法是降低本线油品的馏出量，使回到下层去的内回流加大，温度降低或减少下一线的汽提蒸汽量，均可减小重组分上来的可能性。

3. 常减压蒸馏产品

常减压蒸馏的原料是石油，产品是各种馏分。由于各油田石油的性质差别很大，目标产

品馏分的用途也各不相同，应根据具体情况改变侧线数目、各馏分的沸点范围和收率来满足生产要求。一般而言，常压拔出率为25%～40%，减压拔出率约30%。常减压蒸馏产品的一般沸点范围和一般收率见表9－4。

表9－4　常减压蒸馏产品的一般沸点范围和一般收率

项目	产品	一般沸点范围/℃	一般收率（质量分数）/%
初馏塔顶	汽油组分 （或铂重整原料）	初馏点至95 或略高	2～3
常压塔顶	汽油组分 （或铂重整原料）	95～200 （或95～130）	3～8 （或2～3）
常压一线	煤油（或航空煤油）	200～250 （或130～250）	5～8 （或8～10）
常压二线	轻柴油	250～300	7～10
常压三线	重柴油	300～350	7～10
减压一线	—	—	—
减压二线	催化裂化原料 或润滑油原料	350～520	约30
减压三线	—	—	—
减压四线	—	—	—
减压渣油	焦化原料、 润滑油原料、氧化沥 青原料或燃料油组分	>520	35～50

三、催化裂化

催化裂化是以重质馏分油为原料，在450～530 ℃高温、0.1～0.3 MPa压力和催化剂存在的条件下，经过以裂化为主的一系列反应，生成富含烯烃的气体、汽油、柴油、重质油及焦炭的工艺过程。其主要特点是轻质油收率高，可达70%～80%，比热裂化和延迟焦化都高。气体收率为10%～20%，其中主要成分是C_3、C_4，烯烃质量分数可达50%以上，是优良的石油化工原料和生产高辛烷值组分的原料。汽油收率为30%～60%，安定性好，辛烷值为70～80，高于直馏汽油和热裂化汽油、焦化汽油。柴油收率为20%～40%，其中含芳烃多，抽提出来是宝贵的化工原料。

由于催化裂化在生产轻质油品方面的优越性，它已成为炼油厂提高石油加工深度、生产高辛烷值汽油、柴油和液化气的最重要的一种重油轻质化工艺过程。

在催化裂化过程中，原料油在催化剂上进行催化裂化反应时，一方面通过裂化等反应生成气体、汽油等较小分子的产物；另一方面又同时发生缩合等反应，生成较大分子的产物直至焦炭。所生成的焦炭沉积在催化剂表面上，在很短时间内（几分钟到十几分钟）催化剂的活性就由于表面上焦炭沉积增多而大大下降。这时必须停止反应，转而用空气烧去积炭以恢复催化剂的活性，这一烧焦过程称为“再生”。裂化反应为吸热反应，催化剂再生是强放热反应，因此在反应时需要供给热量，再生时又必须移走大量的热。由此可见，如何更好地解决周期性地进行反应和再生，同时又周期性地供热和散热这一矛盾，是催化裂化工业发展的关键。

1. 催化裂化的化学反应

（1）原料油在催化剂上进行反应的特点

烃类的催化裂化反应是在固体催化剂表面上进行的，原料油在高温下汽化，反应属于气－固相非均相催化反应。催化裂化的一般历程为：扩散→吸附→反应→脱附→再扩散五个步骤。因此，某种烃类催化裂化的反应速度不仅与本身的化学反应速度有关，而且还与它被吸附的难易程度有关。对于易吸附的烃类，催化裂化速度决定于化学反应速度；对于化学反应速度很快的烃类，催化裂化速度决定于吸附速度。

实验证明，碳原子相同的各种不同的烃类吸附能力大小顺序为：稠环芳香烃 > 稠环环烷烃 > 烯烃 > 单烷基侧链的单环芳香烃 > 环烷烃 > 烷烃；同类烃中，相对分子质量越大越容易被吸附。化学反应速率的快慢顺序为：烯烃 > 异构烷烃及环烷烃 > 正构烷烃 > 烷基苯 > 稠环芳烃。

石油馏分的催化裂化反应是一种复杂的平行－连串反应，如图 9－5 所示（虚线表示不重要的反应）。原料可同时朝几个方向进行反应，既有分解，又有缩合，这种反应称为平行反应；同时，随反应深度加深，中间产物又会继续反应，这种反应称为连串反应。

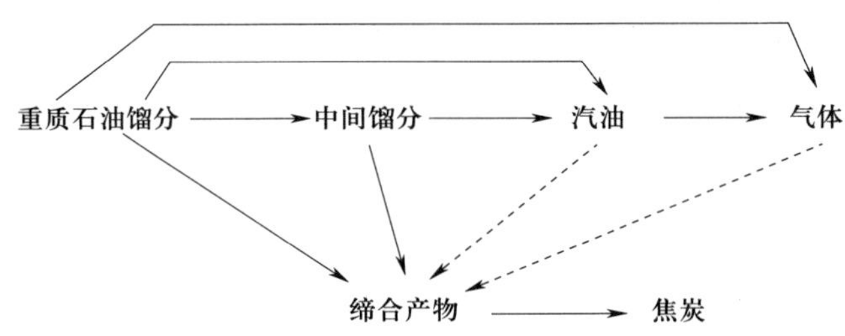

图 9－5　石油馏分的催化裂化反应

由平行－连串反应特点可看出，裂化反应后产物的馏分范围比原料宽得多，既有气体、汽油，又有柴油和循环油，还有焦炭，反应深度对各产品收率分配有重要影响。因此，为了得到最高的汽油（或柴油）收率，必须控制适当的催化裂化转化深度。

（2）催化裂化过程中化学反应的种类

1）裂化反应。裂化反应是催化裂化的主要反应，其反应速率比较快。烃分子中的 C—C 键断裂，使大分子变为小分子，原料分子越大越易裂化。碳原子数相同的链状烃中，异构烃比正构烃容易裂化得多，裂化速度的顺序是叔碳 > 仲碳 > 伯碳。环烷烃裂化时既能断链，也能断开环生成异构烯烃。芳烃的环很稳定不能打开，但烷基芳烃很容易断链，断链是发生在芳香环与侧链相连的 C—C 键上，生成较小的芳烃与烯烃，又叫脱烷基反应。

2）异构化反应。异构化反应是相对分子质量大小不变而改变分子结构的反应。在催化裂化中，异构化反应很显著，分为以下三种类型：一是骨架异构化，包括直链变为支链，支

链位置改变，五元和六元环烷之间互相转化等；二是烯烃的双键移位异构化；三是烯烃分子空间结构改变，称为几何异构化。

3）氢转移反应。烃分子上的氢脱下来立即又加到另一个烯烃分子上使之饱和的反应称为氢转移反应。氢转移反应不同于氢分子参加的脱氢和加氢反应，是活泼氢原子的转移过程，其反应速度比较快。在氢原子转移过程中，供氢的烷烃会变成烯烃，环烷烃变成环烯烃进而变成芳香烃，甚至缩合成焦炭，同时使烯烃和二烯烃得到饱和。二烯烃最容易经氢转移饱和为单烯烃，所以催化裂化产品中二烯烃很少，产品饱和度较高，安定性较好。

4）芳构化反应。烯烃环化并脱氢生成芳香烃，使裂化产品中芳香烃含量增加，汽油的辛烷值提高，但柴油的十六烷值会降低。转化成的芳香烃若进一步反应时也会缩合成焦炭。

5）叠合反应。叠合反应是指小分子烯烃在催化剂的作用下，通过自身叠合与其他烯烃发生聚合反应，生成较大分子的烯烃或烯烃的聚合物。叠合深度不高时，可生成一部分异构烃，但大部分深度叠合的产物是焦炭。由于裂化反应占优势，在催化裂化中叠合反应并不显著。

6）烷基化反应。烯烃与芳烃加成反应称为烷基化反应。烯烃主要是加到双环和稠环芳烃上，进一步环化脱氢以致生成焦炭。这类反应在催化裂化反应所占比例不大。

2. 催化裂化催化剂

催化剂是实现催化裂化工艺的关键，多年来催化剂和工艺两者并驾齐驱、相辅相成，促进了催化裂化技术的持续发展。在催化裂化所采用的反应温度和压力下，石油烃类本身就具有进行分解、芳构化、异构化、氢转移等反应的可能性，但异构化、氢转移反应的速率很慢，在工业上没有现实意义。使用催化剂大大提高了这些反应的速度，从而使催化裂化装置的生产能力、汽油收率和质量都比热裂化优良。

（1）催化剂的种类和结构

工业上广泛应用的催化裂化催化剂分两大类：一类是无定形的硅酸铝，包括天然活性白土和合成硅酸铝；另一类是结晶型硅铝酸盐，又称分子筛催化剂。

目前世界上大多数催化裂化装置采用分子筛硅酸铝催化剂。分子筛硅酸铝亦称合成泡沸石，是一种具有立方晶格结构的硅铝酸盐。通常是硅酸钠（Na_2SiO_3）和偏铝酸钠（$NaAlO_2$）在强碱水溶液中合成的晶体，主要成分为金属氧化物、氧化硅、氧化铝和水。其晶体结构中具有整齐均匀的孔隙，孔隙直径与分子直径差不多。如4A型分子筛的孔隙直径为0.4 nm，13X型分子筛的孔隙直径为0.9 nm。这些孔隙只能让直径比孔隙小的分子进入，故称为分子筛。分子筛硅铝酸盐的化学组成可用以下通式来表示：

$$Me_2/nO \cdot Al_2O_3 \cdot xSiO_2 \cdot yH_2O$$

式中：Me——金属离子，通常为Na，K，Ca等；

n——金属离子的价数；

x——SiO_2 的物质的量或硅铝比，即 $n(SiO_2)/n(Al_2O_3)$；

y——结晶水的物质的量。

分子筛催化剂具有裂化活性高、氢转移活性高、选择性好、稳定性高和抗重金属能力强等优点，缺点是允许的含碳量（质量分数计）低，只有0.2%（硅酸铝催化剂为0.5%）。当催化剂含碳量增加0.1%时，转化率就会降低3%～4%。

（2）催化剂的催化性质

催化剂的催化性质包括活性、稳定性和选择性三项。活性是催化剂促进化学反应速度的性能，需通过专门试验测定。稳定性是使催化剂在使用过程中反复进行反应和再生，经常受到高温和水蒸气的作用而保持其活性的能力，也就是催化剂耐高温和水蒸气老化的性能，可通过热老化活性试验和蒸汽热老化活性试验进行测定。选择性是催化剂能增加目的产品收率和提高其质量的性能。分子筛催化剂比无定形硅酸铝催化剂选择性好。活性高的催化剂，其选择性不一定好，应综合比较其性能指标来选择适当的催化剂。

（3）催化剂的中毒和污染

碱和碱性氮化合物会紧紧覆盖酸性部位而中和掉催化剂的酸性，硫化铁会遮盖活性中心，这些现象称为催化剂的中毒。水蒸气能通过破坏催化剂的结构来降低其稳定性，并使活性和比表面积显著下降，一般称该现象为老化。重金属污染主要是由镍、钒、铁、铜等在催化剂表面沉积，降低了催化剂的选择性，而对活性影响不大，称为重金属污染。特别是镍和钒，会使液体产品和液化气收率降低，干气和焦炭收率上升，产品不饱和度增加，特别明显的是氢气收率增加，甚至会使风机超负荷，大大降低装置的生产能力。克服重金属污染的主要措施除了使用抗污染能力强的分子筛催化剂外，同时应采用优质原料油，尽可能降低原料油馏分中的硫和重金属含量。

3. 催化裂化操作因素分析

对一套催化裂化装置的基本要求是处理能力大、轻质油收率高、产品质量好，这三者是互相联系又互相矛盾的。因此，要掌握各种因素对处理量、产品收率和产品质量的影响规律，据此调整操作条件来达到各种不同的产品要求和质量指标。

（1）基本概念

1）转化率、收率、回炼比。反应转化产物与原料之比称为转化率，如以新鲜原料为基准时称为总转化率，以装置总进料为基准时称为单程转化率。由原料转化所得各种产品与原料之比称为各产品的收率。生产中常常是把“未转化”的原料全部或一部分重新送入反应器进行反应，这部分原料叫循环油或回炼油，回炼油与新鲜原料之比叫回炼比，总进料量与新鲜原料量之比称为进料比。

2）藏量、空间速率。反应器内经常保持的催化剂量称为藏量。对流化床反应器，一般指分布板以上密相床层的藏量。每小时进入反应器的原料量与反应器内催化剂藏量之比称为空间速率，简称为空速，常以V_0表示。例如某反应器的催化剂藏量为10 t，进料50 t/h，则空速为5 h^{-1}。空速反映原料与催化剂接触反应的时间。空速越大，表示原料同催化剂接触反应的时间越短。空速的倒数常用来表示反应时间，但它不是反应器中真正的反应时间，只是一个相对值，故称为假反应时间。

3）催化剂对油比。每小时进入反应器的催化剂量（即催化剂循环量）与每小时总进料量之比，称为催化剂对油比，简称剂油比，常以n（C）/n（O）表示。例如，反应时进料量

为100 t/h，催化剂循环量为500 t/h，则 n（C）/n（O）=5。剂油比表示每吨原料油与多少吨催化剂接触。在焦炭收率一定时，若剂油比高，则平均每颗催化剂上沉积的焦炭就少些，因而催化剂的活性就高些。可见剂油比反映了在反应时与原料油接触的催化剂的活性。

4）强度系数。生产中发现$\frac{n\text{(C)}/n\text{(O)}}{V_0}$这一比值与转化率有一定关系，称为强度系数。如果 n（C）/n（O）提高，V_0也提高，只要保持两者的比例不变，则转化率基本上不变。也就是说，n（C）/n（O）提高使催化剂的活性提高，反应速度加快。另外，V_0提高，使原料在反应器内反应的时间缩短了，又缓和了反应的进行。当强度系数不变时，这两个互相对立的影响大致互相抵消，于是反应的深度不变，转化率也不变。强度系数越大，则转化率越高。对性质不同的原料油，在同一强度系数下操作，原料越重则转化率越高，原料油芳烃含量越少或特性因数越大则转化率越高。床层式流化催化裂化反应器的强度系数一般为0.5～1.0。

（2）操作因素分析

1）原料油性质。主要指原料油的化学组成。若原料油含吸附能力较强的环烷烃多，化学反应速率快，选择性好，因而气体、汽油收率高，焦炭产量比较低。含烷烃较多的原料，化学反应速率较快，但吸附性能差。含芳烃较多的原料反应速率最慢，其吸附能力很强，选择性差，极易生成焦炭。此外，还要求原料油中镍、钒、铁、铜等重金属含量少，以减少重金属对催化剂的污染。残炭值大的原料油品收率低、焦炭收率高，残炭值一般要求在0.3%～0.4%以下。

2）反应温度。提高反应温度可使反应速率加快，提高实际转化率，从而提高设备的处理能力。目的为多产柴油时，宜采用较低的反应温度（460～470 ℃），在低转化率、高回炼比的条件下操作；目的为多产汽油时，则宜采用较高的反应温度（500～530 ℃），在高转化率、低回炼比条件下操作；目的产物为燃料气体时，则宜选择更高的反应温度。反应温度对分解反应和芳构化反应的反应速度比对氢转移反应速度要敏感得多，因此产物中芳香烃和烯烃含量较多时，可得辛烷值高的汽油，而其柴油十六烷值则较低。

3）反应压力。提高反应压力使反应器内的油气体积缩小，相当于延长反应时间，也可使转化率提高。压力增加有利于吸附而不利于重质油品的脱附，所以焦炭收率明显上升，汽油收率略有下降，但此时烯烃含量减少，油品安定性提高。床层流化催化裂化反应表压通常控制在0.17±0.02 MPa，提升管催化裂化反应表压为0.2～0.3 MPa。

4）空速和反应时间。降低流化床催化裂化装置的空速就是延长反应时间，有利于提高转化率，更有利于反应速度相对较慢的氢转移反应的进行，因此可减少烯烃含量，提高油品的安定性。因提升管催化裂化过程是稀相输送过程，应该采用反应时间来描述。在提升管中的停留时间就是反应时间。

在提升管中，刚开始反应速度最快，转化率增加也快，但1 s后反应速率和转化率的增加幅度就趋缓。反应时间过长，会引起汽油分解等二次反应和过多的氢转移反应，使汽油收率和丙烯、丁烯收率降低。反应时间要根据原料油性质、催化剂特性、产品的要求和试验结果来，通常为2~4 s。

5）催化剂剂油比。提高剂油比，可减少单位催化剂上的积炭量，从而增加催化剂的活性，提高转化率。剂油比大，反应深度大，汽油中的芳烃含量增加，硫含量和烯烃含量都降低。

6）回炼比。改变回炼比实质是改变进料的性质。回炼油比新鲜油原料含有较多的芳烃，难裂化易生焦。回炼比加大，其他条件不变则转化率下降，处理能力降低。回炼比大，反应条件缓和，单程转化率低，二次反应较少，汽油/气体及汽油/焦炭较高，汽油和轻质油的总收率高。反之，回炼比低时，生产能力大而汽油和轻质油总收率低。

4. 催化裂化工艺流程

催化裂化装置一般由反应－再生系统、分馏系统和吸收－稳定系统三个部分组成。下面分别介绍流化床催化裂化装置和分子筛提升管催化裂化装置的工艺流程。

（1）流化床催化裂化装置工艺流程

流化床催化裂化使用无定形硅酸铝催化剂，普遍采用的反应－再生系统的特点是反应器和再生器同高度并列，催化剂循环采用U形管密相输送，其工艺流程如图9－6所示。

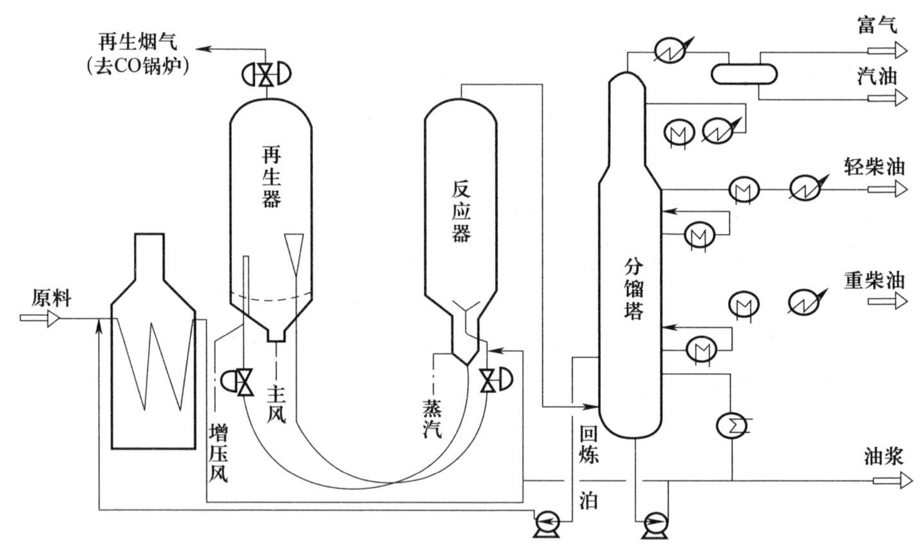

图9－6 同高度并列式催化裂化反应－再生及分馏系统工艺流程

1）反应－再生系统。新鲜原料油经换热后与回炼油混合，经加热炉加热至350~400 ℃后，用蒸汽雾化并喷入提升管。在提升管内与再生后的高温催化剂（550~600 ℃）接触，立即有15%~20%（质量分数）的原料油汽化并反应，经过部分反应的油气和催化剂一起通过分布板进入反应器的密相床层继续进行反应，温度为450~500 ℃。反应产物经旋风分离器分离出夹带的催化剂后，离开反应器去分馏塔。积有焦炭的催化剂从密相落入反应器汽提段，此处吹入过热水蒸气汽提，将所吸附的油气置换出来，重新返回反应床层。汽提后的催化剂经U形管送入再生器。在再生器提升管的底部通入增压风，降低了提升管内催化剂的密度，使催化剂从反应器经 U 形管不断循环到再生器中去。

再生器的作用是烧去催化剂上的积炭，以恢复催化剂的活性。再生器也是流态化操作过程，由主风机供给空气，温度控制在 600 ℃左右。温度过高会破坏催化剂的活性并损坏设备。再生后的催化剂落入溢流管，再经过立管、U 形管送回反应器循环使用。再生烟气经旋风分离器分离出夹带的催化剂后，通入废热锅炉回收热量。

2）分馏系统。由反应器来的反应产物进入分馏塔底部，经分馏后在塔顶得到富气和汽油，侧线抽出轻柴油、重柴油和回炼油，塔底产品为油浆。轻柴油和重柴油在汽提塔中分别汽提后（图上未画出），经换热、冷却后出装置。与一般分馏塔不同之处有两点：一是带有催化剂粉末的进料油温度较高（约 460 ℃），必须换热降温到饱和状态并用过滤器除去所夹带的粉尘；二是全塔剩余热量大，因此采用塔顶循环回流、两个中段回流和塔底油浆循环，以回收较多的热量。

3）吸收 - 稳定系统。吸收 - 稳定系统的工艺流程如图 9 - 7 所示。

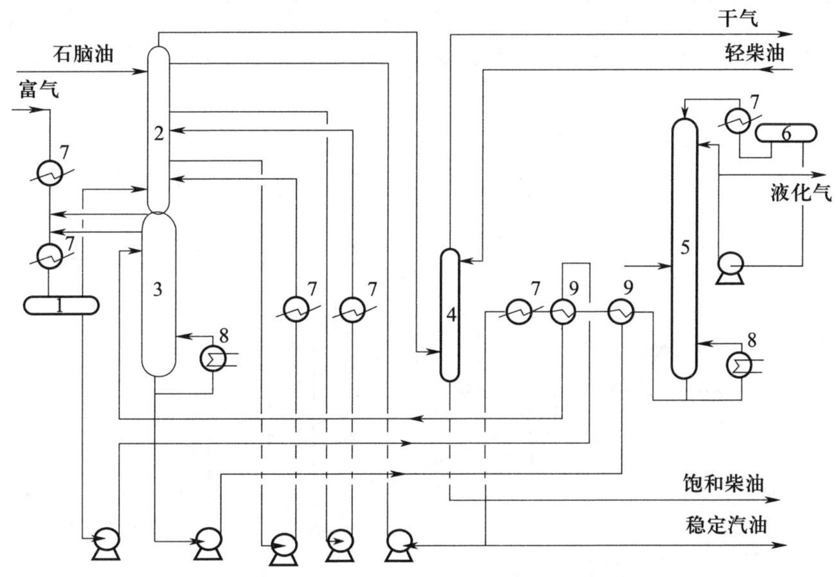

图 9 - 7　吸收 - 稳定系统的工艺流程

1—平衡罐；2—吸收塔；3—解吸塔；4—再吸收塔；5—脱丁烷塔；6—回流罐；7—冷凝器；8—重沸塔；9—换热器

吸收 - 稳定系统操作压力为 1.0 ~ 2.0 MPa，主要设备是吸收塔、解吸塔、再吸收塔和脱丁烷塔。吸收塔、解吸塔的作用是以稳定汽油为吸收剂，把富气中的 C_3、C_4 组分吸收下来。塔分为两段，上段为吸收塔，下段为解吸塔。富气由塔的中部进入，稳定汽油和石脑油由塔顶打入，两者逆流接触，稳定汽油吸收富气中的 C_2、C_3、C_4 组分。在解吸塔汽油与来自塔底的高温气流（塔底有重沸器）相遇，C_2 被解吸出来。塔顶馏出物基本上是脱除了 $\geqslant C_3$ 的贫气。吸收是放热过程，为了维持较低的吸收温度，在吸收段有一个循环回流。贫气中夹带的汽油经再吸收塔吸收后，干气由塔顶引出。来自分馏塔的柴油馏分通入再吸收塔吸收汽油后又送回分馏塔循环。

脱丁烷塔操作压力一般为0.8~1.0 MPa。吸收了C_3、C_4的汽油自塔中部进入，塔底产品是合格的稳定汽油，塔顶产品经冷凝后分为液态烃（主要是C_3、C_4）和气态烃（$\leqslant C_2$）。因为在此操作压力下，C_3、C_4的烃类经冷凝冷却后，完全为液体。

（2）分子筛提升管催化裂化装置工艺流程

各种催化裂化装置，其分馏系统和稳定-吸收系统都是相同的，只是反应-再生系统有所不同。分子筛催化剂提升管催化裂化工艺具有处理能力大、轻质油收率高、产品质量好等特点。工艺的灵活性高，这是因为分子筛催化剂的类型和组成、操作条件，可按不同产品方案调节。此外，分子筛催化剂的抗重金属污染能力强，重金属污染对产品收率和质量影响较小。不足的是，分子筛催化剂的含碳量对催化剂的活性和选择性影响很大，因此强化再生是保证稳定操作的必要条件。一般通过提高再生温度（640~680 ℃）和再生表压（0.12~0.26 MPa），使分子筛催化剂中碳的质量分数低于0.1%。

分子筛催化剂催化裂化装置通常有高低并列式和同轴式两种类型的反应器和再生器的组合。高低并列式提升管催化裂化反应再生系统流程如图9-8所示。后者两器重叠，采用直管输送，结构紧凑，占地面积小，投资和能耗都小一些，是现在的主要发展形势。

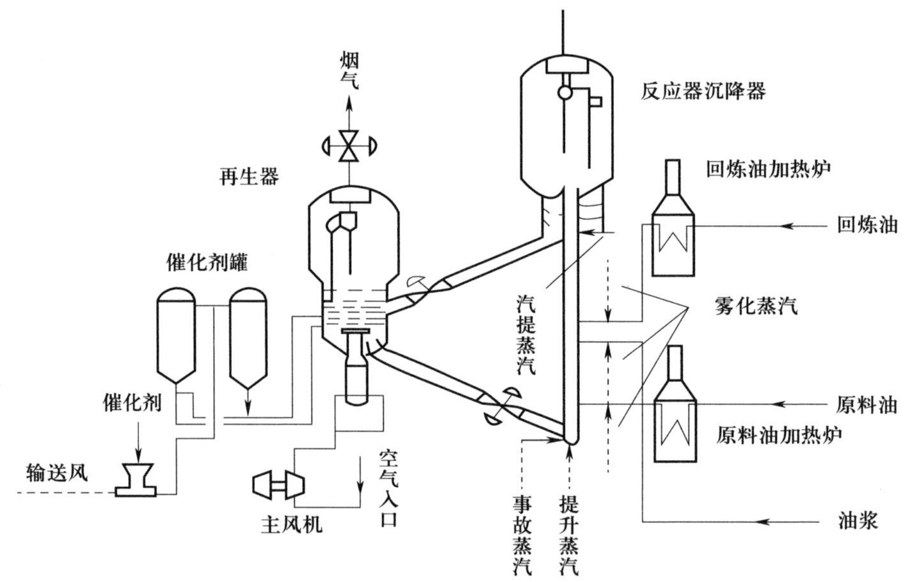

图9-8 高低并列式提升管催化裂化反应再生系统流程

四、加氢裂化

加氢裂化是在催化剂和氢气存在条件下，使重质油通过裂化等反应转化为汽油、煤油和柴油等轻质油品的加工工艺。它与催化裂化不同的是，在进行催化裂化反应的同时，伴随有加氢反应。加氢裂化既能提高轻质油收率，同时又可得到各种优质油品。

重质油相对分子质量大，碳氢比高，而轻质油相对分子质量小，碳氢比低。用重质油原料生产轻质油最基本的工艺原理就是改变原料油的相对分子质量和碳氢比。裂化工艺受原料本身碳氢比的限制，不可避免地要产生一部分气体烃和碳氢比较高的渣油、焦炭，其轻质油收率不可能很高。而且原料越重，生焦越厉害，轻质油收率就越低。加氢裂化由于从外界补入氢气降低了油料的碳氢比，不仅防止渣油、焦炭的大量生成，而且将原料油中的硫、氧、氮元素转化为易于除去的硫化氢、水、氨等物质，减少对催化剂的毒害作用。另外，原料油及生成油中的烯烃加氢饱和后，产品安定性可显著提高。

加氢裂化工艺的优点：原料广泛，从重质油到减压渣油，甚至丙烷脱沥青后的渣油都适用；产品灵活性大，可根据需要生产汽油、煤油、柴油、液化气、重整原料、裂化原料和润滑油等；产品收率高，质量好；工艺流程比较简单。其主要缺点是操作温度高（300 ~ 450 ℃），操作压强也高（10 ~ 20 MPa），因此钢材消耗多，投资大，操作费用高。

加氢裂化自 20 世纪 60 年代以来发展迅速，与催化裂化和催化重整互相补充，已成为炼油厂中最重要的加工过程之一。

1. 加氢裂化基本原理

加氢裂化的技术关键是催化剂。目前工业上使用的加氢裂化催化剂是以分子筛或硅酸铝为担体，以 Ni、W、Mo、Co 或 Pt、Pd 为加氢组分的催化剂，有的还含有氟。油品在氢气、催化剂和中等压力下进行裂化、加氢和异构化反应。

烷烃和烯烃主要进行裂化和异构化反应，其反应速度随相对分子质量增大而增加。单环环烷烃主要发生脱烷基和异构化反应，而环本身很少断开。双环和多环环烷烃加氢裂化时发生环的断裂，而且是依次断开，生成的烷基单环环烷烃再进行脱烷基和异构化反应。主要产物是小分子的环烷烃和异构烷烃，在环烷烃中环戊烷系比环已烷系多。单环芳香烃主要发生脱烷基反应（断侧链），苯环比较稳定，侧链越长越容易脱去，而且可继续进行侧链上的加氢反应。双环和多环芳香烃则各芳香环逐个、依次进行加氢、断环、分解反应。反应的中间产物也可进行异构化、脱烷基侧链和歧化等反应。芳香烃的加氢裂化产物主要是 C_7 ~ C_9 烷基苯、低分子的异构烷烃和环烷烃，含硫、氮、氧等元素加氢可分解为 H_2S、NH_3、H_2O 及饱和烃。

2. 加氢裂化工艺流程

由于原料、产品和催化剂不同，加氢裂化的流程有一段、二段以及固定床、沸腾床等几种类型。由于催化剂的改进，已趋向于采用一段流程。轻质原料一般用固定床，重质原料有时用沸腾床。我国的加氢裂化装置主要采用单段串联工艺较多，一次通过和全循环的操作方式都有。

单段串联一次通过加氢裂化原则工艺流程如图 9 -9 所示。

反应系统由两套并列的精制与裂化串联反应器组成，从裂化反应器出来的生成油经换热、冷却后进入一个共用的高分、低分和分馏系统。两套并列反应系统的反应物流与循环氢、新鲜进料、分馏系统的物料统一进行换热优化，同时两套反应器共用一个循环压缩机和新氢压缩机。装置用新一代 3905 裂化催化剂，原料为管输直馏减压蜡油及经加氢处理过的轻、重焦化馏分油。主要操作条件如下：反应压力为 14.2 MPa，裂化段空速为 1.03 h^{-1}，

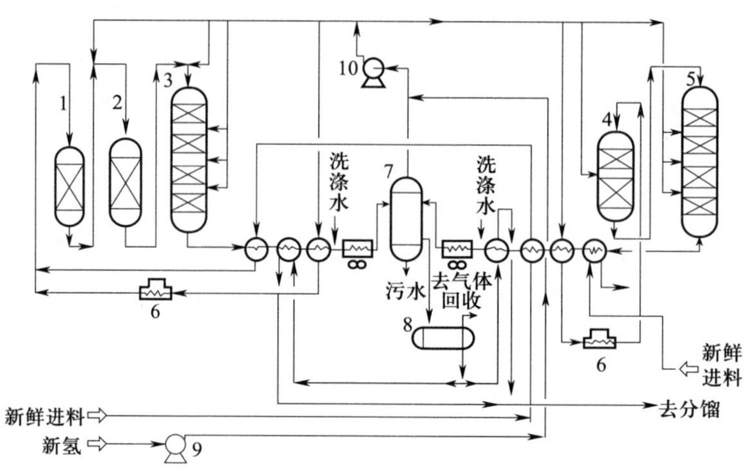

图 9-9 单段串联一次通过加氢裂化原则工艺流程

1，2，4—加氢处理反应器；3，5—加氢裂化反应器；6—加热炉；
7—高压分离器；8—低压分离器；9—新氢压缩机；10—循环压缩机

裂化段反应温度为 377 ℃。主要产品收率如下：重石脑油收率为 47.59%，喷气燃料为 6.96%，改质尾油为 29.02%。所有产品含硫、氮都很低，重石脑油芳香烃潜含量为 59.12%，是优质重整原料。尾油 BMCI 值只有 12，可作裂解制乙烯的原料。喷气燃料（航空煤油）芳香烃质量分数为 7.4%，烟点为 29 mm。

单段串联全循环加氢裂化反应部分工艺流程如图 9-10 所示。该装置精制段使用进口 HG-K 精制催化剂，裂化段使用国产 3824 催化剂。原料用胜利 VGO：伊朗 VGO 为 4∶1 的混合石油，裂化反应温度为 382 ℃，反应压力为 16.40 MPa，空速为 1.20 h^{-1}，中间馏分油总收率达到 60.3%，其中喷气燃料高达 45.11%。同时中间馏分油产品的硫、氮含量都很低，喷气燃料芳香烃含量也很低，烟点相当高，柴油十六烷指数达 68，油品质量优良。

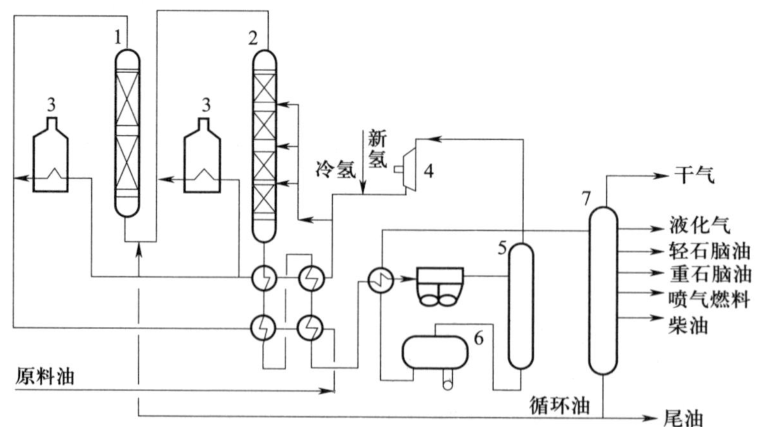

图 9-10 单段串联全循环加氢裂化反应部分工艺流程

1—精制反应器；2—裂化反应器；3—循环氢加热炉；
4—循环氢压缩机；5—高压分离器；6—低压分离器；7—分馏塔

五、加氢精制

精制是将油品中的某些杂质或不理想组分除掉，以提高油品质量的工艺过程。经蒸馏或裂化、焦化等二次加工得到的轻质燃料油中常常含有少量硫、氧、氮的化合物和胶质等，还含有不饱和烃。这些杂质的存在会使油品颜色变深，气味加浓甚至变臭，引起腐蚀，燃烧后会放出有害气体，易于变质，安定性差等。为此必须进行精制以改进这些油品指标，精制后的油品才可直接作为成品或调和组分。

加氢精制是原料油在催化剂和氢气的作用下，脱除含硫、氮、氧化合物中的硫、氮、氧元素，使烯烃和某些稠环芳烃加氢饱和，以提高油品质量的过程。加氢精制的主要目的是改善焦化柴油的颜色和安定性，提高渣油催化裂化柴油的安定性和十六烷值，从焦化汽油制取乙烯原料或催化重整原料等。

加氢精制与加氢裂化的主要区别是催化剂不同，加氢精制操作条件比较缓和，反应深度浅，很少发生裂化、异构化等反应。

加氢精制工艺流程因原料和加工目的不同而有所差别，但大同小异。焦化柴油钼酸钴加氢精制工艺流程如图 9－11 所示。

焦化柴油加热到 400 ℃左右与换热后的氢气混合进入反应器。反应温度为 370～400 ℃，压力约为 8 MPa。离开反应器的反应产物冷却至 40 ℃进入高压分离器，分离出的氢经压缩后循环使用。出高压分离器的产物再经低压分离器（0.7 MPa）分离出燃料气。液体产物经碱洗除去 H_2S，加热后进入分馏塔，塔顶得到燃料气和粗汽油，塔底可得精制柴油。

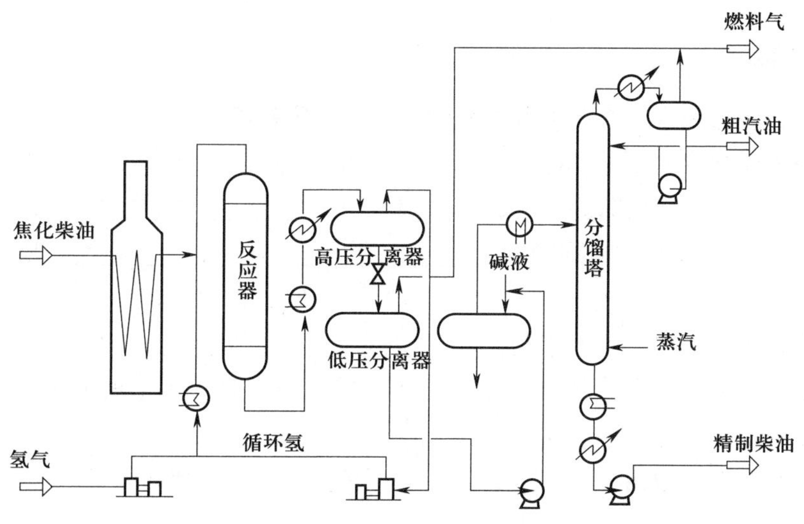

图 9－11　焦化柴油钼酸钴加氢精制工艺流程

随着反应的进行，钼酸钴催化剂表面积炭渐渐增加，活性下降。因此运转一定时间后，需用空气和水蒸气混合物再生催化剂，再生温度一般不高于 500 ℃。

加氢精制的操作条件：温度为 300～400 ℃，压力为 3.0～10.0 MPa，氢油比为（500～

1 000）:1，空速为 $1 \sim 5\ h^{-1}$。操作条件因原料不同而异，直馏轻油操作条件比较缓和，重油馏分苛刻些，焦化柴油则更苛刻。

加氢精制可得到含杂质很少的铂重整原料，性质安定的汽油和柴油，优质的喷气燃料及优质的润滑油组分。

加氢精制液体收率为96%～98%，同时生成少量（2%～3%）的轻馏分或气体产物。我国许多炼油厂处理安定性很差的焦化柴油大多采用加氢精制方法。

课后练习

一、判断题

1. 石油加工前进行脱盐脱水可以降低能耗、减轻设备腐蚀。（　　）
2. 精馏重质油品时，在减压下操作，降低压力有利于提高分馏效果。（　　）
3. 分馏精确度是精馏塔效能和操作好坏的标志之一。（　　）
4. 增大回流比可以改善分馏效果。（　　）
5. 产品头轻即初馏点低、闪点低，低沸点馏分未充分蒸出。（　　）
6. 尾重表现为干点高、凝点高，对润滑油馏分则表现为残碳高。（　　）
7. 催化裂化的一般历程为扩散、吸附、反应、脱附、再扩散五个步骤。（　　）

二、填空题

1. 石油进行脱盐脱水，工业上普遍采用________脱盐脱水法。

2. 交直流电脱盐罐的主要部件有__________和__________。

3. 常减压蒸馏装置一般分为三段，即________、________和________。

4. 常压系统操作的主要影响因素是________、________、________、塔内气流速度及水蒸气吹入量等。

5. 减压操作系统主要影响因素是________、________和________。

6. 工业上广泛应用的催化裂化催化剂有两大类：一类是无定形的硅酸铝；另一类是结晶型硅铝酸盐，又称为____________。

7. 催化裂化装置一般由________、________和________三个部分组成。

三、选择题

1. 一般将确定的破乳剂配置成质量分数为（　　）的水溶液。

A. 1%～3%　　B. 1%～2%　　C. 2%～3%　　D. 1%～2.5%

2. 初馏塔塔顶蒸馏出初馏点至（　　）℃的馏分。

A. 230　　B. 130　　C. 350　　D. 400

3. 常压系统关键是控制好温度，温度发生波动时，主要的调节手段是改变（　　）。

A. 进料量　　B. 加热量　　C. 回流比　　D. 水蒸气量

四、简答题

1. 什么是催化裂化？什么是加氢裂化？
2. 简述燃料型石油蒸馏典型工艺流程。

任务三　润滑油的生产

学习目标

1. 了解润滑油的分类和使用要求。
2. 掌握润滑油的使用性能与化学组成的关系。
3. 会分析选择润滑油生产过程工艺条件。
4. 熟悉润滑油生产工艺过程流程。

各种机械运动都有两个相互接触而又相对运动的表面。由于表面不可能绝对平滑，因而两个表面相对运动时，凸起部分会互相碰撞摩擦。摩擦不仅使能量损失，还会使机械磨损。用润滑剂把两个表面隔开，使凸出部分不发生碰撞或大大减轻碰撞，可以有效地减小摩擦，这种现象称为润滑。润滑剂的种类很多，有固体润滑剂，如石墨、二硫化钼等；有液体润滑剂，如各种润滑油，目前应用最广泛的是从石油中炼制成的润滑油。润滑油除具有减轻摩擦和机械磨损的作用外，还具有冷却、清洁、密封、保护等多种用途。

一、润滑油的分类和使用要求

目前我国润滑油有200多个品种，根据应用场合，《润滑剂、工业用油和有关产品（L类）的分类　第1部分：总分组》（GB/T 7631.1—2008）将润滑剂、工业用油和相关产品（L类）分为18个组。此外，还有电气用油类、液压油和真空油脂类、特种润滑油组及其他用途润滑油组等。按《工业液体润滑剂 ISO 粘度分类》（GB/T 3141—1994）规定，除内燃机油和车辆齿轮油外，各种工业润滑油的牌号都用40 ℃时运动黏度中心值的厘斯（mm^2/s）数的整数表示。

润滑油的种类很多，对这些润滑油的使用要求各不相同，但它们主要的质量指标仍有共同点。下面以汽油机润滑油（习惯称车用机油）为例，介绍润滑油的使用要求。

汽油机润滑油用于汽车发动机的润滑，以汽缸壁与活塞环之间、曲轴与轴承之间的润滑最为重要，其次为活塞与连杆等的润滑。发动机汽缸工作温度很高，虽有水套冷却，但第一活塞环的温度仍高达200 ℃。润滑剂除了具有减小摩擦的作用外，还能带走部分摩擦热。为保证润滑和密封，要求润滑油在高温下的黏度也不应过小，即要求它有良好的黏温特性。

润滑油使用过程中，既受高温作用，又不断和多种金属及合金接触，会加速润滑油的氧化变质。尤其是在飞溅润滑时，润滑油呈雾状，与空气密切接触，在高温和金属催化双重作用下，润滑油将发生氧化变质反应，生成酸性物质、漆膜、积炭和油泥等沉积物，对发动机的零部件和工作带来很大危害。因此要求润滑油有良好的抗氧化安定性。

汽油机润滑油还要求有良好的低温流动性，以适应严寒地区使用。这要求润滑油的腐蚀性小，以减轻设备受损。

此外，其他一些类别的润滑油还有各自不同的使用要求，如变压器油要求有良好的绝缘性能，汽轮机油要求有很强的抗乳化能力，压缩机油要求良好的安定性和较高的闪点等。

综上所述，具有适当的黏度、良好的黏温性能和低温流动性、良好的抗氧化安定性是对润滑油的一般要求。此外，对腐蚀性、清净分散性、残炭、水分及机械杂质等也有一定要求。

二、润滑油的使用性能与化学组成的关系

为生产出合格的润滑油，必须研究组成润滑油原料的各种烃类对润滑油使用性能的影响，以便在加工过程中保留和添加有利的组分，除去或改变不利的组分。

1. 黏度与黏温性能

润滑油的黏度与其沸点、平均相对分子质量、密度及化学组成有直接关系。由同一石油蒸馏所得的润滑油馏分中，黏度随馏分沸点范围的升高而增大。同一馏分中烷烃的黏度最低，异构烷烃的黏度比正构烷烃略高。润滑油黏度的主要载体是环状烃类，即环烷烃、芳香烃和环烷－芳香烃。当润滑油中只含烷烃和少环状烃类时黏度就低；多环（三环以上）烃类含量越大，其黏度就越大。

润滑油的黏度随温度升高而降低。黏度随温度变化的特性叫黏温特性或黏温性能。润滑油的黏度随温度变化越小，黏温特性越好。黏温特性好的润滑油在低温下黏度不大，发动机容易启动，在高温时也有足够的黏度保证润滑和密封。黏温特性是润滑油最重要的质量指标，优质润滑油的黏温特性必须良好。

黏度指数是国际上通用的表示黏温特性的指标，它是指润滑油的黏度随温度变化程度与标准油黏度随温度变化程度比较的相对数值。黏度指数越大，其黏温性能越好。润滑油的黏温特性与烃类分子大小和结构有关，烃类在碳原子数相同时，正构烷烃黏度指数最大，其次为异构烷烃，再次为环烷烃，芳香烃最小。正构烷烃的黏度指数随相对分子质量增加而增大。碳原子数相同时，异构烷的侧链越长、越多、越接近中央，则黏度指数越小；环状烃类的环数增加，则黏度指数急剧降低。胶质、沥青状物质是多环及杂环的非烃化合物，其黏度大，但黏度指数很低。

综上所述，要得到高黏度指数的润滑油，必须尽可能除去胶质、沥青状物质等非烃化合

物以及多环短侧链的环状烃。烷烃（尤其是正构烷烃）虽然黏度指数高，但黏度小、凝点高、低温流动性差，也应除去。

2. 低温流动性

润滑油中某些烃类在低温时能形成固体结晶，固体晶体靠分子引力联结起来，形成结晶网将润滑油包住，使润滑油流动性变差甚至凝固，这种现象称为结构凝固。润滑油中高黏度烃类和胶状物质在低温时黏度变得更大，当温度降到一定程度时润滑油就会丧失流动性，这种现象称为黏温凝固。黏温凝固主要是由于油中的胶质及多环短侧链的环状烃的黏度大、黏温特性很差引起的；结构凝固则因润滑油含高凝点正构烷烃（C_{16}以上）、异构烷烃及长烷基链的环状烃，即固体蜡所致。

由此可知，为改善润滑油的低温流动性，应将影响其黏温特性的多环短侧链环状烃、胶状物质及固体烃除去。丙烷脱沥青和溶剂精制工序可除去环状烃及胶状物，除固体蜡则由专门的脱蜡过程来完成。脱除上述组分后，润滑油的凝点明显降低。必须指出，润滑油的凝点越低，则脱蜡时所需冷冻温度越低，润滑油收率越低，成本越高。

3. 抗氧化安定性

润滑油在储存与使用时，不可避免要与空气中的氧接触。润滑油与氧发生化学反应称润滑油的氧化。在一定条件下，润滑油本身所具有的耐氧化能力称为抗氧化安定性。

润滑油氧化后，可以使润滑油的使用性能变差。例如，润滑油氧化时间较长，润滑油的润滑性能破坏严重，就必须更换新油。润滑油的使用期限、润滑效果与其抗氧化安定性密切相关。

当润滑油的几种主要组分单独存在时，芳香烃最不易氧化，环烷烃次之，烷烃的抗氧化性最弱。润滑油是多种烃类的混合物，氧化时互相影响和干扰，与它们分别单独存在时有显著区别。例如，无侧链芳烃比环烷烃氧化激烈得多，当它们共同存在时就能阻止环烷烃氧化。芳香烃环数增加，其抗氧化性能增强。而芳香烃侧链增长，其抗氧化能力减弱。一般说来，含有3%～5%（质量分数）无侧链芳香烃时，即有明显的抗氧化作用。短侧链、长侧链芳香烃则分别需要10%～15%（质量分数）和20%～30%（质量分数）才有抗氧化作用。必须指出，虽然芳香烃是抗氧化剂，但它在阻止其他烃类氧化的过程中，本身也被氧化成酚类物质而产生沉淀。所以芳香烃增多到一定程度时，润滑油氧化后酸值或沉淀反而增加，不但润滑油黏温性降低，而且其抗氧化性也减弱。

在抗氧化安定性方面，胶质与芳香烃作用类似，具有一定抗氧化能力，但胶质含量不能多，否则反而影响润滑油的黏温特性和抗氧化性。

从上述润滑油的使用性能与化学组成的关系可以看出，要得到品质好的润滑油，必须在加工时将大部分胶质、沥青状物质、多环短侧链的环状烃（包括环烷烃、芳香烃、环烷－芳香烃）以及含硫、氮、氧元素除去，这些物质统称为润滑油的不理想组分；保留含有少环长侧链及少环多侧链的烃类，这些物质统称为润滑油的理想组分。

三、润滑油的一般生产过程

润滑油的主要生产环节包括常减压蒸馏、溶剂脱沥青、溶剂精制、溶剂脱蜡、白土或加氢补充精制。图 9 - 12 所示为润滑油的一般生产过程，其中精制与脱蜡的顺序应根据原料性质和加工的经济性确定。对于环烷基油，如果凝点已能达到要求可不脱蜡。生产要求不高的普通润滑油的工厂，也可根据质量指标取消补充精制以降低成本。经过加工所得到的馏分润滑油和残渣润滑油，应根据产品要求进行调和得到润滑基础油。现代的润滑油产品几乎都是润滑基础油和用于改善使用性能的各种添加剂调制而成的。

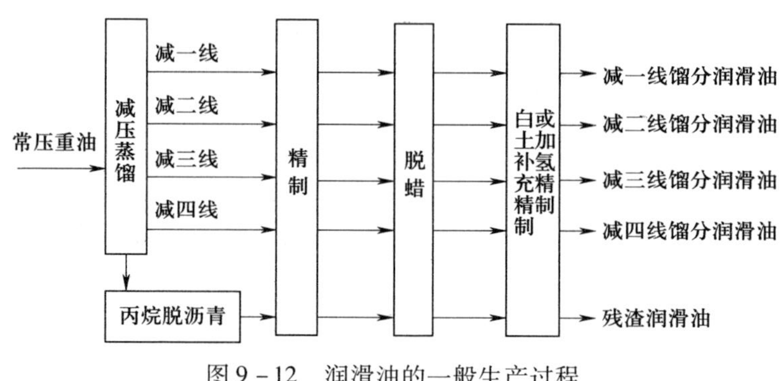

图 9 - 12　润滑油的一般生产过程

四、丙烷脱沥青

高黏度润滑油（如航空发动机润滑油）必须用减压渣油制取。减压渣油集中了石油中大部分胶质和沥青状物质，仅用溶剂精制工序难以除干净，过多的沥青状物质又将影响后续脱蜡过程的顺利进行。所以，必须在精制与脱蜡之前，将渣油中的胶质和沥青状物质除去。工业上目前广泛使用液体丙烷来脱除减压渣油中的沥青。

1. 丙烷脱沥青的原理

在丙烷脱沥青装置中，以丙烷为溶剂，减压渣油为原料，利用丙烷在一定温度和压力下对减压渣油中的润滑油组分和蜡有较大的溶解度，而对胶质和沥青状物质几乎不溶的特性，将渣油和丙烷在抽提塔内进行逆流抽提分离。油和蜡溶于丙烷，沥青不溶于丙烷而沉降出来，从而得到脱除沥青的生产高黏度润滑油的原料油或用于裂化的原料油，同时还可得到沥青。沥青可直接作道路沥青或它的调和组分，若进一步氧化可生产建筑沥青。

丙烷脱沥青装置一般生产两种脱沥青油：残炭在 0.7%（质量分数）以下的轻油作为润滑油原料，残炭在 0.7%（质量分数）以上的重油作为裂化原料。

在 40 ℃以上，丙烷对脱沥青油的溶解能力随温度的升高而减小。当达到丙烷的临界状态（96 ℃，4.2 MPa）时，溶解能力最小。利用这种特性，将脱沥青油升温至丙烷的临界状态，可以有效地使丙烷分离出来循环使用。临界回收比一般的蒸发回收可节省大量蒸汽和冷却水，同时可提高处理量和节省设备投资。

2. 丙烷脱沥青的工艺流程

丙烷脱沥青装置的典型工艺流程有二次抽提和一次抽提两段沉降流程。二次抽提脱沥青工艺流程如图 9 - 13 所示。

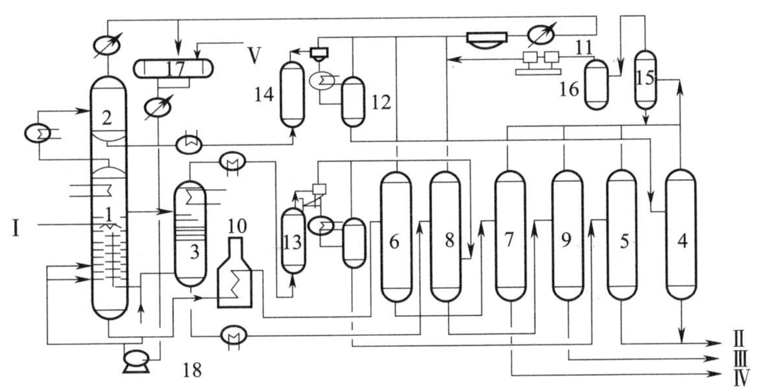

图 9－13　二次抽提脱沥青工艺流程

Ⅰ—减压渣油；Ⅱ—脱沥青油；Ⅲ—残脱沥青油；Ⅳ—沥青；Ⅴ—丙烷

1—转盘抽提塔（一次抽提塔）；2—临界分离塔；3—二次抽提塔；4—轻脱沥青油汽提塔；5—重脱沥青油汽提塔；6—沥青蒸发塔；7—沥青汽提塔；8—残脱沥青油蒸发塔；9—残脱沥青油汽提塔；10—沥青加热炉；11—丙烷压缩机；12—轻脱沥青油闪蒸罐；13—重脱沥青油闪蒸罐；14—升膜加热器；15—混合冷却器；16—丙烷气体接收罐；17—丙烷罐；18—丙烷泵

减压渣油经加热到适宜温度进入转盘抽提塔（一次抽提塔）上部，经分散管进入抽提段。溶剂丙烷从抽提塔底部分三路进入塔内。主丙烷在最下层转盘处，副丙烷在沥青界面以下，第三路丙烷则用以推动转盘主轴下的水力涡轮。原料油和溶剂在塔内逆流接触。塔上部为沉降段，内有以蒸汽为热源的立式翅片加热管，升温沉降后的抽出液自塔顶引出，在管壳式加热器中加热到丙烷临界温度后，进入临界分离塔。在临界温度下，脱沥青油基本上全部自丙烷中析出，析出的脱沥青油称作轻脱沥青油。分油后的丙烷自临界分离塔顶引出，经冷却回到循环丙烷罐循环使用。轻脱沥青油中还含有少量丙烷，经加热后在蒸发塔中蒸出，再经汽提塔脱出残余丙烷。抽提塔底引出沥青液经加热炉加热后蒸发汽提，回收其中的丙烷得到脱沥青油。从集油箱引出的二段油含有较重的润滑油组分和胶质，将其送入二次抽提塔中上部进行二次抽提。二次抽提液在塔上部沉降段内加热沉降，再经蒸发、汽提回收丙烷后得到重脱沥青油。二次抽提塔底部的抽余物经蒸发汽提得到残脱沥青油。各蒸发塔顶蒸出的丙烷均经空冷器冷凝进入循环丙烷罐。各汽提塔顶的气体均经冷却、分水后进压缩机增压，再经冷凝送入循环丙烷罐。

该流程有以下特点：采用转盘塔增加处理量及操作灵活性，采用二次抽提提高润滑油原料的收率，采用临界回收工艺大幅度降低能耗并减少传热设备数量。

一次抽提两段沉降脱沥青工艺流程如图 9－14 所示。该工艺将抽提与一段沉降在一个塔内进行，此塔除不设集油箱外与二次抽提脱沥青工艺的一次抽提塔基本相同。一段沉降温度较低，沉降析出物全部作为回流返回抽提段。经一段沉降的抽出液与临界回收烷烃后进入二段沉降塔。二段沉降析出物含胶质较多，黏度大，称重脱沥青油。经两段沉降的抽出液与临界回收丙烷换热并加热后，在临界分离塔内回收丙烷。回收的丙烷冷却后由增压泵直接打回抽提塔循环使用。临界分离塔底物经蒸发及汽提后得轻脱沥青油。一次抽提塔底脱沥青液先与脱沥青油换热，再经加热炉加热后进行蒸发和汽提得到沥青。重脱沥青油中丙烷的蒸发是用脱油沥青和轻脱沥青油蒸发塔顶的过热丙烷气换热完成的。蒸出丙烷后再经汽提得到重脱沥青油。

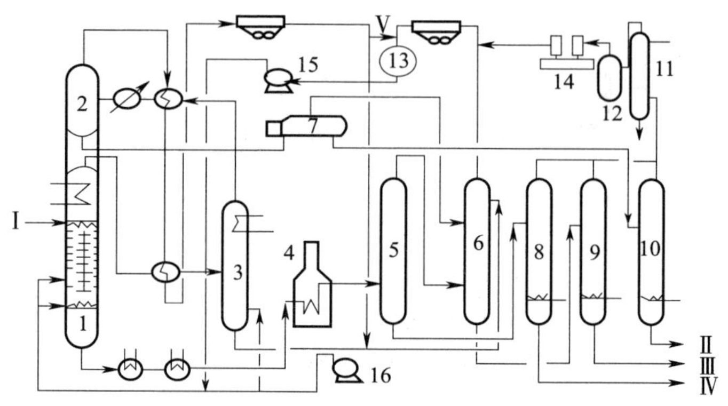

图 9－14　一次抽提两段沉降脱沥青工艺流程

Ⅰ—减压渣油；Ⅱ—轻脱沥青油；Ⅲ—重脱沥青油；Ⅳ—沥青；Ⅴ—丙烷

1—抽提沉降塔；2—临界分离塔；3—二段沉降塔；4—沥青加热炉；5—沥青蒸发塔；6—重脱沥青油蒸发塔；7—丙烷蒸发塔；8—沥青汽提塔；9—重脱沥青油汽提塔；10—轻脱沥青油汽提塔；11—混合冷却器；12—丙烷气接收罐；13—丙烷罐；14—丙烷压缩机；15—丙烷泵；16—丙烷增压泵

该流程有以下特点：用二段沉降塔顶温度控制轻脱沥青油的质量，用一段沉降温度控制重脱沥青油的质量，用抽提塔底温度及抽提段温度梯度再配合一段沉降温度来控制脱油沥青的质量，因此工艺操作灵活性大。沉降分两次进行，提高了分离效果、减轻了塔负荷、提高了处理能力。用增压泵直接将丙烷送回抽提塔，可减少压力损失和动力消耗，而且可减少溶剂丙烷进抽提塔前加热的热量消耗，能耗较低。

3. 丙烷脱沥青过程的影响因素

影响丙烷脱沥青的主要因素是丙烷的纯度和用量、操作温度和压力以及原料性质。脱沥青所用的丙烷，是炼油厂中裂化气经分馏而得，一般含有乙烷、丁烷及丙烯等杂质。乙烷的存在将使系统压力增加，溶剂对油的溶解能力减小，降低收率；丁烷和丙烯对胶质、多环芳香烃的溶解度大，丁烷和丙烯含量增多将降低产品质量。一般丙烷中乙烷体积分数不应超过3%，丁烷体积分数不应大于4%。

丙烷用量对脱沥青过程的影响可用溶剂比来分析。溶剂比从1开始增加时，脱沥青油的质量提高（残炭降低），油收率降低；当溶剂比 >4 时，由于丙烷对胶质、沥青状物质有一定溶解能力，溶剂比增加虽然可提高油收率，但也将增加脱沥青油中的胶质、沥青状物质含量，使润滑油质量变差。因此在油收率－溶剂比曲线上就会出现一个最低点，此点就是在一定温度下能析出胶状物质的最大量，此时润滑油的质量最好，残炭值最低。对于不同原料和润滑油，应通过实验确定适宜的溶剂比。如图 9－15 所示为在一定温度下，某原料脱沥青过程溶剂比与油收率和油质量之间的关系。

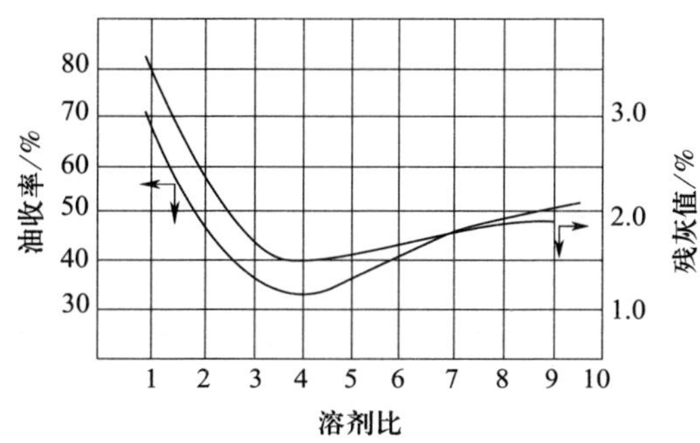

图9－15　某原料脱沥青过程溶剂比与油收率和油质量之间的关系

温度在40～60 ℃时，润滑油和蜡都能很好地溶于丙烷中，而沥青溶解很少。随着温度的提高，润滑油的溶解度逐渐减小，润滑油中的多环烃类首先被分出。当温度达到丙烷的临界温度97 ℃时，丙烷对润滑油的溶解度为0。因此，调节温度就可以用丙烷自渣油中依次分出沥青、重润滑油馏分及轻润滑油馏分。

脱沥青过程的压力取决于操作温度。一般情况下，脱沥青过程的压力比操作温度下丙烷的饱和蒸汽压大0. 8～1. 0 MPa，通常为3. 5～4. 5 MPa。

原料中润滑油的含量，馏分的轻重、宽窄，沥青胶质的性质都对脱沥青过程有影响。原料中含润滑油多不利于润滑油和沥青的分离。原料油馏分范围越窄，沥青分离越完全，产品质量也越好。当沥青含量很少，而胶质的化学结构与易溶于丙烷的烃类相似时，在低温下很难分离，操作温度应适当提高以改善丙烷的选择性。

五、溶剂精制

为改善润滑油的黏温特性和抗氧化安定性，必须从润滑油原料中除去大部分多环短侧链的芳香烃和胶质，以及含硫、氧、氮的化合物。除去这些有害物质的过程称为润滑油的精制。溶剂精制是目前广泛使用的润滑油生产精制方法。

1. 基本原理

溶剂精制是利用某些有机溶剂的选择性溶解能力来脱除润滑油中有害的和非理想组分的过程。用溶剂精制润滑油时，系统分为两层：上层称精制液（提余液），主要含精制润滑油及少量溶剂；下层称抽出液（提取液），主要含溶剂及被抽出的不理想组分。溶剂精制主要除去重芳香烃、中芳香烃、胶质、硫化物和环烷酸等化合物。由于除去了那些黏度指数小、抗氧化安定性不好的物质，精制后产品质量有大幅提高。

用于润滑油精制的溶剂有多种，工业上广泛使用的是糠醛和苯酚。20世纪70年代发展起来的N－甲基吡咯烷酮溶剂性能优越，近年来越来越受到重视。

2. 溶剂精制的影响因素

润滑油精制过程的主要影响因素除溶剂外，还有溶剂比、操作温度、抽提塔理论段数、操作方法和温度梯度等。

（1）溶剂比

溶剂比即使用的溶剂量与原料量之比（体积比或质量比）。当溶剂比增加时，溶剂量增加，非理想组分和理想组分的溶解量都增加，精制油质量提高，但收率降低。溶剂比大，装置处理能力降低，回收系统负荷增加，操作费用也随之增加。适宜的溶剂比应根据溶剂、原料性质和产品质量指标，通过实验确定。一般精制重质润滑油时，采用 350% ~600% 的较大溶剂比。而精制轻质润滑油则采用较小的溶剂比，为 130% ~250% 。

（2）操作温度

操作温度不仅影响溶剂的溶解能力，而且影响溶剂的选择性。一般来说，温度升高，溶剂的溶解能力增大，但选择性也变差。操作温度必须低于临界溶解温度为 10 ~30 ℃，而高于润滑油与溶剂的凝固点。在此温度范围内，温度升高，润滑油原料在溶剂中的溶解度增大，精制油的收率总是降低。

随着温度升高，精制油的质量开始提高，但温度增大至一定程度时，由于溶剂选择性随着温度升高而降低，理想组分在溶剂中的溶解度增加，精制油品质量反而会下降。在温度变化区间内存在一个温度的最佳值，使精制油品质量高，油品收率也高。

（3）抽提塔理论段数

不同原料油、不同溶剂、不同溶剂比，抽提塔的理论段数对润滑油收率的影响都有差别。一般来说，抽提塔理论段数越多，精制油收率越高。但当段数增到 6 段以上时，收率的增加不显著。因此通常采用 6 ~7 个理论段，以适应不同原料及产品的要求。

（4）操作方法和温度梯度

实际生产中多采用抽提塔逆向抽提，溶剂从塔上部加入，原料油从塔的下部加入。由于原料油密度比溶剂小，因此在塔内逆向流动。塔下部加入的原料油，通过溶剂层逐渐向上流动被精制，形成了逆向抽提。为了增加抽提效果，通常在塔内装有填料或转盘，以增大两相接触面积。

为平衡温度对溶剂溶解能力和选择性的相反影响，在抽提塔中常采用上高下低的温度分布，形成一定的温度梯度。形成温度梯度后，塔顶溶解的部分理想组分可随溶剂流到塔下部低温区析出，再返回油相，形成内回流，提高分离效果。一般来说，提高塔顶温度使润滑油质量提高，收率降低；相反，降低塔顶温度，收率提高，而润滑油质量降低。

使用温度梯度的结果，可提高抽提效率和产品质量，减少理想组分损失，提高收率。

3. 工艺流程和产品

润滑油溶剂精制的工艺流程包括抽提和溶剂回收两大系统。溶剂回收又包括从提余液与提取液中回收溶剂，以及从溶剂 - 水溶液中回收溶剂。抽提系统在前面操作方法中已作了介绍。溶剂回收是采用加热 - 蒸发 - 汽提的方法来回收溶剂循环利用的过程。在这三个单元操作中，蒸发是主要手段，而且通常采用二效或三效蒸发。

从溶剂 - 水溶液中回收溶剂的方法随溶剂不同而异。糠醛 - 水溶液采用双塔流程，而

酚－水系统则采用原料油吸收的方法回收酚。酚精制工艺流程如图 9－16 所示。

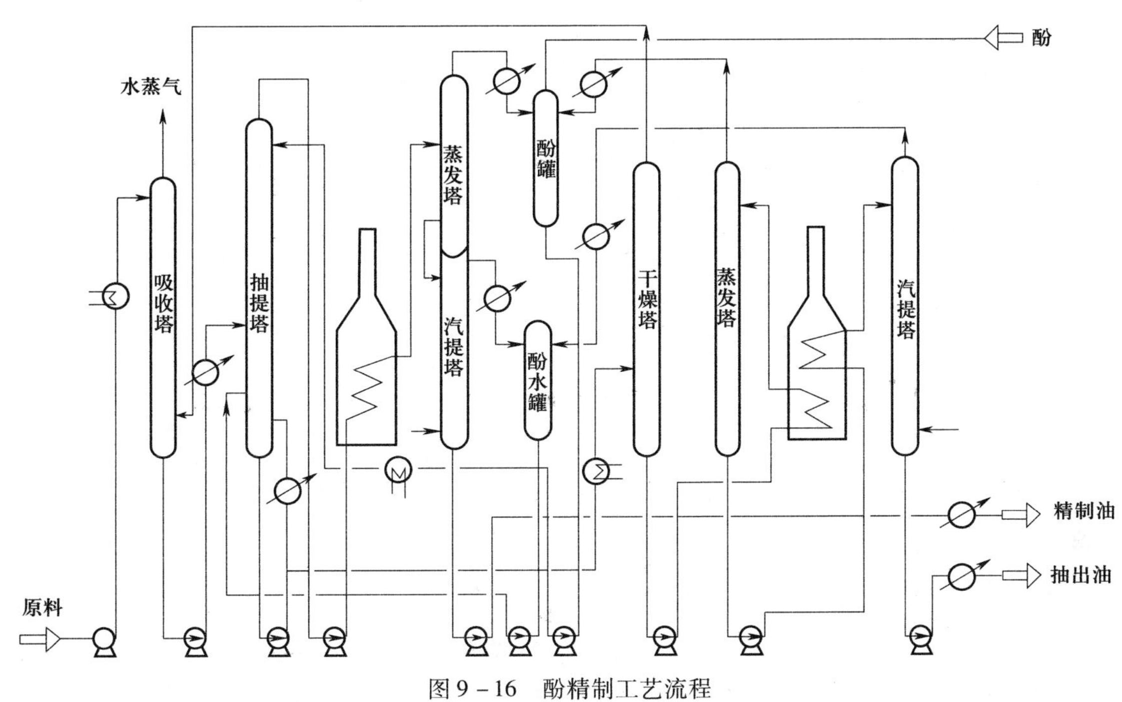

图 9－16　酚精制工艺流程

原料先进入吸收塔，吸收酚蒸气后再进入抽提塔下部，同上部下来的酚进行逆流抽提。抽提塔下部还打入一定量酚水，以提高精制油收率。由抽提塔顶出来的精制液（大量精制油和少量酚）经过加热、蒸发、汽提后，即可将少量酚除掉，得到精制油。由抽提塔顶出来的抽出液（大量酚和少量抽出油）经过加热、干燥、蒸发、汽提后，由汽提塔底得到抽出油。在干燥塔里，酚和水由塔顶蒸出。各蒸发塔顶的酚蒸气经换热冷凝后进酚罐，这些酚打入抽提塔循环使用。各汽提塔顶和干燥塔顶出来的酚－水蒸气，经冷凝后进入酚水罐，这些酚水打至抽提塔下部。干燥塔顶有一部分酚－水蒸气经加热后进吸收塔，酚蒸气被原料油吸收后从塔顶放空。

采用三级蒸发、双效换热、溶剂后干燥的 N－甲基吡咯烷酮精制工艺流程如图 9－17 所示。

该流程的特点是：利用水对 N－甲基吡咯烷酮相对挥发度很大和精制中溶剂需含适量水的特性，采用了后干燥方案以节约大量热能。几个蒸发塔和汽提塔都用回流严格控制塔顶温度，防止塔顶过多地带走轻油，进一步降低了能耗。

粗制油是润滑油的半成品，精制后黏度指数提高，残炭降低，抗氧化安定性改善。从化学组成看，重芳香烃、胶质减少，饱和烃含量相对增加。

抽出油含有大量的重芳香烃和胶质等非理想组分，可作燃料或某些承受压力较大、工作温度又不高的润滑油，如普通齿轮油等。

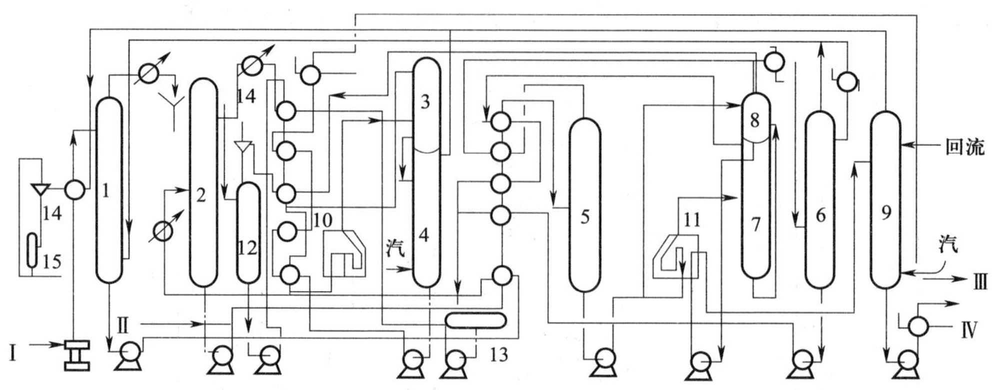

图 9－17　N－甲基吡咯烷酮精制工艺流程

Ⅰ—原料油；Ⅱ—湿溶剂；Ⅲ—精制油；Ⅳ—抽出油

1—吸收塔；2—抽提塔；3—精制液蒸发塔；4—精制油汽提塔；5—抽出液一级蒸发塔；6—溶剂干燥塔；7—抽出液二级蒸发塔；8—抽出液减压蒸发塔；9—抽出油汽提塔；10—精制液加热炉；11—抽出液加热炉；12—精制液罐；13—循环溶剂罐；14—真空泵；15—分液罐

六、白土精制

润滑油经过丙烷脱沥青、溶剂精制、溶剂脱蜡或硫酸精制后，质量已基本达到要求，但所得润滑油中还有少量溶剂和有害杂质。这些杂质的存在不仅腐蚀设备、磨损机件，而且降低了润滑油的安定性。白土精制就是将润滑油和白土在较高温度下混合，使上述杂质吸附在白土表面，从润滑油中分离除去，从而改善润滑油的颜色、安定性及抗腐蚀性的过程。各种润滑油出厂前都要经过一次白土补充精制，才能作为产品出厂。

近年来加氢补充精制有了很大发展，几乎取代了白土精制。因为加氢补充精制具有收率高、产品颜色浅、脱硫能力较强、无污染等优点。但由于我国石油具有含硫低、含氮高的特点，加氢补充精制脱硫容易造成脱氮难，而白土精制脱氮能力强，所以白土精制工艺在我国炼油厂仍普遍使用。另外，白土精制还是废润滑油再生的重要方法。

1. 白土精制原理和影响因素

白土分天然白土和活性白土两种。天然白土就是风化的长石，其主要成分是硅酸铝。活性白土是将天然的白土先用稀硫酸处理，使其活化，再经水洗、干燥、粉碎而得。活性白土是多孔性粉末，它的比表面积可达 450 m^2/g，活性比天然白土高 4～10 倍，所以工业上都采用活性白土。

白土是优良的吸附剂，它与润滑油接触时，润滑油中的各种杂质被吸附在白土的表面，而组成润滑油基本组分的各种烃类则不被吸附或很少吸附（主要是多环芳香烃），从而使润滑油得到精制。在白土精制条件下，白土对各组分吸附能力各不相同，吸附顺序是：

沥青状物质 > 胶质 > 芳香烃、烯烃 > 环烷烃 > 烷烃

残余溶剂、酸渣、硫酸酯、氧化物 > 润滑油

影响白土精制的主要因素有原料性质、白土性质、白土用量、精制温度和接触时间等。

白土粒度小，表面积大，可减少用量。但粒度太小，又会使过滤困难。一般白土粒度应在200目（直径约0.075 mm）以上。在保证精制深度的前提下，白土用量宜少，以减少油损失。白土用量合适的质量分数范围为：机械润滑油3%～4%，中性油2%～3%，压缩机油基础油5%～7%，汽轮机油5%～8%。

精制温度高，润滑油的黏度低，吸附速率快。实际加热温度以润滑油不发生热分解为前提。通常控制初始混合温度低于80 ℃，以防止油料和白土搅拌时与空气接触氧化。处理轻质油精制温度较低，而处理残渣润滑油则精制温度较高。一般精制温度范围为180～280 ℃。

润滑油被白土吸附的前提是润滑油要扩散到白土表面，所以必须保证白土与润滑油在蒸发塔中的接触时间，以满足扩散过程的需要。通常在蒸发塔内停留时间为20～40 min。

2. 白土精制工艺流程

白土精制工艺流程如图9－18所示。

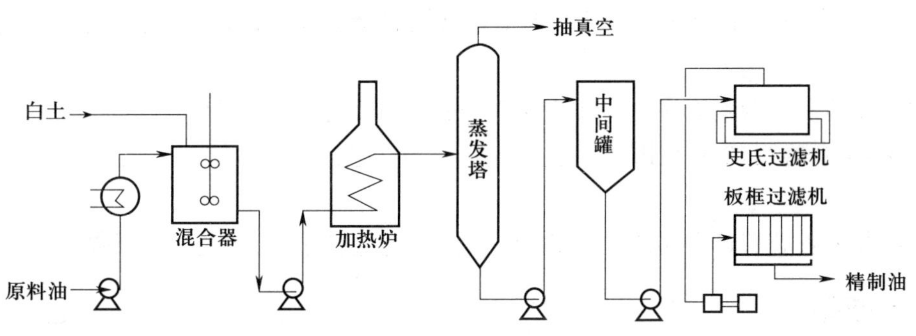

图9－18　白土精制工艺流程

加热后的原料油先进入混合器与白土混合20～30 min，然后用泵输送至加热炉，加热至适当温度后进入蒸发塔。塔顶用喷射泵抽真空。从蒸发塔顶蒸出在加热炉中裂化产生的轻组分和残余溶剂，经冷却器冷却后，进入油水分离罐将水分出，得到轻油。塔底的润滑油先进入中间罐冷至150 ℃，再用泵输送至史氏过滤机粗滤，最后经板框过滤机二次过滤，即得成品润滑油。

课后练习

一、选择题

1. 下列对润滑油作用表述错误的是（　　）。

A. 润滑　　B. 清洁　　C. 密封　　D. 加速

2. 润滑油的黏度随温度的升高而（　　）。

A. 降低　　B. 增大　　C. 不变　　D. 先增大后减小

3. 脱沥青油作为润滑油原料的残炭值必须控制在（　　）以下。

A. 0.5%　　B. 0.6%　　C. 0.7%　　D. 0.8%

4. 当润滑油的几种主要成分单独存在时，其抗氧化性能大小排序为（　　）。

A. 芳香烃 > 环烷烃 > 烷烃　　B. 芳香烃 > 烷烃 > 环烷烃

C. 烷烃 > 环烷烃 > 芳香烃　　D. 环烷烃 > 烷烃 > 芳香烃

5. 脱沥青过程温度一般控制在（　　）。

A. 40 ~ 60 ℃　　B. 60 ~ 70 ℃　　C. 80 ~ 90 ℃　　D. 100 ℃以上

二、填空题

1. 对润滑油的一般要求是________、____________、____________等。

2. 润滑油黏度的主要载体是环状烃类，即________、________、________。

3. 润滑油的一般生产过程包括常减压蒸馏、溶剂脱沥青、_________、_________、________等。

4. 润滑油精制的溶剂有多种，工业上广泛使用的是________和________。

5. 影响白土精制的主要因素有__________、__________、__________、__________、__________等。

6. 丙烷脱沥青装置的典型工艺流程有____________和____________流程。

三、判断题

1. 黏度指数越大，其黏温性能越好。（　　）

2. 润滑油的黏度与其沸点、平均相对分子质量、密度及化学组成有直接关系。（　　）

四、简答题

1. 简述丙烷脱沥青的原理。

2. 简述二次抽提脱沥青工艺流程。

3. 二次抽提脱沥青工艺流程有什么特点？

4. 简述一次抽提两段沉降脱沥青工艺流程。

5. 一次抽提两段沉降脱沥青工艺流程有什么特点？

6. 简述溶剂精制的原理。

7. 简述白土精制工艺流程。

项目十

乙烯生产技术

石油化工作为我国基础性产业，对国民经济的发展有着重要作用。“三烯”（乙烯、丙烯、丁二烯）和“三苯”（苯、甲苯、二甲苯）是石油化工最基本的原料，是生产各种重要的有机化工产品的基础，约65%来自乙烯生产装置，因此，生产“三烯”“三苯”的乙烯装置是石油化工的龙头。乙烯被称为“石油化工之母”，它的生产规模、产量、技术水平标志着一个国家石油化工工业的发展水平。2021 年我国乙烯产能达 4 168 万 t，占全球比例提高至20%，首次超过美国，成为世界最大的乙烯生产国。2023 年，我国乙烯总产能突破 5 000 万 t。本项目以乙烯生产工艺过程为主线，通过对乙烯的生成方法、生产原料、生产原理、生产工艺流程等的学习，全面掌握乙烯生产技术。

任务一　选择乙烯生产方法

学习目标

1. 了解乙烯工业的发展趋势。
2. 了解乙烯的生产方法及各方法的生产原料、优缺点。
3. 了解乙烯在国民生产中的地位。

一、乙烯的生产方法

由于烯烃的化学性质很活泼，因此乙烯在自然界中独立存在的可能性很小。目前，工业上生产乙烯的方法主要有乙醇催化脱水法、石油烃热裂解技术、石油烃催化裂解技术、合成气制乙烯技术等。

1. 乙醇催化脱水法

乙醇催化脱水法是工业上早期采用的方法。脱水所用催化剂为载于焦炭的磷酸、活性氧化铝或 ZSM 分子筛，反应温度一般为 360 ~ 420 ℃。以焦炭为载体的磷酸催化剂是工业上早期使用的催化剂，其特点是所得产品纯度高，脱水产物经水洗和干燥后可得纯度为 99% 的乙烯。但是磷酸催化剂有酸溢出、泄漏、引起腐蚀等问题，操作时需要经常卸出催化剂，处理能力比较低。

2. 石油烃热裂解技术

石油烃热裂解原料在辐射炉管内流过，管外通过燃料燃烧的高温火焰产生的烟道气、炉墙辐射加热将热量经辐射管管壁传给管内物料，裂解反应在管内高温下进行，管内无催化剂，也称为石油烃热裂解。为降低烃分压，目前大多采用加入稀释蒸汽，故也称为蒸汽裂解技术。

3. 石油烃催化裂解技术

石油烃催化裂解即烃类裂解反应在有催化剂存在下进行，可以降低反应温度，提高选择性和产品收率。

根据对催化裂解和蒸汽裂解技术的经济性比较，发现催化裂解单位乙烯和丙烯生产成本比蒸汽裂解低 10% 左右，单位建设费用低 13% ~15%，原料消耗降低 10% ~20%，能耗降低 30%。

催化裂解技术具有的优点使其成为改进裂解过程最有前途的工艺技术之一。

4. 合成气制乙烯技术

合成气制乙烯技术是以天然气或煤为主要原料，首先生产合成气，合成气再转化为甲醇，然后由甲醇生产烯烃。该技术不依赖于石油，突破了石油资源紧缺，价格起伏大的限制。代表性工艺有甲醇制烯烃（MTO）工艺和二甲醚制烯烃（SDTO）工艺。

采用 MTO 工艺可对现有的石脑油裂解制乙烯装置进行扩能改造。由于 MTO 工艺对低级烯烃具有极高的选择性，烷烃的生成量极低，可以非常容易分离出化学级乙烯和丙烯，因此可在现有乙烯工厂的基础上提高乙烯生产能力 30% 左右。

世界上大多数乙烯装置均采用烃类热裂解技术，且以管式炉裂解技术最为成熟，其他工艺路线由于经济性或者存在技术“瓶颈”等问题，至今仍处于技术开发或工业化实验的水平，没有或很少有常年运行的工业化生产装置。因此，本项目主要介绍烃类热裂解技术。

二、乙烯工业的发展趋势

近年来，随着国内炼化工艺技术、装置水平的逐步提高，乙烯总产能和单套规模也逐步放大，目前我国已完成了大型乙烯成套技术、百万吨乙烯装置“三机”国产化、大型裂解炉自主研发和大型乙烯冷箱国产化。

从工艺路线上看，我国乙烯生产路径将从蒸汽裂解工艺路线为主的时代，进入多种工艺路线并存、煤制甲醇制烯烃工艺路线快速发展的时代。随着新技术的出现以及具备价格优势

的天然气、页岩气等原料日趋丰富，制取烯烃的工艺路线将逐渐多样化。从我国富煤、少油的资源组成来看，立足煤炭原料生产烯烃、乙二醇等化工原料是满足我国石化市场需求、保证能源安全必然的选择。而以石脑油为原料的蒸汽裂解工艺装置的发展必将受到冲击和制约，发展步伐将明显放缓。

从产业布局上看，包括乙烯行业在内的基础化工生产中心将逐步从沿海向内陆转移。近年来，从靠近原料、靠近市场的角度出发，在沿海建设了一批百万吨级别炼化一体化企业，基本形成了珠三角、长三角、环渤海三个石化基地。但是随着煤制烯烃等现代煤化工技术的突破，以乙烯产业为代表的基础化工产业将向内陆煤炭资源富集省份转移。这种布局的调整也适应了国家加快中西部经济发展的战略部署，对促进我国东中西部协调发展将发挥重要作用。伴随着这个进程，沿海以石油为原料的乙烯装置的发展将受到制约，逐步转向发展高端石化产业。

从投资与运营主体看，在以石油为最终原料的条件下，我国乙烯行业主要集中在中石化、中石油、中海油三家国有石油公司。但国内煤制烯烃技术工业化运行之后，进入乙烯行业的原料壁垒降低，建设煤制烯烃项目的投资主体日益多元化，国有企业乙烯合计产能下降，民营企业乙烯产能提高。这将迅速提高我国乙烯产量，提高乙烯衍生物的自给率，对于满足经济发展具有良好的促进作用。

课后练习

一、选择题

1. 以下物质中，(　　) 不是工业生产中的“三烯”。

A. 丙烯　　B. 乙烯　　C. 丁烯　　D. 丁二烯

2. 以下物质中，(　　) 不是工业生产中的“三苯”。

A. 甲苯　　B. 乙苯　　C. 苯　　D. 二甲苯

3. 以下物质中，(　　) 的生产规模、产量、技术水平标志着一个国家石油化工工业的发展水平。

A. 甲烷　　B. 乙烯　　C. 苯　　D. 丁二烯

4. 以下被称为“石油化工之母”的物质是 (　　)。

A. 甲烷　　B. 乙烯　　C. 苯　　D. 丁二烯

5. 世界上大多数乙烯装置均采用 (　　)，且以 (　　) 技术最为成熟。

A. 乙烷热裂解，管式炉裂解　　B. 烃类热裂解，管式炉裂解

C. 丁烷热裂解，管式炉裂解　　D. 芳烃热裂解，管式炉裂解

6. 合成气制乙烯技术，是以天然气或煤为主要原料，先生产 (　　)，合成气再转化为

（　　），最后才生产出烯烃。

A. 合成氨，甲醇　　B. 合成气，甲醚

C. 合成气，甲醇　　D. 合成氨，甲醚

二、判断题

1. 石油烃热裂解炉中，管内没有催化剂。（　　）
2. MTO 技术指的是煤制油技术。（　　）
3. 石油烃热裂解技术就是蒸汽裂解技术。（　　）

任务二　认识乙烯

学习目标

1. 认识乙烯的性质和用途。
2. 掌握乙烯生产主要原料的工业规格要求和乙烯产品质量标准。

一、乙烯的理化性质和主要用途

1. 乙烯的理化性质和防护措施（见表 10－1）

表 10－1　乙烯的理化性质和防护措施

项目	相关内容
理化性质	无色微甜味气体，难溶于水，能溶于醇、醚等有机溶剂。熔点为－169.4 ℃，沸点为－103.9 ℃。化学性质活泼，能与许多物质发生氧化、卤化、烷基化、水合、加成、共聚或自聚反应
爆炸危险性	闪点为－136 ℃，自燃点为425 ℃，爆炸极限为2.7%～36%（体积分数）。易燃、易爆，与空气混合能形成爆炸性混合物，遇明火、高热能引起燃烧爆炸。与氟、氯等能发生剧烈的化学反应
灭火方法	切断气源，喷水冷却容器。用雾状水、泡沫、CO_2、干粉灭火，不得使用喷水器灭火
对人体的伤害	具有较强的麻醉作用。皮肤和眼睛接触液态乙烯易引起冻伤
防护措施	生产过程密闭，全面通风。高浓度接触时，佩戴自给式呼吸器、戴化学安全防护镜和防护手套

2. 乙烯的安全储运

乙烯应储存于阴凉、通风的库房，远离火种、热源，库温不宜超过 30 ℃。保持容器密封，应与氧化剂、卤素分开存放，切忌混储。采用防爆型照明、通风设施。禁止使用易产生火花的机械设备和工具。储区应备有泄漏应急处理设备和合适的收容材料。

运输乙烯的车辆、船舶必须有明显的标志，容器应有接地链，防止产生静电，并配备相应品种和数量的消防器材及泄漏应急处理设备。

乙烯产品通常以液体形态储存，一般有低温储罐和压力球罐两种储存方法。乙烯的低温储罐在 -104 ℃左右，常压，一般用压缩机来制冷。低温储罐的优点是存储量比较大，但是每次使用都要先加热汽化，对钢材的要求比较高。压力球罐压力一般为 1.5 ~ 2.5 MPa，温度为 -30 ℃左右。近年来，常压式低温乙烯罐已在国内投入使用，并取得良好的经济效益。该种储罐外表为圆柱形拱顶状，带夹层，中间加珠光砂，配 BOG 压缩机回收蒸发气。因其储存压力低、安全性好，而得到了大量的运用。

3. 乙烯的主要用途

乙烯最大的用途是生产聚乙烯（polyethylene，PE），约占乙烯耗量的45%，其次是生产二氯乙烷和氯乙烯。乙烯经氧化可以制造环氧乙烷和乙二醇，乙烯经过烷基化可制苯乙烯，而乙醛、酒精、高级醇等均可以通过乙烯采用不同工艺制得。在工业制成品方面，合成纤维、合成橡胶以及合成塑料均需要用到乙烯。此外，其还可作为水果的催熟剂，乙烯的用途如图 10 -1 所示。

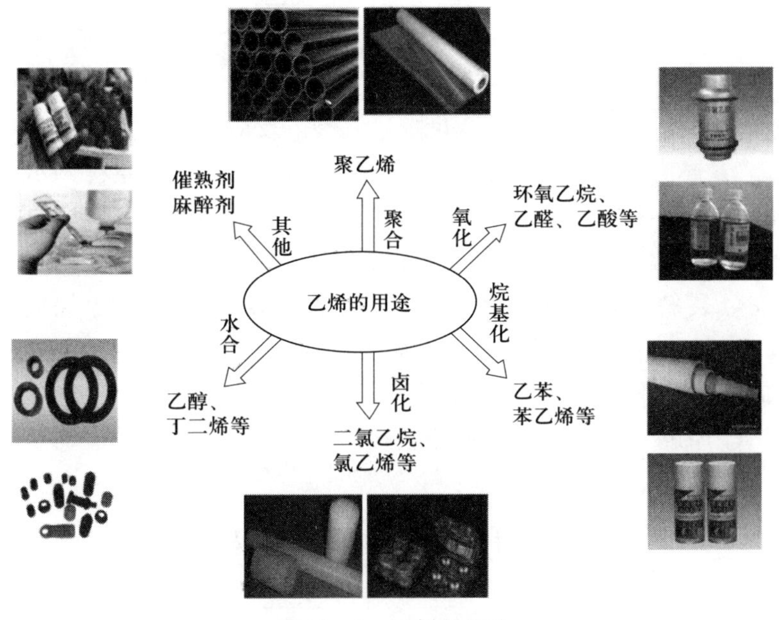

图 10 -1　乙烯的用途

二、石油烃热裂解制乙烯的原料

1. 裂解原料来源和种类

裂解原料的来源主要有两个方面：一是天然气加工厂的轻烃，如乙烷、丙烷、丁烷等；二是炼油厂的加工产品，如炼厂气、石脑油、柴油、重油等，以及炼油厂二次加工油，如加氢焦化汽油、加氢裂化尾油等。在美国、中东和北非地区，乙烷和丙烷是最普遍的乙烯生产原料，生产工艺采用蒸汽裂解法。而在亚洲地区，石脑油是最为常见的乙烯原料，主要的生产工艺为石油烃热裂解技术。

2. 原料的工业规格要求

裂解原料种类繁多，原料性质对裂解结果有着决定性的影响。表征裂解原料品质特性参数主要有族组成（*PONA*）、氢含量、特性因数（*K*）、芳烃指数（*BMCI*）、原料的重要物理常数（如密度、黏度、馏程、胶质含量等）以及化学杂质（如硫含量、砷含量、铅、钒等金属含量，残炭等）。其中以 *PONA*、*K*、*BMCI* 及氢含量最为重要，*PONA* 增大、氢含量增大、*K* 增大、*BMCI* 减小时，乙烯收率均增大。

（1）族组成（*PONA*）

裂解原料是由各种烃类组成的，按其结构可分为四大族，即烷烃族、烯烃族、环烷烃族和芳烃族。这四大族的族组成以 *PONA* 值来表示，其含义如下。

1）P 是指链烷烃（Paraffin，简称烷烃），较易裂解生成乙烯、丙烯。其中，正构烷烃的乙烯收率比异构烷烃高，而正构烷烃的甲烷、丙烯、丁烯、芳烃收率比异构烷烃低。

2）O 是指烯烃（Olefin），裂解性能不如相应的烷烃，不易裂解，易造成结焦。

3）N 是指环烷烃（Naphthene），环己烷裂解生成乙烯、丁二烯、芳烃，环戊烷裂解生成乙烯、丙烯。但环烷烃裂解的乙烯、丙烯及 C_4 的收率不如烷烃高，而且容易生成芳烃。

4）A 是指芳烃（Aromatics），不易裂解，易生成稠环芳烃，严重时造成结焦。

裂解原料族组成的 *PONA* 值在一定程度反映其裂解反应的性能。裂解原料中，烷烃含量特别是正构烷烃含量越高，“三烯”收率也越高，表 10－2 为裂解原料 *PONA* 值对烯烃收率的影响。高含量的烷烃、低含量的芳烃和烯烃是理想的裂解原料。各族烃的裂解生产乙烯难易程度有下列顺序：正构烷烃 > 异构烷烃 > 环烷烃 > 芳烃。

同时正构烷烃裂解性能比异构烷好，从轻质烷烃裂解生产烯烃的潜在收率（见表 10－3）可以看出，C_2-C_5 正构烷烃是优质裂解原料，其双烯和三烯收率均高于相应的异构烷烃，特别是乙烷裂解的潜在收率接近 80%；异构烷烃中，异丁烷的乙烯、丁二烯潜在收率最低，尽管丙烯收率高，但三烯收率较正构烷烃低很多，故异丁烷不是裂解原料的理想组分。

表 10－2　裂解原料 *PONA* 值对烯烃收率的影响　　单位：%（质量分数）

裂解原料		乙烷	丙烷	石脑油	抽余油	轻柴油	重柴油
主要产物收率	乙烯	84.0	44.0	31.7	32.9	28.3	25.0
	丙烯	1.4	15.6	13.0	15.5	13.5	2.4
	丁二烯	1.4	3.4	4.7	5.3	4.8	4.8
	混合芳烃	0.4	2.8	13.7	11.0	10.9	11.2
	其他	12.8	34.2	36.8	35.8	42.5	46.6

表 10－3　轻质烷烃裂解生产烯烃的潜在收率　　单位：%（质量分数）

项目	乙烯	丙烯	双烯	丁二烯	三烯
乙烷	79.88	1.63	81.51	1.37	82.88

续表

项目	乙烯	丙烯	双烯	丁二烯	三烯
丙烷	41.53	14.47	56.00	3.72	59.72
正丁烷	40.78	16.08	56.86	4.24	61.10
异丁烷	12.10	24.80	63.90	0.91	37.81
正戊烷	41.82	16.77	58.59	4.18	62.77
异戊烷	21.90	17.30	39.20	4.70	43.90

（2）氢含量

裂解原料的氢含量是指烃分子中氢的质量百分比含量。原料的氢含量是衡量该原料裂解性能和乙烯潜在含量的重要特性，原料氢含量越高，裂解性能越好。从族组成看，烷烃氢含量最高，环烷烃次之，芳烃、焦、炭最低。从原料相对分子质量看，从乙烷到柴油，相对分子质量增大，氢含量依次降低，乙烯收率也依次降低。

氢含量可以用元素分析法测得，各种烃和焦的含氢量见表10-4。含氢量：烷烃>环烷烃>芳烃>焦、炭。烷烃含碳数越小，氢含量越高。乙烷的氢含量（质量分数）为20%，丙烷为18.2%，石脑油为14.5%~15.5%，轻柴油为13.5%~14.5%。如图10-2所示为原料氢含量与乙烯收率的关系。由该图可知，当裂解原料氢含量低于13%（质量分数）时，可能达到的乙烯收率将低于20%，这样的馏分油作为裂解原料是不经济的。

表10-4　各种烃和焦的含氢量

物质	分子式	含氢量/%（质量分数）	物质	分子式	含氢量/%（质量分数）
甲烷	CH_4	25	苯	C_6H_6	7.7
乙烷	C_2H_6	20	甲苯	C_7H_8	8.7
丙烷	C_3H_8	18.2	萘	$C_{10}H_8$	6.25
丁烷	C_4H_{10}	17.2	蒽	$C_{14}H_{10}$	5.62
烷烃	C_nH_{2n+2}	$(n+1)/(7n+1)\times100$	焦	C_aH_b	0.3~0.1
环戊烷	C_5H_{10}	14.26	炭	C_n	0
环己烷	C_6H_{12}	14.26	—	—	—

含氢量高的原料，裂解深度可以深一些，产物中乙烯收率也高。对重质烃的裂解，按目前技术水平，原料含氢量控制在大于13%（质量分数），气态产物的含氢量控制在18%（质量分数），液态产物含氢量控制在稍高于7%~8%（质量分数）为宜。因为液态产物含氢量低于7%~8%（质量分数）时，就易结焦，堵塞炉管和急冷换热设备。

（3）特性因数（K）

特性因数（K）是表征石油及馏分油的化学组成特性的一种因素，K值以烷烃最高，环烷烃次之，芳烃最低。它反映了烃的氢饱和程度，也就是说，K值越大，乙烯、丙烯收率越

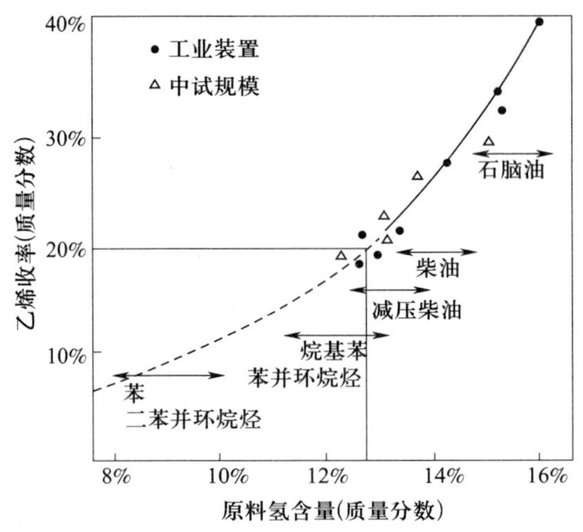

图 10－2　原料氢含量与乙烯收率的关系

高。从表 10－5 看出，*K* 值越高，烃类烷烃含量越高，表示烃类石蜡性越强；*K* 值越低，表示烃的芳香性越强。因此 *K* 值越高，烃类裂解性能越好。

表 10－5　　烃类烷烃 *K* 值

烃类	甲烷	乙烷	丙烷	丁烷	环戊烷	环己烷	甲苯	乙苯
K	19.54	18.38	14.71	13.51	11.12	10.99	10.15	10.37

（4）芳烃指数（*BMCI*）

石脑油中，环烷烃 N 和芳烃 A 大部分是单环的，而柴油中环烷烃 N 和芳烃 A 有相当部分是双环和多环的，这在 *PONA* 值中是反映不出来的。而芳烃指数 *BMCI* 则可表征这一特点。

正构烷烃的 *BMCI* 值最小（正己烷为 0.2），芳烃则最大（苯为 99.8），因此 *BMCI* 值是一个芳烃性指标，也称为芳烃指数。*BMCI* 值越大，芳烃性越高，乙烯收率越低，结焦的倾向性越大。反之，*BMCI* 值越小，乙烯收率越高。因此 *BMCI* 值较小的馏分油是较好的裂解原料。当 *BMCI* 值小于 35 时，才能做裂解原料。柴油裂解 *BMCI* 值与乙烯收率的关系如图 10－3 所示，在深度裂解时，重质原料油的 *BMCI* 值与乙烯收率和燃料油收率之间存在良好的线性关系，在柴油或减压柴油等重质馏分油裂解时，*BMCI* 值成为评价重质馏分油性能的一个重要指标。

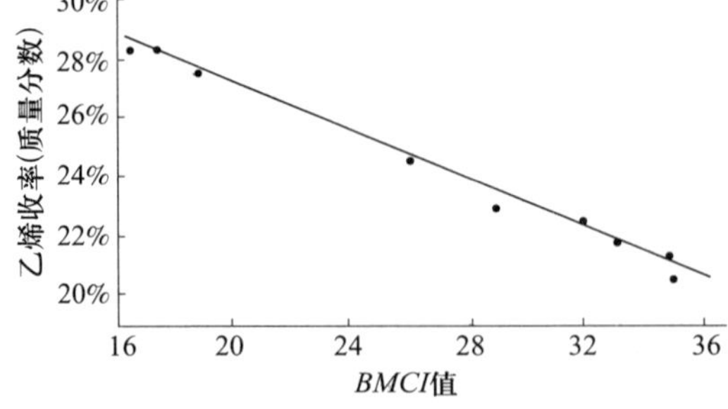

图 10－3　柴油裂解 *BMCI* 值与乙烯收率的关系

课后练习

选择题

1. 裂解原料的来源主要有（　　）两个方面。

A. 石油、煤　　B. 天然气、石油

C. 天然气、煤　　D. 天然气、矿物质

2. 理想的裂解原料（　　）烃含量较高。

A. 环烷　　B. 烷　　C. 烯　　D. 芳香

3. （　　）作裂解原料，乙烯收率接近 80%。

A. 乙烷　　B. 石脑油　　C. 轻柴油　　D. 重质油

4. 正构烷烃的 *BMCI* 值最（　　），芳烃的 *BMCI* 值最（　　）。

A. 小，大　　B. 小，小　　C. 小，大　　D. 大，大

5. 亚洲地区，（　　）是最为常见的乙烯原料，主要的生产工艺为石油烃热裂解技术。

A. 乙烷　　B. 丙烷　　C. 石脑油　　D. 轻柴油

6. 理想的裂解原料，是（　　）。

A. 高含量的烷烃　　B. 低含量的芳烃

C. 烯烃　　D. 以上都对

任务三　烃类热裂解制乙烯生产工艺条件的确定

学习目标

1. 掌握烃类裂解制乙烯的生产原理。
2. 会分析选择烃类热裂解工艺条件。
3. 掌握裂解炉的工作原理和结构。
4. 熟悉烃类裂解制乙烯生产工艺流程。

一、烃类热裂解制乙烯生产原理

烃类热裂解的反应过程非常复杂，它包括脱氢、断链、二烯烃合成、异构化、脱氢环化、脱烷基、叠合、脱氢交联和焦化等一系列反应，裂解产物多达数十种甚至上百种。烃类

在热裂解过程中的主要产物变化如图 10－4 所示。

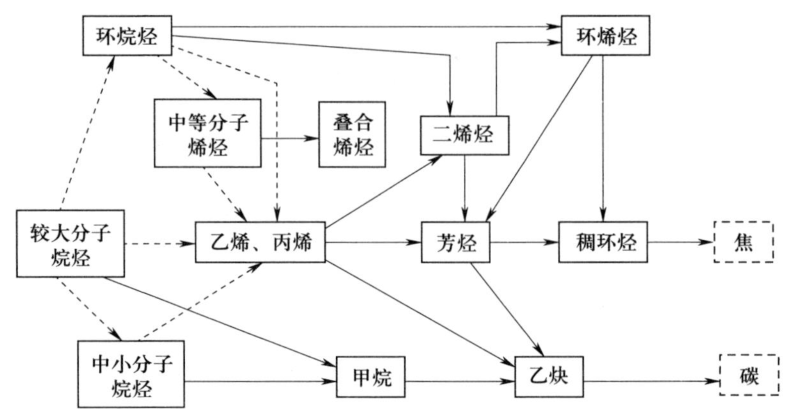

图 10－4 烃类在热裂解过程中的主要产物变化

在图 10－4 所示的产物变化过程中，按反应的先后顺序，可分为一次反应（虚线箭头所示）和二次反应（实线箭头所示）。

一次反应是指由原料烃类经裂解生成乙烯和丙烯等产物的反应。二次反应是指一次反应生成的乙烯、丙烯等低级烯烃进一步发生反应，生成多种产物，甚至最后生成焦或碳。

一次反应是生成目的产物的反应，是生产上所希望的；而二次反应不仅降低了乙烯、丙烯的收率，而且生成的焦或碳会堵塞管道及设备，影响裂解操作的稳定，这是生产上所不希望的。所以应尽量促进一次反应的进行，抑制二次反应的发生。

1. 烃类热裂解的一次反应

各类热裂解原料中，主要有烷烃、环烷烃和芳香烃，以炼厂气为原料时还含有少量烯烃。下面分述各类烃的裂解反应。

（1）烷烃裂解

1）断链反应。C—C 键断裂，反应产物为碳原子数较少的烷烃和烯烃。其通式为：

$$C_{m+n}H_{2(m+n)+2} \longrightarrow C_nH_{2n} + C_mH_{2m+2}$$

2）脱氢反应。C—H 键断裂，产生碳原子数与原料烷烃相同的烯烃和氢气。其通式为：

$$C_nH_{2n+2} \rightleftharpoons C_nH_{2n} + H_2$$

脱氢反应是可逆反应，在一定条件下达到动态平衡。

（2）环烷烃的裂解反应

环烷烃裂解时可以发生断链和脱氢反应，生成乙烯、丁烯、丁二烯和芳烃等。如环己烷裂解有以下反应。

1）断链反应：

$$C_6H_{12}\begin{cases} \rightarrow C_2H_4 + C_4H_8 \\ \rightarrow C_2H_4 + C_4H_6 + H_2 \\ \rightarrow C_4H_6 + C_2H_6 \\ \rightarrow \frac{3}{2}C_4H_6 + \frac{3}{2}H_2 \end{cases}$$

2）脱氢反应：

$$\text{环己烷} \underset{+H_2}{\overset{-H_2}{\rightleftharpoons}} \text{环己烯} \underset{+H_2}{\overset{-H_2}{\rightleftharpoons}} \text{环己二烯} \underset{+H_2}{\overset{-H_2}{\rightleftharpoons}} \text{苯}$$

（3）芳烃的断侧链反应

芳烃的热稳定性很高，在一般的裂解过程中，芳香环不易发生断裂，而主要发生如下反应：

$$\text{苯} \xrightarrow{\text{脱氢缩合}} \text{多环芳烃} \xrightarrow{\text{脱氢缩合}} \text{稠环芳烃}$$

$$\text{烷基芳烃} \xrightarrow{\text{断侧链}} \text{苯、甲苯、二甲苯等}$$

（4）烯烃的断链反应

天然石油中一般不含烯烃，但其加工的油品中可能含有烯烃。烯烃在裂解条件下也能发生断链反应和脱氢反应，生产乙烯、丙烯等低级烯烃和二烯烃。

2. 烯烃热裂解的二次反应

烃类热裂解的二次反应是指一次反应后生成的烯烃产物发生的进一步反应。

（1）烯烃裂解一次反应生成的大分子烯烃可以继续裂解生成小分子烯烃或二烯烃。

（2）烯烃能发生聚合、环化和缩合反应，生成较大分子的烯烃、二烯烃和芳烃。

（3）烯烃可以加氢生成相应的烷烃，也可以脱氢生成相应的二烯烃和炔烃。

（4）结焦生碳反应：

$$\text{乙烯} \xrightarrow{\text{脱氢}} \text{乙炔} \xrightarrow{\text{脱氢}} \text{碳和氢气}$$

$$\text{乙烯} \xrightarrow{\text{脱氢}} \text{芳烃} \xrightarrow{\text{脱氢缩合}} \text{稠环芳烃} \xrightarrow{\text{脱氢缩合}} \text{焦}$$

由上述讨论可知，各种烃热裂解时，正构烷烃最有利于生成乙烯、丙烯，异构烷烃的烯烃总收率低于同碳原子数的正构烷烃，环烷烃生成芳烃的反应优于生成单烯烃的反应，芳烃脱氢缩合结焦的趋势较大。

二、烃类热裂解反应的特点

1. 烃类裂解的原料可以有所不同，但在工艺、设备和操作上却有一些共同特点。烃类热裂解是强吸热反应，需在高温下进行。

2. 为了避免二次反应的发生，裂解气必须尽快离开高温反应区，并立即采取急冷措施，使裂解气快速降温。

3. 烃类裂解反应为分子数增加的反应，烃分压降低，有利于原料向反应产物的平衡方向移动。

4. 反应产物是复杂的混合物，除了裂解气和液态烃之外，尚有固体产物焦生成，所以对裂解炉要定期清焦。

三、烃类热裂解的工艺条件

根据烃类热裂解的反应原理和反应特点可知，在烃类热裂解工艺过程中，影响裂解的主要因素有裂解温度、停留时间、烃分压和稀释剂。

1. 裂解温度

从热力学角度分析，裂解反应是一个强吸热反应，需要在高温下才能进行。但在高温条件下，烃类热裂解二次反应的平衡常数大于一次反应，所以温度越高对一次反应生成乙烯、丙烯越有利，但对二次反应生成碳和烃的副反应也更有利。因此，应选择一个最适宜的裂解温度，以便得到较高的乙烯。

从动力学角度分析，升高温度，烃裂解生成乙烯反应速率的提高大于烃分解为碳和氢的反应速率，即提高反应温度，有利于提高一次反应和二次反应的反应速率，但是一次反应提高得更多，有利于乙烯收率的提高。

因此，要发挥一次反应在动力学上的优势，克服二次反应在热力学上的优势，这样既可提高转化率，也可得到较高的乙烯收率。应选择一个最适宜的裂解温度，因为一般当温度低于 750 ℃时，生成乙烯的可能较小或者说乙烯的收率较低；当反应温度超过 900 ℃，甚至达到 1 100 ℃时，对结焦和生碳反应极为有利，这样原料的转化率虽有增加，产品的收率却大大下降。

因此，理论上烃类裂解制乙烯的最适宜温度一般为 750 ~ 900 ℃，实际裂解温度的选择还与裂解原料、产品分布、裂解技术、停留时间等因素有关。

2. 停留时间

停留时间是指裂解原料由进入裂解炉辐射管到离开辐射管所经过的时间，即反应原料在反应管中停留的时间。在一定的反应温度下，每一种裂解原料都有它的最适宜的停留时间。如果裂解原料在反应区停留时间太短，大部分原料还来不及反应就离开了反应区，使原料转化率降低；若原料在反应区停留时间过长，则加剧了二次反应的进行，虽然原料的转化率很高，但乙烯收率反而下降，同时生成大量焦和碳，既浪费了原料，又影响生产的正常进行。停留时间对乙烷转化率和乙烯收率的影响见表 10－6。

表 10－6　停留时间对乙烷转化率和乙烯收率的影响

温度/ ℃	停留时间/s	乙烷单程转化率/%	乙烯收率/%
832	0. 027 8	14. 8	89. 4
832	0. 080 5	60. 2	76. 5

一些原料的裂解研究结果表明，裂解温度与适宜停留时间之间存在相互依赖与相互制约的关系。提高反应温度，可以缩短停留时间，温度越高，最适宜的停留时间越短。

由以上讨论可知，烃类裂解必须创造一个先高温、快速然后急冷的反应条件，使裂解原料很快上升到反应温度，经极短时间停留进行高温反应后，迅速离开反应区，使裂解气急冷

降温，以终止其反应。

3. 烃分压和稀释剂

烃分压是指进入裂解反应管的物料中气相烃的分压。

（1）压力对裂解反应的影响

烃类裂解的一次反应是分子数增多的反应，降低压力有利于反应向正方向进行；缩合、聚合等二次反应，都是分子数减少的反应，降低压力可抑制这些反应的进行。因此，降低压力对烃的裂解是有利的。

裂解是在高温下进行的，高温系统不易密封，如直接采用减压操作，就有可能吸入空气导致爆炸危险。此外，减压操作对以后分离工段的压缩操作也不利。所以，烃类裂解一般不采用直接减压法，而是在裂解原料气中添加稀释剂以降低烃分压。

（2）稀释剂

稀释剂在化学反应过程中应具有较高的稳定性。惰性气体（如氮气）或水蒸气均可做稀释剂，目前工业上采用的是水蒸气，其优点如下：

1）水蒸气易从裂解产物中分离；

2）降低烃分压的作用明显；

3）具有稳定炉管温度、保护炉管的作用；

4）可脱除炉管的部分结焦；

5）可抑制原料中的硫对合金钢炉管的腐蚀；

6）减轻了炉管中铁和镍对烃类气体分解生炭的催化作用。

水蒸气的加入量随裂解原料不同而异，一般以防止结焦、延长操作周期为前提。裂解原料越重，越易结焦，加入的水蒸气量越大。

综上所述，原料烃的裂解宜采用高的裂解温度、短的停留时间和较低的烃分压，产生的裂解气要迅速离开反应区，并加以急冷，以获得较高的乙烯收率。

四、管式裂解炉工作原理及结构

裂解炉作为生产乙烯的关键设备，在最近 30 年来得到了迅速发展，其中管式裂解炉的发展尤为迅速，目前世界上乙烯产量的 99% 以上都是用管式裂解炉生产的。管式裂解炉炉型结构简单，操作容易，便于控制，能连续生产，乙烯、丙烯收率较高，动力消耗少，热效率高，便于实现大型化。

管式裂解炉是乙烯装置的核心，裂解原料在管式裂解炉管内迅速升温并在高温下进行裂解反应，产生裂解气。管式裂解炉是反应器与加热炉融为一体的设备，不仅提供反应的高温，还是反应的场所。

1. 管式裂解炉的工作原理

管式裂解炉的作用就是通过加热，使裂解原料反应生成含有乙烯、丙烯、混合 C_4、甲烷、乙烷等众多组分的裂解气。管式裂解炉工作过程如图 10－5 所示，裂解原料首先进入管式裂解炉的对流段升温，到一定温度后与稀释剂混合继续升温（到 600 ~ 650 ℃），然后通过挡板进入管式裂解炉的辐射段继续升温到反应温度（800 ~ 900 ℃），并发生裂解反应，最后高温裂解气通过急冷换热器降温后，到后续急冷分馏塔。

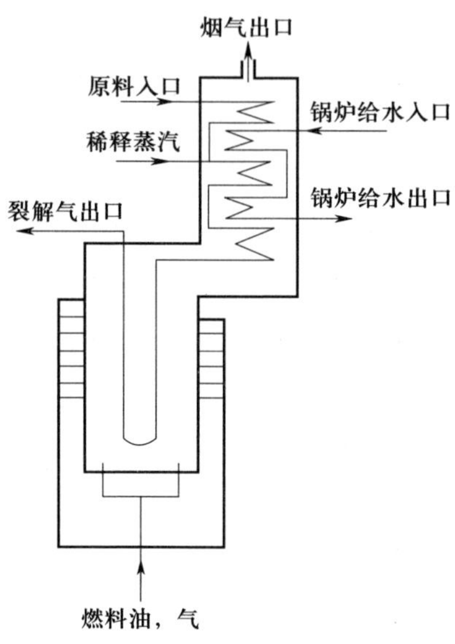

图 10 – 5　管式裂解炉工作过程

2. 管式裂解炉的基本结构

管式裂解炉主要包括辐射段、对流段、炉管和燃烧器四个主要部分，其基本结构如图 10 – 6 所示。

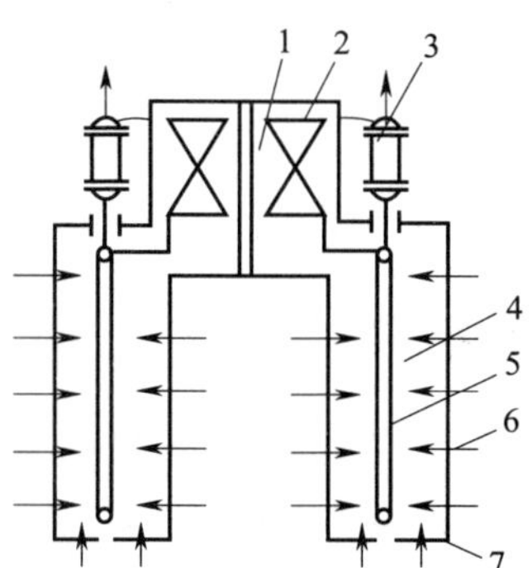

图 10 – 6　管式裂解炉基本结构

1—对流段；2—对流管；3—急冷换热器；4—辐射段；5—垂直辐射管；6—侧壁燃烧器；7—底部燃烧器

（1）辐射段

辐射段又称为燃烧室或炉膛，是燃料燃烧和辐射放热的地方，也是裂解反应的场所。辐射段通过火焰或高温烟气进行辐射传热。辐射段直接受火焰冲刷，温度很高，可达 600 ~ 1 600 ℃，是热交换的主要场所，全炉热负荷的 70% ~ 80% 是由辐射段担负的，是全炉最重要的部分。辐射段由耐火砖（里层）和隔热砖（外层）砌成。

（2）对流段

对流段也称对流室，靠辐射段出来的高温烟气进行以对流传热为主的换热，是高温烟气对流放热的地方，对流段一般担负全炉热负荷的20%～30%。对流段在辐射段的顶上，有炉管、过热蒸汽、注水预热管。对流段比辐射段的体积小得多，目的是强化对流传热、降低烟气温度、提高加热炉的热效率。对流段内设有数组水平放置的换热管用来预热原料、工艺稀释水蒸气、急冷锅炉进水和过热的高压蒸汽等。

（3）炉管

炉管分为对流管和辐射管，安置在对流段的称为对流管，安置在辐射段的称为辐射管。对流管内物料被管外的高温烟道气以对流方式进行加热并汽化，达到裂解反应温度后进入辐射管，故对流管又称为预热管。通过燃料燃烧产生的高温火焰烟道气、炉墙辐射，将热量经辐射管管壁传给物料，裂解反应在该管内进行，故辐射管又称为反应管。管式裂解炉管垂直放置在辐射段中央。为放置炉管，还有一些附件如管架、吊钩等。

在管式炉运行时，裂解原料的流向是首先进入对流管，进入辐射管，反应后的裂解气离开管式裂解炉经急冷段给予急冷。燃料在燃烧器燃烧后，则先在辐射段生成高温烟道气并向辐射管提供大部分反应所需热量。然后，烟道气再进入对流段，把余热提供给刚进入对流管内的物料，经烟道从烟囱排放。烟道气和物料是逆向流动的，这样热量利用更为合理。

（4）燃烧器

在辐射段炉墙或底部的一定部位安装有一定数量的燃烧器，燃烧器又称为烧嘴。燃烧器的作用是完成燃料的燃烧，为热交换提供热量。

燃烧器由燃料喷嘴、配风器、燃烧道三部分组成。燃烧器性能的好坏，直接影响燃烧质量及炉子的热效率。操作时，特别应注意火焰要保持刚直有力，调整火嘴尽可能使炉膛受热均匀，避免火焰舔炉管，并实现低氧燃烧。要保证燃烧质量和热效率，还必须有可靠的燃料供应系统和良好的空气预热系统。

烧嘴因其所安装的位置不同分为底部烧嘴和侧壁烧嘴，设置方式可分为三种：一是全部由底部烧嘴供热，如图10－7所示；二是全部由侧壁烧嘴供热，如图10－8所示；三是由底部和侧壁烧嘴联合供热。按所用燃料不同，又分为气体燃烧器、液体（油）燃烧器和汽油联合燃烧器。

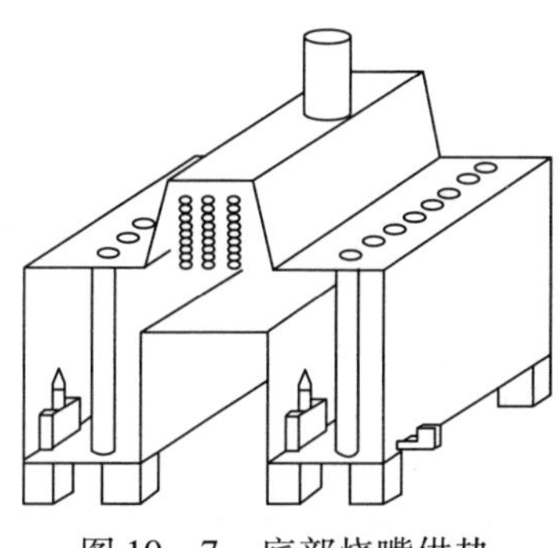

图10－7　底部烧嘴供热

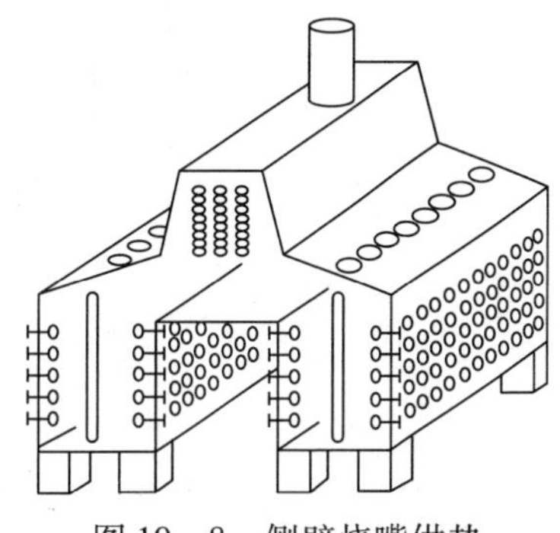

图10－8　侧壁烧嘴供热

3. 管式裂解炉的炉型

由于裂解管布置方式和烧嘴安装位置及燃烧方式的不同，管式裂解炉的炉型有多种，现介绍一些有代表性的炉型。

（1）SRT 型炉（短停留时间裂解炉）

SRT 型炉由美国鲁姆斯公司在 20 世纪 60 年代开发，具有短停留时间、热强度高、低烃分压的特点。SRT 型炉从早期的 SRT-Ⅰ型发展为近期采用的 SRT-Ⅵ型，该炉型的不断改进，是为了进一步缩短停留时间，改善裂解选择性，提高乙烯的收率，对不同的裂解原料有较大的灵活性。近来气体原料多采用 SRT-Ⅱ型或 SRT-Ⅲ型炉（停留时间 0.4 s 左右），液体原料采用 SRT-Ⅰ型或 SRT-M 型炉（停留时间 0.2 s 左右）。图 10－9 所示为 SRT-Ⅲ型裂解炉结构。

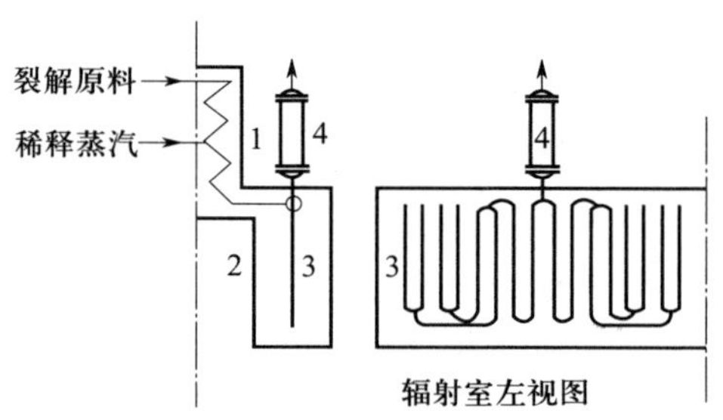

图 10－9　SRT-Ⅲ型裂解炉结构

1—对流段；2—辐射段；3—炉管组；4—急冷换热器

（2）USC 型炉（超选择性裂解炉）

USC 型炉由美国斯通－韦勃斯特公司在 20 世纪 70 年代开发，是根据停留时间、裂解温度和烃分压条件的选择使生成的产品中乙烷等副产品较少、乙烯收率较高而命名的。USC 型炉短的停留时间和低的烃分压使裂解反应具有良好的选择性。采用的炉管构型有 W 形、U 形和 M 形。其中 W 形管长较长，处理能力较大；U 形管长较短，处理能力较小，但裂解选择性更高；M 形炉管处理能力最大，停留时间最长，通常用于轻烃的裂解。图 10－10 所示为 USC 型裂解炉（W 形盘管）结构。

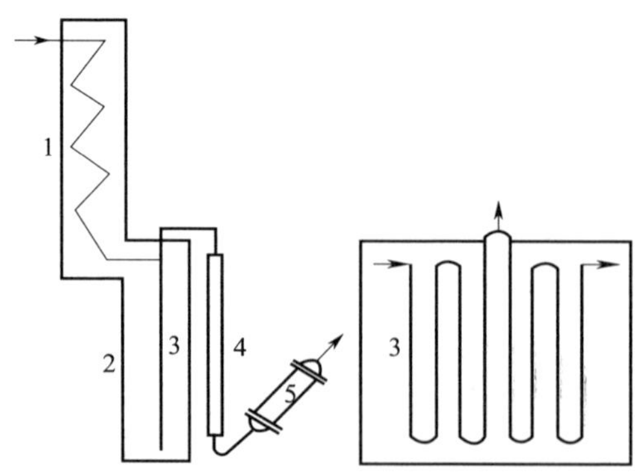

图 10－10　USC 型裂解炉（W 形盘管）结构

1—对流段；2—辐射段；3—炉管组；4—第一急冷换热器；5—第二急冷器

（3）毫秒裂解炉

毫秒裂解炉由美国凯洛格公司在20世纪70年代开发。在高裂解温度下，使物料在炉管内的停留时间缩短到0.05～0.1 s，因此被称为毫秒裂解炉。因为该炉型裂解管是一层，没有弯头，流体阻力小，烃分压低，所以乙烯收率比其他炉型高。毫秒裂解炉由于炉管多，故流量不容易平均分配。采用猪尾管来分配流量，效果较好。图10－11所示为毫秒裂解炉结构。

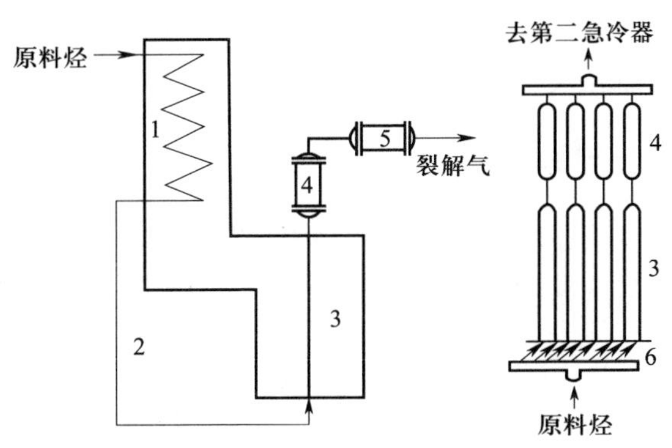

图10－11 毫秒裂解炉结构

1—对流段；2—辐射段；3—炉管组；4—第一急冷换热器；5—第二急冷器；6—猪尾管流量分配器

（4）CBL炉（北方炉）

CBL炉是我国自行研究开发的具有中国特色的新型裂解炉，该炉具有裂解选择性高、调节灵活、运转周期长等特点。第一台工业炉于1988年10月由辽阳石油化纤公司建成投产。目前，CBL炉已由CBLI型发展为CBL-I型，能力从最初的20 kt/a发展到200 kt/a，原料可以适应从乙烷到加氢尾油。

CBL型炉的主要技术特点可归结为“三个二”，即2－1型炉管构型、稀释蒸汽二次注入新工艺和裂解气二级急冷技术，分别如图10－12、图10－13所示。

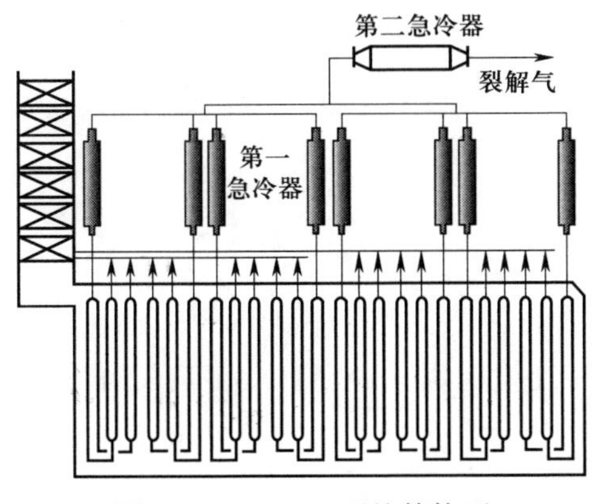

图10－12 2－1型炉管构型

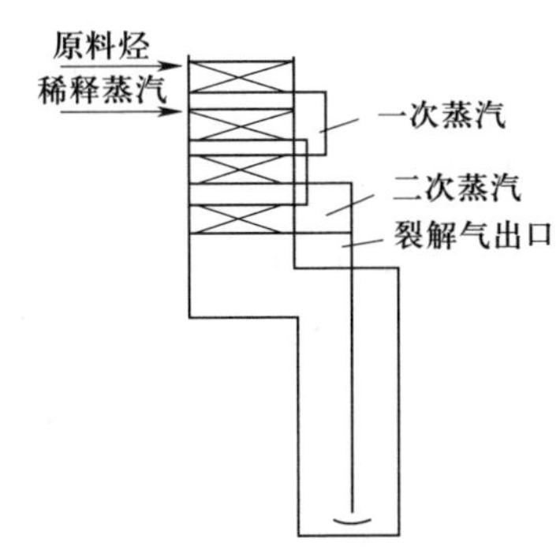

图10－13 稀释蒸汽二次注入新工艺和裂解气二级急冷技术

2－1型炉管构型较好地实现了裂解工艺要求的“高温、短停留时间、低烃分压”目标，从而使裂解的选择性得到提高；稀释蒸汽二次注入新工艺，是在保证对流段不结焦、保持相同裂解深度的状态下，提高物料进入辐射段的温度，降低炉管管壁温度，缩小管壁温差，从而延长炉管寿命和运转周期，降低燃料消耗；裂解气二级急冷技术，既可有效地抑制裂解气二次反应，又能延长急冷锅炉寿命和运转周期，尽可能多地回收高品位热能。

上述的各式管式炉技术成熟，逐步向高温、短停留时间和低烃分压方向发展，适应了原料多样化、装置大型化，提高了裂解的选择性和乙烯的收率，降低了原料的消耗定额。目前，管式炉裂解技术在石油烃裂解中仍占主导地位。

五、管式炉裂解工艺流程

管式炉裂解工艺流程包括原料油供给和预热系统、裂解和高压水蒸气系统、急冷油和燃料油系统、急冷水和稀释蒸汽系统共四部分组成，如图 10－14 所示。

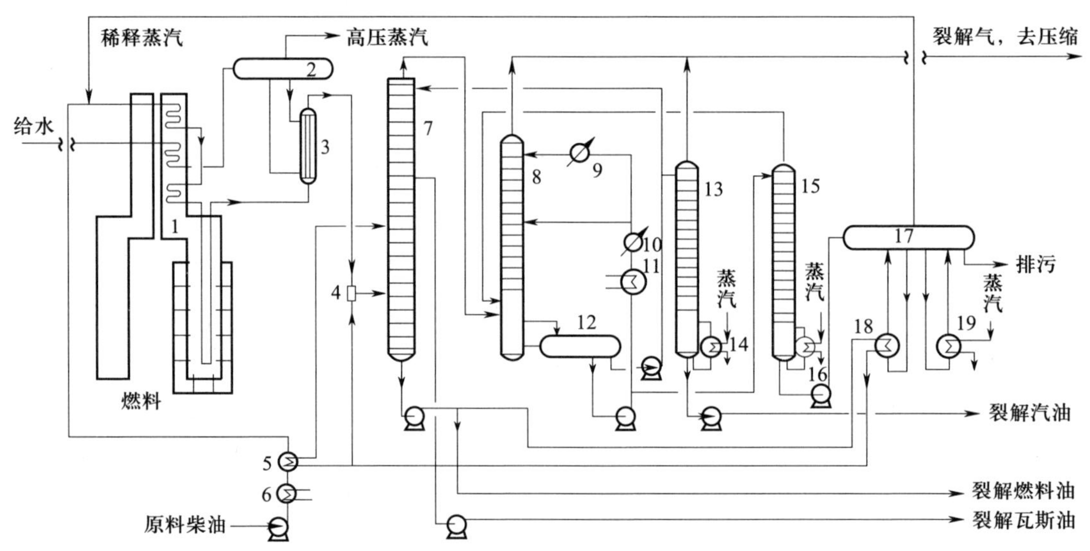

图 10－14　管式炉裂解工艺流程

1—裂解炉；2—汽包；3—急冷换热器；4—急冷器；5，6—预热器；7—油洗塔；8—水洗塔；9～11—换热器；12—油水分离器；13—汽油汽提塔；14—再沸器；15—工艺水汽提塔；16—再沸器；17—稀释水蒸气发生器汽包；18—稀释水蒸气发生器加热器；19—蒸汽加热器

1. 原料油供给和预热系统

原料油从储罐经预热器和与过热的急冷水和急冷油热交换后与稀释水蒸气混合，进入裂解炉的预热段（经二次预热）。原料油供给必须保持连续稳定，否则直接影响裂解操作的稳定性，甚至有损毁炉管的危险。

2. 裂解和高压水蒸气系统

预热过的原料油再进入裂解炉的辐射段进行裂解。炉管出口的高温裂解气迅速进入急冷换热器中，使裂解反应很快终止。

急冷换热器的给水先在对流段预热并局部汽化后送入高压汽包，靠自然对流流入急冷换热器，产生 11 MPa 的高压水蒸气，再经过热后送去蒸汽管网。

3. 急冷油和燃料油系统

从急冷换热器出来的裂解气先去油急冷器中用急冷油直接喷淋冷却，然后与急冷油一起进入油洗塔，塔顶出来的裂解气为氢气、气态烃和裂解汽油以及稀释水蒸气和酸性气体。裂解轻柴油从油洗塔的侧线采出，经汽提塔汽提其中的轻组分，作为裂解轻柴油产品，塔釜采出重质燃料油。

自油洗塔塔釜采出的重质燃料油，小部分经汽提塔提出其中的轻组分后，作为重质燃料油产品送出，大部分则用作循环急冷油。急冷油分两股进行冷却，一股用来预热原料轻柴油之后，返回油洗塔作为塔的中段回流，另一股用来发生低压稀释蒸汽，急冷油本身被冷却后送至急冷器作为急冷介质，对裂解气进行冷却。

4. 急冷水和稀释蒸汽系统

裂解气在油洗塔中脱除重质燃料油和裂解轻柴油后，由塔顶采出进入水洗塔，塔顶和中段用急冷水喷淋，使裂解气冷却。其中，一部分稀释水蒸气和裂解汽油冷凝下来，冷凝下来的油水混合物由塔釜引至油水分离器，分离出的水一部分供工艺加热用，冷却后的水再经急冷换热器和冷却后，分别作为水洗塔的塔顶和中段回流，此部分水称为急冷循环水；另一部分相当于稀释水蒸气的水量，由水泵送入工艺水汽提塔，将工艺水中的轻烃汽提后回水洗塔，保证塔釜水中含油量少于 0.01%（质量分数）。此工艺水先送入稀释水蒸气发生器汽包，产生稀释水蒸气，再送入裂解炉。这种稀释水蒸气循环使用，既节约了新鲜的锅炉给水，又减少了污水的排放量。

油水分离器分离出的汽油，一部分送至油洗塔作为塔顶回流循环使用，另一部分送至汽油汽提塔，汽提出轻组分后作为裂解汽油产品送出。

脱除绝大部分水蒸气和少部分汽油的裂解气（主要是 C_4 以下组分），送至压缩系统。

课后练习

一、选择题

1. 以下不是原料烃的裂解宜采用的操作条件是（　　）。

A. 高的裂解温度　　B. 短的停留时间

C. 较低的烃分压　　D. 较高的烃分压

2. 烃类裂解制乙烯的最适宜温度一般为（　　）℃。

A. 750 ~ 900　　B. 750 ~ 950

C. 700 ~ 950　　D. 700 ~ 900

3. 高于 900 ℃，对结焦和（　　）极为有利，这样原料的转化率虽有增加，产品的收率却大大下降。

A. 脱氢反应　　B. 叠合芳构化反应
C. 裂解反应　　D. 生碳反应

4. 停留时间是指裂解原料由进入裂解炉辐射管到离开辐射管所经过的时间，即反应原料在（　　）中停留的时间。

A. 反应管　　B. 进口　　C. 出口　　D. 对流管

5. 裂解原料在反应区停留时间太短，使原料的转化率（　　），乙烯的收率提高。

A. 降低　　B. 不变　　C. 提高　　D. 无法判断

6. 目前工业上采用的稀释剂是（　　）。

A. 水蒸气　　B. 氮气　　C. 空气　　D. 氢气

7. 无论从热力学还是动力学角度分析，降低压力对烃类裂解的一次反应（　　）。

A. 有利　　B. 不利　　C. 无影响　　D. 无法判断

8. 下面选项中，（　　）不是用水蒸气做稀释剂的优点。

A. 易于从裂解气中分离　　B. 抑制原料中硫对炉管的腐蚀
C. 可脱除炉管的部分结焦　　D. 提高乙烯收率

9. 工业上常用的降低烃分压是在裂解原料气中添加（　　），而不是降低系统总压。

A. 原料　　B. 产物　　C. 空气　　D. 稀释剂

项目十一

醋酸生产技术

醋酸是重要的有机酸产品之一，是重要的基本有机化工原料，主要作为有机合成原料和有机溶剂。在合成材料、轻纺、农药、医药、染料、化妆品以及食品等行业有着广泛的应用。醋酸的生产方法有多种，目前工业上主要以乙醛氧化法和甲醇羰基合成法为主。本项目以醋酸生产工艺为主线，重点介绍乙醛氧化法和甲醇羰基合成法合成醋酸，通过学习醋酸理化性质、生产方法、生产原料、反应原理、工艺条件分析确定及生产工艺流程，全面掌握醋酸生产技术。

任务一　认识醋酸

学习目标

1. 认识醋酸的理化性质及用途。
2. 了解醋酸的生产方法和原料。

一、醋酸的理化性质及用途

1. 醋酸的理化性质

醋酸的化学名称为乙酸，因其存在于食用醋中而得名，分子式为 CH_3COOH，结构式为 $H_3C—\overset{\overset{O}{\|}}{C}—OH$，相对分子质量为60.05。

醋酸是无色透明液体，沸点为118 ℃，冰点为16.6 ℃，黏度为11.83 mPa·s（20 ℃），相对密度（水=1）为1.049 2，相对蒸气密度（空气=1）为2.07，饱和蒸气压为1.52 kPa

(20 ℃)，燃烧热为873.7 kJ/mol，闪点为39 ℃（开杯），自燃点为465 ℃。醋酸达到冰点时，可凝固成像冰一样的固体，故又称为冰醋酸。醋酸与水完全互溶，醋酸水溶液的冰点随浓度降低而降低。醋酸含量规格：一级不小于99.0%；二级不小于98.0%。

醋酸可与乙醇、乙醚、甘油、苯等有机溶剂以任意比例互溶，不溶于二硫化碳。纯醋酸或浓醋酸具有腐蚀性，危险标记20（酸性腐蚀品）。

危险特征：醋酸蒸气易燃，其蒸气比空气重，在空气中会传播至远处，遇明火、高热能引起燃烧并可能造成回火，与空气混合可形成爆炸性混合物，爆炸极限为4.0%～17.0%（体积分数）。醋酸与铬酸、过氧化钠、硝酸或其他氧化剂接触，有爆炸危险。

健康危害：30%（质量分数）以上的浓醋酸与皮肤接触，会引起化学灼伤。酸醋具有很强烈的刺激性醋味，其蒸气对鼻、喉和呼吸道有刺激性，尤其对眼睛有强烈刺激作用，会引起永久性眼睛受损甚至失明。

醋酸是典型的有机酸。能进行中和、酯化、氯化、脱水等反应：

$$CH_3COOH + NaOH \longrightarrow CH_3COONa + H_2O$$

醋酸可发生酯化反应，生成醋酸酯：

$$CH_3COOH + C_2H_5OH \longrightarrow CH_3COOC_2H_5 + H_2O$$

醋酸氯化得一氯醋酸：

$$CH_3COOH + Cl_2 \longrightarrow CH_2ClCOOH + HCl$$

醋酸与乙炔加成生成醋酸乙烯酯：

$$CH_3COOH + C_2H_2 \longrightarrow CH_3COOCH = CH_2$$

2. 醋酸的用途

醋酸是非常重要的有机化工原料，广泛用于有机合成和有机溶剂。在有机合成工业中，醋酸主要用途有：生产醋酸乙烯单体、醋酐、聚乙烯醇、醋酸酯、醋酸纤维素等；制造药物，如阿司匹林等；生产醋酸盐，如锰、钠、铅、铝、锌、钴等金属盐，这些醋酸盐可用作催化剂、织物染色及皮革鞣制工业中的助剂。醋酸与低级醇形成的醋酸酯是优良的溶剂，如对二甲苯氧化生成对苯二甲酸就是用醋酸作溶剂。醋酸酯作溶剂广泛应用于涂料工业。此外醋酸在食品加工中通常作为酸化剂、防腐剂、增香剂和香料等。以醋酸为原料的醋酸合成产品在合成材料、轻纺、农药、医药、染料、化妆品以及食品等行业有着广泛的应用。

二、醋酸的生产方法

醋酸生产有乙醛氧化法、甲醇羰基合成法、长链碳架氧化降解法、粮食发酵法等，工业化生产方法主要有以下几种。

1. 乙醛氧化法

乙醛氧化法生产醋酸，不改变原料的碳链骨架，最早实现工业化。20世纪50年代以前，乙醛氧化法以乙炔为基本原料，乙炔水合先合成乙醛，然后氧化生成醋酸，这条路线的基础原料是煤和天然气，原料成本相对较高。20世纪60年代以来，以乙烯为基本原料，乙烯氧化为乙醛，乙醛氧化生成醋酸，此路线以石油为基础原料，原料成本较低，技术成熟。

目前，我国在醋酸生产中约有40%采用的是这种方法。

2. 甲醇羰基合成法

甲醇羰基合成法是在催化作用下，甲醇与一氧化碳直接合成醋酸的方法。甲醇羰基合成醋酸，有高压法和低压法两种工艺技术。高压法由德国巴斯夫（BASF）公司开发，此法催化剂是羰基钴－碘，反应条件为70 MPa、250 ℃，以甲醇计的收率为90%，以一氧化碳计的收率为70%。低压法由美国孟山都（Monsanto）公司开发，此法催化剂为羰基铑－碘，反应条件为3 MPa、180 ℃，收率以甲醇计达99%、以一氧化碳计为90%。

甲醇低压羰基合成醋酸，催化效率高，选择性高达99%，产品纯度高，基本无副产物，生产条件温和，原料来源广泛，甲醇和一氧化碳的原料主要是煤、天然气或是重质油。与乙烯乙醛法、乙醇乙醛法相比，该工艺技术先进，具有显著的经济优势，20世纪70年代后的醋酸生产装置，大多采用甲醇低压羰基化技术。在我国，醋酸总产量的60%以上是以甲醇羰基合成法生产的。甲醇低压羰基合成醋酸，已成为醋酸生产的主流方法。

3. 长链碳架氧化降解法

利用$C_4 \sim C_8$裂解原料烃，采用氧化降解法生产醋酸。此法以裂解产物轻汽油为基本原料，基础原料也是石油，原料成本虽然较低，但因原料组成复杂，故氧化反应复杂，副产物较多，分离过程复杂，能耗较大。

4. 粮食发酵法

粮食发酵法源于食醋发酵，是以淀粉为原料采用醋酸菌发酵生产醋酸的方法。由于该法以可再生资源——粮食为原料，通过生物发酵的方法生产醋酸，符合绿色化学要求，因而受到广泛重视。随着现代生物化工技术的发展，粮食发酵生产醋酸的成本不断降低，由粮食生产醋酸成为可能。

三、醋酸生产原料

生产制造醋酸的原料有多种，基本原料有乙醛、甲醇、一氧化碳、裂解轻汽油以及农副产品等。乙醛是生产醋酸的主要原料之一。

乙醛在室温下为无色液体，具有强烈的刺激性气味；沸点为20.8 ℃，着火点为43 ℃，自燃点为185 ℃，在空气中的爆炸极限为3.8%～57%（体积分数），在氧气中的爆炸极限为2.8%～91%（体积分数）；可与水、乙醇、乙醚等混溶；乙醛有毒，刺激呼吸道黏膜，在空气中的允许质量浓度为0.1 mg/L，乙醛的质量浓度超过0.5 mg/L，可引起呼吸困难、咳嗽、头痛等不适。乙醛易氧化，可自动氧化为醋酸，长久放置可发生聚合反应，生成三聚乙醛。

乙醛生产主要有乙烯氧化法、乙炔水合法以及乙醇氧化法。其中，乙烯氧化法是乙烯与氧气在以氯化钯、氯化铜的盐酸水溶液为催化剂的作用下，氧化生成醋酸，反应式如下：

$$CH_2=CH_2+0.5O_2 \xrightarrow[\substack{125\sim130\ ℃ \\ 0.3\sim0.35\ MPa}]{PdCl_2-CuCl_2} CH_3CHO+Q$$

乙烯氧化法生产乙醛工艺流程如图 11－1 所示。经乙醛吸收塔吸收，得到 10% 的乙醛水溶液，经精馏得到 99.7% 的成品乙醛，用于生产醋酸。

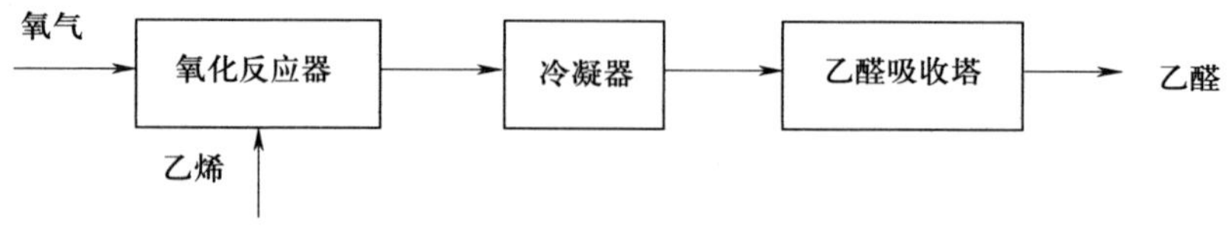

图 11－1　乙烯氧化法生产乙醛工艺流程

课后练习

一、判断题

1. 醋酸与水可以任何比例互溶，醋酸水溶液的冰点随其含水量的增加而增加。（　　）

2. 以石油为基础原料的乙醛氧化制醋酸工艺，原料成本较低，技术成熟。（　　）

3. 甲醇低压羰基合成醋酸以煤、天然气或是重质油为基础原料，其技术具有显著的经济优势。（　　）

二、填空题

1. 常温下醋酸是无色透明的液体，因纯醋酸在气温较低时，可凝固成________，所以又称为________。

2. 醋酸工业化生产方法有________、________、________、粮食发酵法等。

3. 目前醋酸生产的主流方法是________，但在我国醋酸生产中________法仍占相当比重。

4. 生产制造醋酸的原料有多种，基本原料有________、________、________、裂解轻汽油以及农副产品等。

任务二　乙醛氧化制备醋酸

学习目标

1. 掌握乙醛氧化制备乙酸的反应原理。

2. 会分析、选择乙醛氧化制醋酸的工艺条件。

3. 了解鼓泡塔反应器结构及特点。

4. 熟悉乙醛氧化制乙酸生产工艺过程。

一、反应原理与工艺条件

1. 反应原理

乙醛氧化制备醋酸的主反应为：

$$CH_3CHO + \frac{1}{2}O_2 \longrightarrow CH_3COOH + Q$$

主要副反应有：

$$2CH_3COOH \longrightarrow CH_3COCH_3 + CO_2 + H_2O$$

$$CH_3COOH \longrightarrow CH_3OH + CO_2$$

$$CH_3COOH + CH_3OH \longrightarrow CH_3COCH_3 + H_2O$$

$$CH_3OH + \frac{1}{2}O_2 \longrightarrow HCOH + H_2O$$

$$HCOH + \frac{1}{2}O_2 \longrightarrow HCOOH$$

$$3CH_3CHO + O_2 \longrightarrow CH_3CH(OCOCH_3)_2 + H_2O$$

$$2CH_3CHO + 5O_2 \longrightarrow 4CO_2 + 4H_2O$$

乙醛氧化生成醋酸，是自由基连锁反应。乙醛首先氧化生成过氧醋酸，然后过氧醋酸分解生成醋酸。过氧醋酸不稳定，其浓度累积到一定程度，会发生突发性分解，引起爆炸。为防止过氧醋酸的累积，可采用催化剂加快过氧醋酸的分解，使过氧醋酸的分解速率大于其生成速率。乙醛氧化生产醋酸的催化剂有钴盐、锰盐、铁盐等，常以醋酸锰为催化剂。

2. 工艺条件

乙醛氧化生产醋酸，有气相法和液相法。气相法反应热移出困难，容易引起局部过热，导致乙醛深度氧化。而且，乙醛与空气可在较大的浓度范围内形成爆炸性混合物，不利于安全生产。工业上多采用液相氧化法，先将氧气通入乙醛和催化剂的溶液中，乙醛吸收氧气生成过氧醋酸，然后在催化剂作用下迅速分解转化为醋酸。

乙醛氧化生产醋酸，必须解决过氧醋酸的积累、乙醛与空气混合形成爆炸性混合物等工艺问题。因此，氧气的扩散与吸收、催化剂的用量、反应温度、反应压力、原料配比和原料的组成等，是十分重要的工艺因素。

（1）氧气的扩散与吸收

氧气的扩散与吸收对反应过程有很大影响。氧气的扩散与吸收主要与通入氧气的速率、气体分布板的孔径和液柱高度有关。

1）通入氧气的速率。在一定操作范围内，通入氧气的速率快，气液相接触充分，氧气吸收率大；通入氧气速率不可无限制地增加，当超过一定速率后，气液相接触时间减小，氧气的吸收率降低，若通入氧气速率过大，还将带出大量反应液，从而影响氧化的正常操作，降低反应效果。

2）气体分布板的孔径。分布板孔径与氧气的吸收率成反比。气体流量一定时，孔径增大，通入气体的表面积减小，气液接触不良；孔径减小，通入气体表面积越大，气体分布越均匀，气液接触越良好。孔径过小，流体阻力增加，进而影响通入氧气速率。

3）液柱高度。通入氧气速率一定时，氧气吸收率与通过的液柱高度成正比，增加液柱高度，可延长气液相接触时间，增加氧气吸收率，液柱越高，其静压头越高，有利于氧气的吸收。当液柱达到一定高度，氧气的吸收率足够高时，再增加液柱高度，吸收率无明显变化。实际生产液柱高度一般为 4 m 左右。

（2）催化剂的用量

先将适量醋酸锰溶解于醋酸，制成醋酸锰的醋酸溶液，再将此催化剂溶液加入反应器，一般用量为 0.08% ~0.1%（质量分数）。催化剂用量对过氧醋酸的分解速率、氧气吸收率影响很大，用量越大，过氧醋酸的含量越低，氧气的吸收率越高；用量过多，不利于反应液的分离。

（3）反应温度

温度是乙醛氧化的重要因素之一。温度升高，有利于过氧醋酸的生成及其分解，特别是有利于过氧醋酸的分解。但是，温度不宜过高，过高则使副反应加剧，乙醛蒸气分压增大，氧气的吸收率降低，氧化反应器顶部乙醛和氧气的浓度升高，爆炸危险性增大。实际生产中，温度一般控制在 65 ~80 ℃。

（4）反应压力

乙醛氧化是一个气液相反应过程。因此，增加压力，有利于提高氧气的吸收率，进而提高反应速率；增加压力可提高乙醛的泡点温度，抑制乙醛的汽化，降低爆炸的危险性，减少乙醛损失。但是，随着压力的增加，设备费用也相应增加。实际生产中，操作压力一般控制在 0.1 ~0.2 MPa（表压）。

（5）原料配比

由化学反应式可见，乙醛与氧气的理论配比为 1∶0.5（物质的量比）；为提高醋酸的收率，实际生产以乙醛为过量反应物，乙醛与氧气的配比为（3.5 ~4）∶1（物质的量比）。

（6）原料的组成

水可与催化剂生成过氧化锰的水合物而使催化剂失活，因此，原料中的水分必须严格控制。实际生产中，要求原料中水的质量分数在 3% 以下。

氧化反应液的主要成分为醋酸、醋酸锰、乙醛、氧以及原料带入的少量杂质和副产物。氧化液中醋酸含量高，气相中乙醛浓度低，爆炸的危险和乙醛损失小，因此要严格控制醋酸含量。生产中醋酸的浓度，一般控制在 82% ~95%（质量分数）。

二、鼓泡塔反应器

乙醛氧化反应设备为鼓泡反应塔，又称氧化塔。生产要求：①气液相均匀接触；②有效移除反应热；③安全生产防爆。

氧化塔有内冷却型和外循环冷却型。内冷却型氧化塔如图 11－2 所示。该类氧化塔由多节筒体、封头和封底组成，每节装有冷却盘管，可通入冷却水移出反应热，用于控制反应温度。每节筒体底部设有多孔气体分配管，氧气通过小孔吹入塔内，塔体各节筒体间装有花板，使气体再分布均匀。乙醛及催化剂溶液进口位于塔底，尾气出口位于塔顶，塔上部为扩大段，可降低气流速率，减少雾沫夹带。为保证生产安全，氧化塔顶还设有氮气通入口和防爆膜板。

外循环冷却型氧化塔如图 11－3 所示。该类氧化塔结构简单，乙醛及催化剂溶液入口位于塔的上部，氧气由塔下部进入，反应液用循环泵从塔底抽出，经冷却器冷却后返回氧化塔。氧化产物液从接近塔顶处采出，也可从循环泵抽出口采出，废气由塔顶排出。塔顶也设有防爆膜板和氮气管，生产中通入氮气，降低气相中乙醛和氧气的浓度。

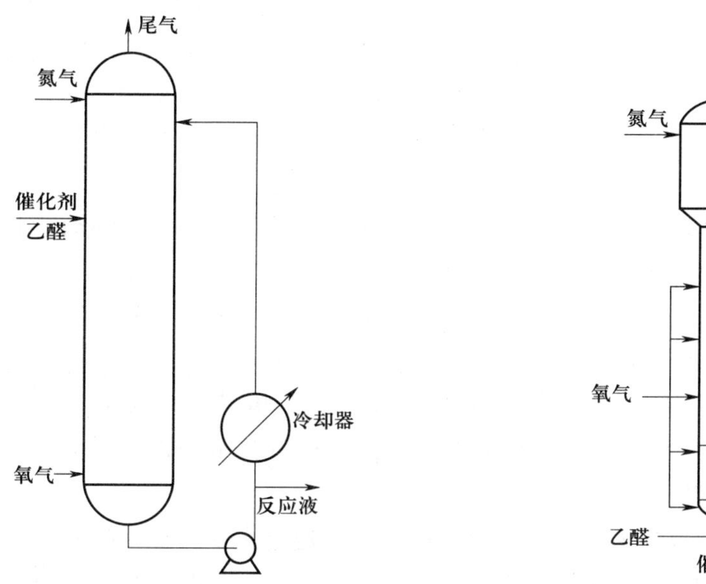

图 11－2　内冷却型氧化塔　　图 11－3　外循环冷却型氧化塔

比较两种类型的氧化塔，内冷却型采用分节通入氧气，内置花板，可保证氧气在液相中分布均匀；但是结构复杂，检修较为困难，设备制造成本较高。外循环冷却型氧化塔，反应液的外循环不仅增加塔内液体的流动性，而且有利于传热，保持液相温度均匀，提高氧气的吸收率；其结构简单，制造成本较低，检修很方便。生产中多采用外循环冷却型氧化塔。

三、工艺流程

乙醛氧化生产醋酸工艺流程如图 11－4 所示。

从乙醛装置来的 99.7%（质量分数）乙醛连续送入第一氧化塔，从空气分离器来的氧气压力为 0.6～0.8 MPa（表压），经氧气缓冲罐稳压在 0.6 MPa（表压）后，与乙醛按一定

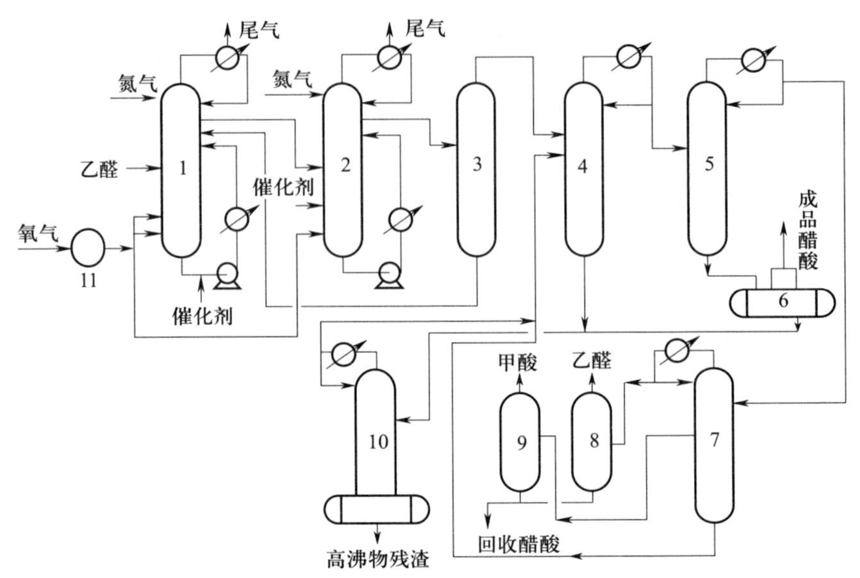

图 11－4　乙醛氧化生产醋酸的工艺流程

1—第一氧化塔；2—第二氧化塔；3—催化剂回收塔；4—脱高沸物塔；5—脱低沸物塔；6—醋酸蒸发器；7—脱水塔；8—乙醛回收塔；9—甲酸回收塔；10—高沸物残渣塔；11—氧气缓冲罐

比例，分两路进入第一氧化塔，在第一氧化塔内氧气和乙醛反应。醋酸锰由催化剂储槽定期补入，或从催化剂回收塔底部由催化剂循环泵连续送入。反应温度控制在 65～78 ℃，反应热由循环冷却器移走，氧化液由塔上部溢出进入第二氧化塔；根据氧化液中乙醛浓度，向第二氧化塔通入过量4%（体积分数）的氧气与未反应的乙醛反应。第一、第二氧化塔顶均通入氮气，控制尾气中氧含量小于5%（体积分数），第一氧化塔塔压控制在 0.2 MPa，第二氧化塔塔压控制在0.1 MPa，温度控制在70～80 ℃，反应热由循环冷却器移走，氧化液送入中间储槽，或直接送往蒸馏岗位。

自第二氧化塔来的氧化反应液，进入催化剂回收塔，通过再沸器用间接蒸汽加热蒸馏，塔釜浓缩的催化剂溶液返回第一氧化塔，塔顶的醋酸蒸气直接进入脱高沸物塔精馏。脱高沸物塔顶蒸出醋酸、水、甲酸、醋酸甲酯等低沸物，经冷凝器冷凝，凝液部分作为回流，部分进入脱低沸物塔；塔釜液经高沸物储槽进入高沸物残渣塔。脱高沸物塔顶馏出液进入脱低沸物塔进行蒸馏，塔顶蒸出的甲酸、醋酸甲酯、水、乙醛等，经冷凝器冷凝，凝液部分作为回流，部分进入脱水塔；脱低沸物塔釜液为 99.5%（质量分数）的醋酸，通过液位控制进入醋酸蒸发器蒸发，醋酸蒸气经冷凝冷却至 40 ℃，经中间储槽送至醋酸成品罐。

低沸物进入脱水塔后，由塔釜再沸器间接加热蒸馏，塔顶蒸出的水、醋酸甲酯、乙醛、少量醋酸和甲酸，经冷凝器冷凝，凝液部分作为回流，部分去乙醛塔回收乙醛；脱水塔中部富集的甲酸采出后，经冷却送入甲酸回收塔回收甲酸；脱水塔塔釜得到的二级品醋酸（质量分数为 98%），送入脱高沸物塔进一步精馏。

脱高沸物塔的金液及醋酸蒸发器残液，经高沸物储槽，连续送入高沸物残渣塔精馏，塔顶蒸气经冷凝器冷凝，得到质量分数为 98% 左右的醋酸，部分回流，部分送入脱高沸物塔

精馏；高沸物残渣塔釜的残渣，是含有醋酸55%（质量分数）的高沸物。

课后练习

一、判断题

1. 乙醛氧化生成醋酸的反应过程是首先乙醛吸收氧生成过氧醋酸，然后过氧醋酸分解生成醋酸。（　　）

2. 工业上乙醛氧化生产醋酸多采用气相氧化法。（　　）

3. 过氧醋酸不稳定，其浓度积累到一定程度，会发生突发性分解，引起爆炸。（　　）

4. 乙醛氧化反应设备为鼓泡反应塔，又称氧化塔，有内冷却型和外循环冷却型。（　　）

5. 生产中的氧化反应液的主要成分是醋酸、醋酸锰、乙醛、氧以及原料带入的少量杂质和副产物。（　　）

二、填空题

1. 乙醛氧化生成醋酸主反应是____________，常以________为催化剂。

2. 乙醛氧化生产醋酸工艺中氧的扩散与吸收主要是与________、________和________有关。

3. 影响乙醛氧化生成醋酸工艺条件有________、________、________、________、________、________等。

4. 乙醛氧化生成醋酸中，乙醛与氧气的理论配比为________（摩尔），为提高醋酸的收率，实际生产以________为过量反应物。

5. 生产上对氧化塔的要求主要有：________、________、________。

三、简答题

简述乙醛氧化生产醋酸的工艺流程。

任务三　甲醇低压羰基化制备醋酸

学习目标

1. 掌握羰基化反应原理、催化剂的组成。

2. 会分析、选择甲醇低压羰基化制备醋酸工艺条件。

3. 熟悉甲醇低压羰基化生产醋酸工艺流程。

甲醇低压羰基合成醋酸，采用以铑的羰基配合物为主催化剂、碘甲烷和碘化氢为助催化剂组成的催化体系，催化剂效率高，反应选择性高，产品纯度高，副产物少，反应条件温和，操作安全，技术经济先进。

一、基本原理

1. 催化剂

甲醇羰基化合成醋酸属配位催化反应，催化剂以配位化合物的形式与反应物分子配位使其活化，反应物分子在配位化合物体内进行反应形成产物，产物自配体中解配，催化剂得到还原。甲醇羰基化合成醋酸的催化剂是可溶性的铑化合物和碘化物构成的醋酸或甲醇溶液，即由 Rh_2O_3 和 $RhCl_3$ 等铑化合物与一氧化碳、碘化物（HI 或 I_2）作用，形成以铑原子为中心，以一氧化碳、卤素为配体的配合物。研究证实，铑配位化合物 $[Rh^+(CO)_2I_2]^-$ 负离子具有催化活性。反应液中铑的浓度为 $10^{-4} \sim 10^{-2}$ mol/L，正常操作条件下，每吨产品醋酸铑的消耗量为 170 mg 以下。

甲醇低压羰基化制醋酸的各类催化剂见表 11－1。

表 11－1　甲醇低压羰基化制醋酸的各类催化剂

铑化合物	$RhCl_3 \cdot 3H_2O$ $[(C_6H_5)_4As][Rh(CO)_2I_2]$ $Rh_2O_3 \cdot 5H_2O$ $Rh[P(C_6H_5)_3]_2(CO)Cl$ $[Rh(CO)_2Cl]_2$ $Rh[As(C_6H_5)_3]_2(CO)Cl$ $[(C_6H_5)_4As] \cdot [Rh(CO)_2Cl]$ $Rh[P \cdot n-(C_4H_9)_3]_2(CO)Cl$
助催化剂	HI 水溶液、CH_3I 或 $CaI_2 \cdot 3H_2O$、I_2
溶剂	水、醋酸、甲醇或苯、硝基苯、醋酸甲酯

三碘化铑在碘甲烷的醋酸水溶液中，于 80～150 ℃、0.2～1 MPa 下与一氧化碳反应，逐步转化为二碘二羰基铑配位化合物而溶解，二碘二羰基铑配位化合物以 $[Rh^+(CO)_2I_2]^-$ 形式存在于溶液中。氧气、光照或过热等均能促使其分解沉淀析出。因此，催化剂循环系统必须维持一定的一氧化碳分压和适宜的温度，以避免铑的损失。

金属铑资源稀少，价格极为昂贵，因此减少催化剂损耗、降低生产成本十分重要。目前，作为替代铑的钴、镍、铱等过渡金属催化剂的研究，正在积极进行之中。

2. 甲醇羰基化反应

在铑－碘配位催化剂作用下，甲醇羰基化合成醋酸的反应如下。

主反应：

$$CH_3OH + CO \longrightarrow CH_3COOH \quad \Delta H_R = -138.6 \text{ kJ/mol}$$

副反应：

$$CH_3COOH + CH_3OH \rightleftharpoons CH_3COOCH_3 + H_2O$$

$$2CH_3OH \rightleftharpoons CH_3OCH_3 + H_2O$$

$$CO + H_2O \longrightarrow CO_2 + H_2$$

$$CO + 3H_2 \longrightarrow CH_4 + H_2$$

此外，还有生成甲酸、丙酸的副反应等。

副反应中的可逆反应，生成的醋酸甲酯、二甲醚可返回羰基化反应器，在反应条件下羰基化生成醋酸，故以甲醇为基准，醋酸选择性可达99%，副产物很少。当羰基化反应温度较高、催化剂活性较高及甲醇浓度较低时，一氧化碳和水的反应容易发生，故以一氧化碳计的选择性为90%。

应该注意，反应系统的醋酸、碘化物以及氢气等物料对设备的腐蚀很严重，因此生产中设备的防腐和避免氢脆十分重要。

二、工艺条件影响因素

甲醇羰基化生产醋酸的主要工艺影响因素是反应温度、反应压力、反应液组成等。

1. 反应温度

提高反应温度，有利于提高反应速率，增加反应器生产能力。但温度过高，则降低主反应的选择性，副产物甲烷和二氧化碳明显增加。动力学研究表明，在150～200 ℃时，铑-碘催化剂均有较好的催化作用。由于反应介质腐蚀性的限制，反应温度不宜超过190 ℃，考虑到催化活性较高，反应温度一般为130～180 ℃，最佳温度可控制在175 ℃左右。

2. 反应压力

增加反应压力，有利于提高一氧化碳的溶解度，提高甲醇的转化率和选择性，避免因甲醇浓度低而引起的副反应。反应温度为130～180 ℃时，反应压力控制在3.0 MPa，一氧化碳的分压为1～1.5 MPa。

3. 反应液组成

反应液的组成主要是指醋酸和甲醇的浓度，反应以醋酸为介质，既可调整反应液的极性，又可抑制甲醇脱水生成二甲醚的副反应。醋酸与甲醇物质的量（mol）比为1.44∶1，如醋酸与甲醇物质的量（mol）比小于1，则二甲醚生成量大幅度增加，醋酸收率降低。

反应液组成中适量的水分，可抑制醋酸甲酯的生成；但水含量过多，将导致一氧化碳变换副反应发生；水含量过少，则影响催化剂的活性，使反应速率下降。一般原料液中水含量为10%～13%，甲醇含量为8%～20%（均为质量分数）。由于副反应消耗水，故生产中应适当补充水。

三、工艺流程

甲醇低压法羰基化合成醋酸的工艺流程，由反应、精制、轻组分回收、催化剂制备与再生等四部分组成，其工艺流程如图11-5所示。

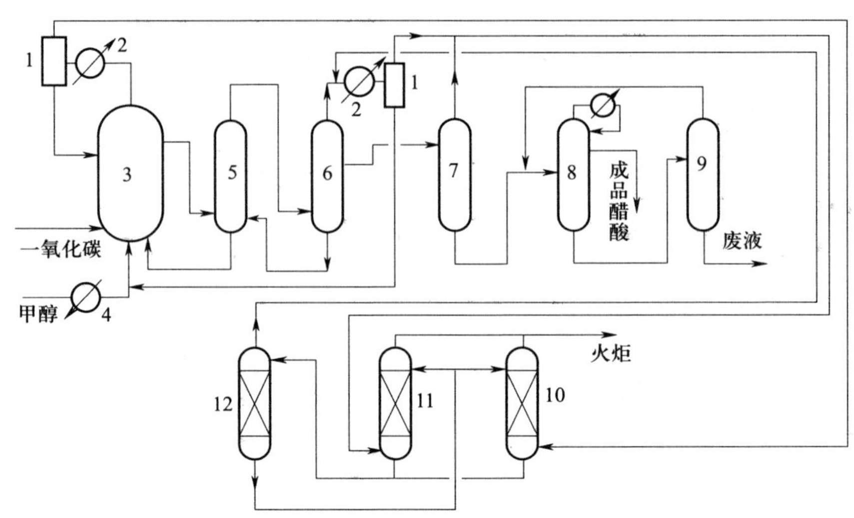

图 11－5　甲醇低压羰基化合成醋酸的工艺流程

1—气液分离器；2—冷凝器；3—反应釜；4—预热器；5—闪蒸塔；6—轻组分塔；7—脱水塔；8—重组分塔；9—废酸汽提塔；10—高压吸收塔；11—低压吸收塔；12—解吸塔

经预热器预热的甲醇与从压缩机来的一氧化碳，分别由反应器底部进入反应釜，由闪蒸塔分离出的催化剂母液、轻组分塔分离得到的冷凝液都返回反应釜。甲醇和一氧化碳在反应釜中进行羰基合成醋酸的反应，反应温度控制在 175～190 ℃、压力为 3.0 MPa，反应液从反应器上部侧线采出，进入闪蒸塔，在闪蒸塔闪蒸至 200 kPa 左右，使反应产物与催化剂母液分离，催化剂母液由闪蒸塔底返回反应釜，闪蒸塔顶气相物料作为轻组分塔的进料；反应釜顶部排出的气体含有一氧化碳、碘甲烷、氢气、二氧化碳、甲烷等，进入冷凝器冷凝，冷凝液返回反应釜，未冷凝气体送至高压吸收塔回收处理。

由闪蒸塔来的醋酸、水、碘化氢、碘甲烷、甲醇等气相混合物，进入轻组分塔分离，塔顶碘甲烷等轻组分经冷凝器冷凝返回反应釜，未冷凝气体去低压吸收塔处理；塔底采出碘化氢、水、醋酸以及高沸物、铑催化剂等返回闪蒸塔；轻组分塔侧线采出醋酸、水混合物进入脱水塔。

在脱水塔，塔顶蒸出的水含有碘甲烷、轻组分和少量醋酸，送至低压吸收塔处理；塔釜采出的无水粗醋酸、重组分送至重组分塔。

为使成品中的碘含量合格，在脱水塔中加入少量的甲醇，使碘化氢转化为碘甲烷。

重组分釜液进入废酸汽提塔，回收其中的醋酸。重组分塔上部侧线采出成品醋酸，醋酸的规格为：丙酸含量小于 50 mg/m^3，水含量小于 1 500 mg/m^3，总碘含量小于 40 mg/m^3。在重组分塔进料口加入少量的氢氧化钾，使碘离子以碘化钾的形式由塔釜采出，得到含碘为（5～40）$\times10^{-9}$（质量分数）的纯醋酸。

废酸汽提塔顶蒸出的醋酸返回重组分塔，塔底排出的废酸为产量的 0.2%（质量分数），可回收或焚烧处理。

反应釜来的不凝气进入高压吸收塔，轻组分塔顶不凝气进入低压吸收塔，高压、低压吸收塔均以醋酸为吸收剂，回收其中的碘甲烷，吸收尾气均由火炬焚烧处理。高压吸收塔在2.74 MPa下操作。

高压、低压吸收塔产生的吸收液，经解吸塔解吸后，碘甲烷蒸气送轻组分塔顶冷凝器，凝液与轻组分塔顶凝液汇合后返回反应釜。解吸后的醋酸返回高压、低压吸收塔，供循环使用。

由于原材料、设备和管路带来的金属离子、副反应产生高聚物的积累，均会使催化剂活性降低。因此，催化剂使用一段时间后需要再生。催化剂再生，可用离子交换树脂除去其他金属离子，或使铑配合物受热分解沉淀析出而回收铑。

助催化剂碘甲烷是由甲醇与碘化氢反应而制备的。先将碘溶于碘化氢水溶液中，在一定压力和温度下，通入一氧化碳使碘还原为碘化氢，然后在常温、常压下使其与甲醇作用得到碘甲烷。

课后练习

一、判断题

1. 甲醇低压羰基化合成醋酸的催化剂，是由以铑为主催化剂、碘甲烷和碘化氢为助催化剂组成的催化体系。（　　）

2. 反应系统的醋酸、碘化物以及氢气等物料对设备的腐蚀很严重，因此生产中设备的腐蚀和避免氢脆十分重要。（　　）

3. 增加压力，有利于反应向产物方向进行，有利于提高一氧化碳的吸收率。（　　）

4. 甲醇羰基化合成醋酸是气液相催化反应过程，主反应是放热反应。（　　）

5. 反应液组成主要是指醋酸和甲醇浓度。（　　）

二、填空题

1. 甲醇低压羰基化生产醋酸主反应是__________________，此外还有生成甲醇、丙酸的副反应等。

2. 甲醇羰基化生产醋酸，主要工艺条件有________、________、________等。

3. 在150～200 ℃时，铑－碘催化剂均有较好的催化作用，由于反应介质腐蚀性的限制，最佳温度可控制在__________℃左右。

4. 甲醇低压羰基合成醋酸的工艺过程，由________、________、________、催化剂制备与再生等四部分组成。

三、简答题

简述甲醇低压羰基合成醋酸的工艺流程。

项目十二

丙烯酸甲酯生产技术

丙烯酸甲酯是以丙烯酸和甲醇为原料，经过酯化反应而生成的。丙烯酸甲酯是有机合成中间体及合成高分子的重要单体。在引发剂和一定温度条件下，丙烯酸甲酯能发生自聚和共聚而生成不同性能的高分子聚合物，在涂料、橡胶、化纤等工业具有广泛应用。本项目以丙烯酸甲酯生产工艺为主线，通过学习丙烯酸甲酯的理化性质、生产原料、酯化反应原理、工艺条件分析确定及生产工艺流程，全面掌握丙烯酸甲酯生产技术。

任务一　认识丙烯酸甲酯

学习目标

1. 认识丙烯酸甲酯的理化性质和用途。
2. 了解丙烯酸甲酯的生产方法和生产原料。

一、丙烯酸甲酯的理化性质及用途

1. 丙烯酸甲酯的理化性质

丙烯酸甲酯，英文名称为 methyl acrylate，简称 MA，分子式为 $C_4H_6O_2$，相对分子质量为 86.09，熔点为 −76.5 ℃，沸点为 80.0 ℃，相对密度（水 =1）为 0.95，闪点为 −3 ℃/开杯，相对蒸气密度（空气 =1）为 2.97，比热容为 2.0J/(g·℃)，饱和蒸气压为 9.1 kPa（20 ℃），常温折射率（n_{25}）为 1.400 3。微溶于水，易溶于乙醇、乙醚、丙酮、苯。丙烯酸甲酯为无色透明液体，有类似大蒜的气味，危险标记：7（中闪点易燃液体）。

丙烯酸甲酯易燃，其蒸气与空气可形成爆炸性混合物。遇明火、高热能引起燃烧。与氧化剂能发生强烈反应。丙烯酸甲酯容易自聚，聚合反应随着温度的上升而加剧。其蒸气比空气重，容易扩散，遇明火会引着回燃。

丙烯酸甲酯有毒，其侵入途径有吸入、食入、经皮吸收。高浓度接触，引起流涎、对眼及呼吸道有强烈刺激，严重者口唇发白、呼吸困难、痉挛，因肺水肿而死亡。空气中最高容许质量浓度为35 mg/m^3。

2. 丙烯酸甲酯的主要用途

丙烯酸甲酯是有机合成中间体及高分子聚合物的单体，用于制造丙烯酸或丙烯酸酯类溶剂型胶黏剂和乳液型胶黏剂。为聚丙烯腈纤维（腈纶）的第二单体，与苯乙烯、甲基丙烯酸甲酯、丙烯酸丁酯等共聚制得的聚合物，广泛用作胶黏剂、涂料、皮革及纸张加工助剂等。

二、丙烯酸甲酯的生产方法

丙烯酸甲酯的生产方法与丙烯酸的生产方法密切相关，主要包括乙烯酮法、雷普法、丙烯腈水解法和丙烯直接氧化法。

1. 乙烯酮法

乙烯酮与甲醛以三氟化硼或氯化铝为催化剂进行缩合，生成β－丙内酯，为乙烯酮法（又称β－丙内酯法）。在硫酸的作用下直接与甲醇反应生成丙烯酸甲酯，化学反应式如下：

$$CH_2=C=O+HCHO \longrightarrow \begin{array}{l} CH_2-CH_3 \\ \,|\qquad\quad | \\ O\text{——}CO \end{array}$$

$$\begin{array}{l} CH_2-CH_3 \\ \,|\qquad\quad | \\ O\text{——}CO \end{array} + CH_3OH \xrightarrow{H_2SO_4} CH_2=CHCOOCH_3$$

该方法的原料乙烯酮是以醋酸或丙酮在高温下裂解而得，能耗大，生产成本高。

2. 雷普法

雷普法于20世纪40年代被发明，是用乙炔、一氧化碳与水或醇反应，生成丙烯酸或丙烯酸酯的方法。

丙烯酸甲酯是以乙炔、甲醇和一氧化碳为原料，在催化剂的作用下反应直接生成丙烯酸甲酯。实际生产过程中有化学计量法和催化法。

化学计量法是将乙炔、甲醇与羰基镍（提供一氧化碳）在40 ℃、0.101 MPa条件下反应生成丙烯酸甲酯，化学反应式如下：

$$4CH\equiv CH+CH_3OH+Ni(CO)_4+2HCl \longrightarrow CH_2\equiv CHCOOCH_3+NiCl+H_2$$

催化法是将乙炔、甲醇与一氧化碳在催化剂的作用下，反应生成丙烯酸甲酯，化学反应式如下：

$$CH\equiv CH+CH_3OH+CO \xrightarrow{NiCl} CH_2=CHCOOCH_3$$

雷普法的主要缺点是反应速率慢，若使用羰基镍，羰基镍容易部分分解造成损失，此外过程中涉及乙炔，操作比较复杂。

3. 丙烯腈水解法

以丙烯腈为原料，在浓硫酸存在下进行水解得到丙烯酰胺硫酸盐，丙烯酰胺硫酸盐直接与甲醇反应得到丙烯酸甲酯，化学反应式如下：

$$CH_2 = CHCN + H_2O + H_2SO_4 \longrightarrow CH_2 = CHCONH_2 \cdot H_2SO_4$$

$$CH_2 = CHCONH_2 \cdot H_2SO_4 + CH_3OH \longrightarrow CH_2 = CHCOOCH_3 + NH_4HSO_4$$

该方法的生产步骤多，硫酸的腐蚀性强，而且产生大量的废酸及硫酸氢铵。

4. 丙烯直接氧化法

以丙烯为原料，在催化剂的作用下丙烯经两步氧化得丙烯酸，丙烯酸经分离精制达到酯化级质量标准后与甲醇反应生成丙烯酸甲酯。化学反应式如下：

$$CH_2 = CHCH_3 + O_2 \longrightarrow CH_2 = CHCOOH + H_2O$$

$$CH_2 = CHCOOH + CH_3OH \longrightarrow CH_2 = CHCOOCH_3 + H_2O$$

以丙烯为原料氧化生产丙烯酸，原料丙烯价廉易得，而且氧化反应的催化剂活性和选择性都很高，是目前生产丙烯酸和丙烯酸甲酯最先进的方法。

此外，在丙烯酸的发展过程中还有氰乙醇法，因毒性现在已基本不采用。

三、生产丙烯酸甲酯的原料

丙烯酸甲酯的生产原料主要有丙烯酸和甲醇。

1. 丙烯酸理化性质及用途

丙烯酸是化学式为 $C_3H_4O_2$ 或 $CH_2CHCOOH$ 的有机化合物，是最简单的不饱和羧酸，由一个乙烯基和一个羧基组成，是由从炼油厂得到的丙烯制备的。丙烯酸为无色透明液体，有刺激性气味。熔点为 13.5 ℃，相对密度（水 =1）为 1.05，沸点为 141 ℃，相对蒸气密度（空气 = 1）为 2.45，相对分子质量为 72.06，饱和蒸气压为 1.33 kPa（39.9 ℃），闪点为 68.3 ℃，爆炸极限（体积分数）为 2.4% ~8.0%，自燃温度为 438 ℃。丙烯酸与水、乙醇、乙醚等完全互溶。

丙烯酸易燃，其蒸气与空气可形成爆炸性混合物，遇明火、高热能引起燃烧爆炸。与氧化剂能发生强烈反应。若遇高热，可发生聚合反应，放出大量热量而引起容器破裂和爆炸事故。遇热、光、水分、过氧化物及铁质易自聚而引起爆炸，具有双键及羧基官能团的联合反应，可以发生加成反应、官能团反应以及酯交换反应，制备多环和杂环化合物，易被氢还原为丙酸，遇碱能分解成甲酸和乙酸。

丙烯酸是重要的有机合成原料及合成树脂单体，是聚合速度非常快的乙烯类单体。大多数用以制造丙烯酸甲酯、乙酯、丁酯、羟乙酯等丙烯酸酯类。丙烯酸及丙烯酸酯可以均聚及共聚，其聚合物用于合成树脂、合成纤维、高吸水性树脂、建材、涂料等工业部门。

丙烯酸及其系列产品，主要是其酯类，近年得到迅速发展，如像乙烯、丙烯、氯乙烯、丙烯腈等，已成为重要的高分子化学工业的原料。丙烯酸及其酯类作为高分子化合物的单体，世界总产量已超过百万 t，而由其制成的聚合物和共聚物（主要是乳液型树脂）的产量将近 500 万 t。这些树脂的应用遍及涂料、塑料、纺织、皮革、造纸、建材，以及包装材料等众多部门。丙烯酸及其酯类可供有机合成和高分子合成，而绝大多数用于后者，并且更多的是与其他单体，如乙酸乙烯、苯乙烯、甲基丙烯酸甲酯等进行共聚，制得各种性能的合成树脂、功能高分子材料和各种助剂等。主要应用领域包括以下几类。

（1）经纱上浆料

由丙烯酸、丙烯酸甲酯、丙烯酸乙酯、丙烯腈、聚丙烯酸铵等原料配制的经纱上浆料，比聚乙烯醇上浆料容量退浆，节省淀粉。

（2）胶黏剂

用丙烯酸、丙烯酸甲酯、丙烯酸乙酯、丙烯酸－2－乙基己酯等共聚乳胶，可作静电植绒、植毛的胶黏剂，其坚牢性和手感好。

（3）水稠化剂

用丙烯酸和丙烯酸乙酯共聚物制成高相对分子质量的粉末。可作稠化剂，用于油田，每吨产品可增产 500 t 石油，对老井采油效果较好。

（4）高吸水性树脂

将淀粉、丙烯酸钠、丙烯酸及少量交联剂在水溶液中接枝聚合制得高吸水性树脂。用于手巾、尿布、衬里等产品。

（5）聚丙烯酸盐类

利用丙烯酸可生产各种聚丙烯酸盐类产品（如铵盐、钠盐、钾盐、铝盐、镍盐等）。可作凝集剂、水质处理剂、分散剂、增稠剂、食品保鲜剂、耐酸碱干燥剂、软化剂等各种高分子助剂，还可作为油田钻井泥浆稀释剂 XY27、XY28、油田钻井泥浆降失水剂 FA367、FA368 等。

2. 甲醇理化性质及用途

甲醇又称甲基醇、木醇、木精，是一种有机化合物，是结构最为简单的饱和一元醇，化学式为 CH_3OH/CH_4O，其中 CH_3OH 是结构简式，相对分子质量为 32.04，沸点为 64.5 ℃，熔点为 −97.8 ℃，闪点为 12.22 ℃，自燃点为 463.89 ℃，相对密度为 0.792，饱和蒸气压（21.2 ℃）为 13.33 kPa。甲醇与水以任意比例互溶，人口服中毒最低剂量约为 100 mg/kg 体重，经口摄入 0.3～1 g/kg 可致死。

甲醇作为基本有机原料之一，用于制造氯甲烷、甲胺和硫酸二甲酯等多种有机产品，是农药（杀虫剂、杀螨剂）、医药（磺胺类、合霉素等）的原料，也是合成对苯二甲酸二甲酯、甲基丙烯酸甲酯和丙烯酸甲酯的原料之一。

甲醇的主要应用领域是生产甲醛，甲醛可用来生产胶黏剂，主要用于木材加工业，其次用作模塑料、涂料、纺织物及纸张等的处理剂。

甲醇另一主要用途是生产醋酸。醋酸消费约占全球甲醇需求的 7%，可生产醋酸乙烯、醋酸纤维和醋酸酯等，其需求与涂料、黏合剂和纺织等方面的需求密切相关。

甲醇可用于制造甲酸甲酯，甲酸甲酯可用于生产甲酸、甲酰胺和其他精细化工产品，还可用作杀虫剂、杀菌剂、熏蒸剂、烟草处理剂和汽油添加剂。

课后练习

一、填空题

1. 丙烯酸甲酯简称________，分子式为____________，相对分子质量为____________。

2. 丙烯酸化学式为________，其官能团主要有____________和____________，主要应用于____________、____________、____________、____________、____________等领域。

3. 丙烯酸甲酯的生产方法与丙烯酸的生产方法密切相关，主要包括____________、____________、____________和____________。

二、选择题

1. 下列有类似大蒜气味的物质是（　　）。

A. 乙醇　　B. 丙酮　　C. 丙烯酸甲酯　　D. 苯

2. 丙烯酸甲酯在空气中最高容许质量浓度是（　　）mg/m^3。

A. 15　　B. 20　　C. 30　　D. 35

3. 下列俗称木精或木醇的物质是（　　）。

A. 甲醇　　B. 乙醇　　C. 甲醛　　D. 甲酸

任务二　丙烯酸甲酯的生产

学习目标

1. 掌握酯化反应原理。
2. 会分析、选择丙烯酸甲酯生产工艺条件。
3. 熟悉丙烯酸甲酯生产工艺流程。

丙烯酸甲酯的生产采用的是连续化生产工艺。新鲜和回收的丙烯酸及甲醇按一定的比例连续进入酯化反应器，在固体酸催化剂及一定的温度条件下进行酯化反应。离开反应器的物料中，除了丙烯酸甲酯外，还有未反应的原料丙烯酸、甲醇以及其他副产物，随后将其送往分离回收及提纯精制系统，分离回收未反应的原料和提纯精制产品丙烯酸甲酯。根据物料的性质和分离精制要求，回收采用的是萃取和精馏的方法，提纯精制采用的是精馏的方法。

丙烯酸甲酯生产工艺主要包括酯化反应、分离回收和提纯精制三个基本生产工序。

一、酯化反应

1. 反应原理

丙烯酸甲酯生产以丙烯酸和甲醇为原料，经酯化反应生成丙烯酸甲酯，催化剂采用磺酸型离子交换树脂 H^+(IER)。

酯化主反应为：

$$CH_2=CHCOOH+CH_3OH \xrightleftharpoons{H^+(IER)} CH_2=CHCOOCH_3+H_2O(CH_3O)$$

主要的副反应有：

$$CH_2=CHCOOH+2CH_3OH \longrightarrow (CH_3O)CH_2CH_2COOCH_3+H_2O$$

MPM（3-甲氧基丙酸甲酯）

$$2CH_2=CHCOOH+CH_3OH \longrightarrow CH_2=CHCOOC_2H_4COOCH_3+H_2O$$

DM（3-丙烯酰氧基丙酸甲酯/二聚丙烯酸甲酯）

$$CH_2=CHCOOH+CH_3OH \longrightarrow HOC_2H_4COOCH_3$$

HOPM（3-羟基丙酸甲酯）

$$CH_2=CHCOOH+CH_3OH \longrightarrow CH_3OC_2H_4COOH$$

MPA（3-甲氧基丙酸）

$$2CH_2=CHCOOH \longrightarrow CH_2=CHCOOC_2H_4COOH$$

D-AA（3-丙烯酰氧基丙酸/二聚丙烯酸）

此外，原料中的杂质还会引起一些副反应，如：

$$CH_3COOH+ROH \longrightarrow CH_3COOR+H_2O$$

$$C_2H_5COOH+ROH \longrightarrow C_2H_5COOR+H_2O$$

2. 工艺条件

（1）原料配比（酸/醇的摩尔比为1∶0.75）

按反应方程式，丙烯酸与甲醇酯化生成丙烯酸甲酯的反应为等摩尔反应，理论上丙烯酸与甲醇的投料摩尔比应为1∶1。但该反应是可逆反应，对于可逆反应，通常希望通过增加某一原料的投料量来提高转化率。丙烯酸与甲醇的酯化反应中，使何者过量对反应更为有利？从以上反应方程式可以看出，在丙烯酸与甲醇的酯化反应过程中，除了发生生成丙烯酸甲酯的酯化反应外，还会发生一系列的副反应。这些副反应中有些是甲醇与丙烯酸发生加成反应，有些是甲醇与同一个丙烯酸分子既发生酯化反应又发生加成反应，即过多的甲醇会导致加成反应与酯化反应竞争。显然，若增加甲醇，不仅会增加这些副反应，而且可能导致更多的其他副反应发生；反之，若减少甲醇，则会对这些副反应起到抑制作用。此外，甲醇与水及丙烯酸甲酯形成恒沸物，分离回收没有丙烯酸容易，故丙烯酸与甲醇的酯化反应采取了丙烯酸过量的投料方式。

（2）转化率（甲醇的转化率控制为60%～70%）

酯化反应为可逆反应，其平衡常数 K 为：

$$平衡常数K=\frac{[CH_2CHCOOHCH_3][H_2O]}{[CH_2CHCOOH][CH_3OH]}$$

从上式可知，如果降低水的浓度，即不断将生成的水从反应中除去，则反应会不断向生成丙烯酸甲酯的方向进行，丙烯酸甲酯的浓度会提高。因此，酯化反应需将反应所形成的水不断除去，以提高丙烯酸甲酯的收率。本工艺即利用水与丙烯酸甲酯及甲醇形成恒沸物，冷凝后水与甲醇互溶而在丙烯酸甲酯中的溶解度很小这一特点，将水分离出去，甲醇与丙烯酸回收循环利用。同时，从原料配比的分析中可知，酯化转化率必须控制在一定的范围内。因为过高的转化率增加了甲醇与丙烯酸发生加成反应的机会，导致副产物增加。因此，酯化反应过程对甲醇的转化进行了限制。综合考虑，甲醇的转化率被限定为60%～70%的中等程度比较合适。未反应的丙烯酸及甲醇通过分离后循环利用。

（3）催化剂（催化剂为磺酸型离子交换树脂）

为降低酯化反应的活化能，加速反应的进行，酯化反应多采用强酸性催化剂。通常用作催化剂的强酸有浓硫酸、干燥氯化氢、对甲苯磺酸、磺酸型阳离子交换树脂、二环己基碳亚胺、四氯铝醚络合物等。其中，浓硫酸具有酸性强、吸水性好、性质稳定、催化效果好、价格低廉等优点而被经常采用。缺点是容易发生醇脱水生成醚及烯烃，会导致磺化、碳化聚合等副反应；具有氧化性，产品的色泽难控制；腐蚀性强；生产中产生的废酸量大、连线化生产困难。

本工艺的酯化反应采用的是固定床反应器，实行连续化生产，故采用了磺酸型阳离子交换树脂作催化剂。磺酸型阳离子交换树脂具有酸性强、催化效率高、副反应少、无催化剂分离、无废酸污染、产品后处理方便等优点，同时还可再生后重复使用，是新型的高效催化剂，结合固定床反应器，适于连续化生产。但磺酸型离子交换树脂容易受到金属离子的污染、焦油性物质的覆盖，容易被氧化以及容易发生不可逆转的溶胀等，因此，使用过程中应特别注意。

（4）反应温度（原料进反应器控制温度75 ℃）

提高温度可以加快反应速率。但酯化反应为可逆反应，温度上升到一定的程度，逆反应速率会随之加快。同时，高温下，加成、聚合等副反应速率也会上升。因此，酯化反应的温度不宜太高。实践证明，采用磺酸型离子交换树脂催化剂，在75 ℃的反应温度下，丙烯酸与甲醇酯化反应能比较好地满足甲醇被限定为60%～70%的转化率的要求。

（5）反应压力［酯化反应控制压力301 kPa（表压）］

酯化反应要求在液相、75 ℃以上条件下进行。但常压下甲醇的沸点为64.5 ℃，在75 ℃的反应温度下，液态的甲醇将被汽化为气态，气态的甲醇比液态的丙烯酸会更快地离开反应器，导致甲醇在反应器中的停留时间缩短，也就是甲醇与催化剂及丙烯酸的接触机会减

少，接触时间缩短，甲醇来不及与丙烯酸反应即离开反应区，甲醇的转化率会大大降低，达不到规定的60%～70%的转化率要求。采取加压反应，提高了甲醇的沸点，使甲醇始终处于液相状态，保证甲醇与丙烯酸在反应器中具有相同的停留时间和充分的接触，使反应能充分进行。

3. 酯化反应工艺过程

丙烯酸甲酯生产原料丙烯酸和甲醇有两个来源，一是从罐区来的新鲜的丙烯酸和甲醇，二是回收系统回收的丙烯酸和甲醇。回收的丙烯酸主要由丙烯酸分馏塔底部回收得到，回收的甲醇由醇回收塔塔顶回收得到。新鲜及回收的丙烯酸和甲醇必须达到酯化反应质量标准方可投入生产使用。投料采用丙烯酸过量，酸/醇摩尔比为1∶0.75。酯化反应系统如图12－1所示。

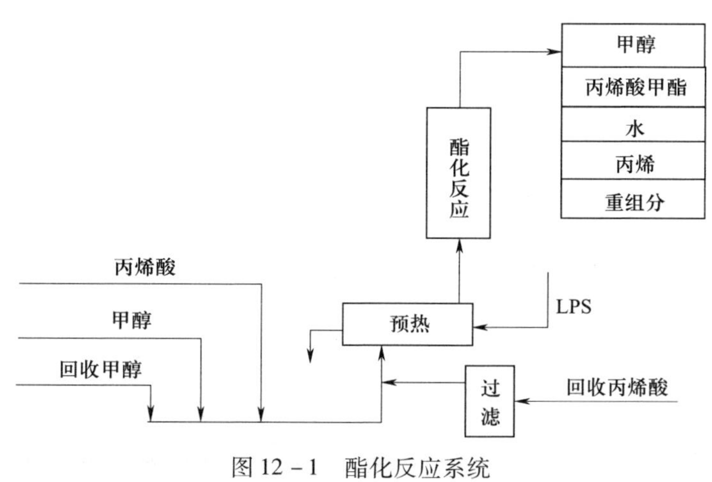

图12－1　酯化反应系统

由丙烯酸分馏塔底部回收得到的丙烯酸，经循环过滤器过滤后，与从罐区来的新鲜的丙烯酸和甲醇及回收的甲醇一道经过预热器预热，控制反应器入口温度为75 ℃，反应器压力为301 kPa，转化率为60%～70%。酯化反应得到的是混合物液体，其主要组成为丙烯酸甲酯、水、高沸物重组分以及未反应的丙烯酸和甲醇等。离开反应器后送至分离回收和提纯精制工序进行未反应原料的回收和产品的提纯精制。

二、分离回收

酯化反应过程采用的是丙烯酸过量，同时酯化反应的转化率（以甲醇为基准）控制为60%～70%，因此离开反应器的反应液中尚有部分原料没有反应。分离回收的目的是除去反应过程中生成的水及高沸点物质，回收未反应的丙烯酸及甲醇，使其循环使用。

1. 丙烯酸回收

（1）原理及工艺条件

丙烯酸分离的原理是利用丙烯酸甲酯、水和甲醇形成恒沸物。先通过精馏将丙烯酸及高沸物与丙烯酸甲酯、水和甲醇分离开来，再通过薄膜蒸发器除去丙烯酸中的高沸物重组分。

丙烯酸回收系统如图 12－2 所示。

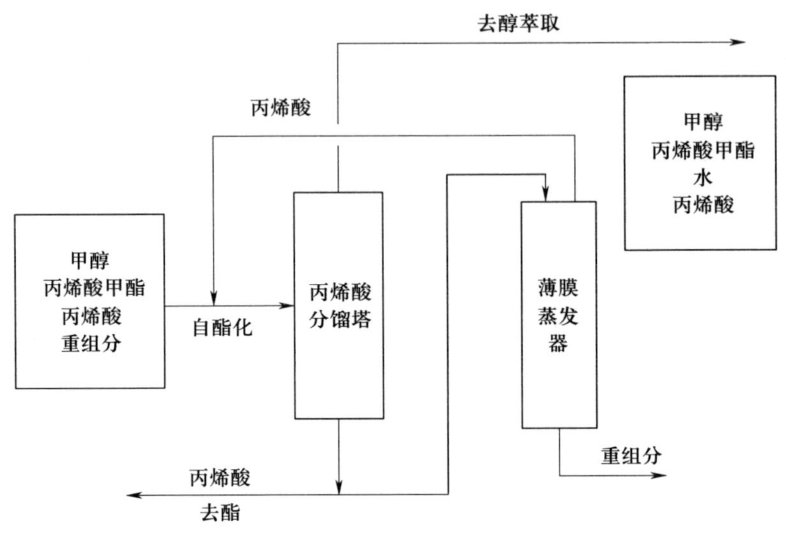

图 12－2　丙烯酸回收系统

为防止丙烯酸在高温下聚合，精馏及薄膜蒸发均采用减压操作，并且加入适量的空气和阻聚剂。

丙烯酸蒸馏塔操作工艺条件：塔顶压力为 28.7 kPa，塔顶温度为 41 ℃，塔釜温度为 80 ℃。

薄膜蒸发器操作工艺条件：压力为 35.33 kPa，温度为 120.5 ℃。

（2）工艺过程

将来自反应器顶部的物料送至丙烯酸分馏塔，经过精馏，丙烯酸甲酯、水、甲醇形成均相共沸混合物从塔顶排出，经过塔顶冷凝器冷凝后进入回流罐，在此罐中分为油相和水相，油相由输送泵抽出，一部分作塔顶回流，另一部分和分出的水相一起送至醇萃取塔。丙烯酸从塔底排出，其中一部分直接送至过滤器过滤后重新进入反应器参与反应；另一部分送至薄膜蒸发器，分离除去丙烯酸酯的二聚物、多聚物和阻聚剂等重组分，粗丙烯酸则重回丙烯酸分馏塔进一步分离回收。

2. 甲醇回收

（1）原理及工艺条件

甲醇回收采取先萃取后精馏的方式。利用甲醇易溶于水，丙烯酸甲酯难溶于水的特性，先用水将甲醇从混合物体系中萃取出来，初步实现丙烯酸甲酯与甲醇水溶液的分离。然后采用精馏的方法从甲醇水溶液中分离回收甲醇。甲醇回收系统如图 12－3 所示。

甲醇萃取塔操作工艺条件：温度为 25 ℃，压力为 301 kPa。

甲醇回收塔操作工艺条件：塔顶压力为 62.7 kPa，塔顶温度为 60 ℃，塔底温度为 92 ℃。

（2）甲醇萃取工艺过程

来自丙烯酸分馏塔塔顶物料经冷却器冷凝后送入醇萃取塔底部。萃取剂（水）从水储罐抽出打入萃取塔的顶部通过液－液萃取，粗丙烯酸甲酯从萃取塔顶部排出并送至醇拔头

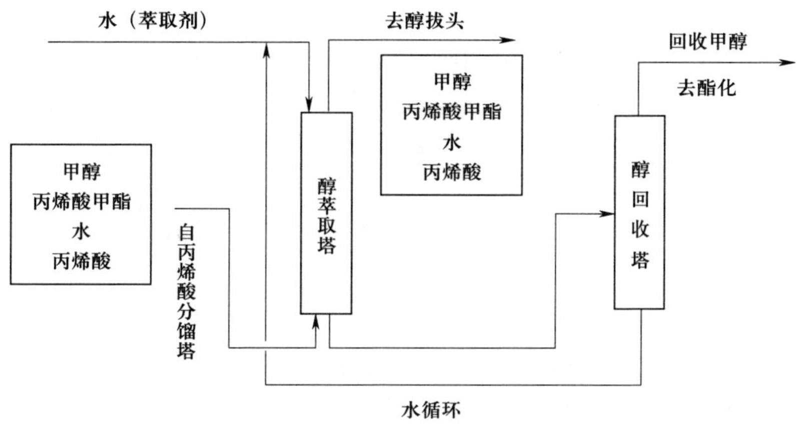

图 12－3　甲醇回收系统

塔；甲醇水溶液从萃取塔底部排出，与醇回收塔底部分离出的水（高温）经热交换器预热后进入醇回收塔。

（3）甲醇精馏工艺过程

来自醇萃取塔底部的甲醇水溶液与醇回收塔底部分离出的热水换热后进入醇回收塔。经过精馏，在顶部得到甲醇，冷凝后送回酯化反应器循环利用。塔底得到的水先经换热器与进料（甲醇水溶液）换热后，再经过冷却器用 10 ℃的冷冻水冷却后，进入储槽重新用作萃取剂。

三、提纯精制

1. 提纯－醇拔头

（1）提纯－醇拔头原理及工艺条件

经萃取后，自萃取塔顶部得到只是粗丙烯酸甲酯，其中还含有少量的甲醇和水。提纯－醇拔头，即通过精馏，将粗丙烯酸甲酯中少量的甲醇和水除去。由于丙烯酸甲酯在高温下容易聚合，醇拔头塔也采用减压操作方式，并且通入空气和加入阻聚剂。提纯精制系统如图 12－4 所示。

醇拔头塔操作条件：塔顶压力为 62.66 kPa，塔顶温度为 61 ℃，塔底温度为 71 ℃。

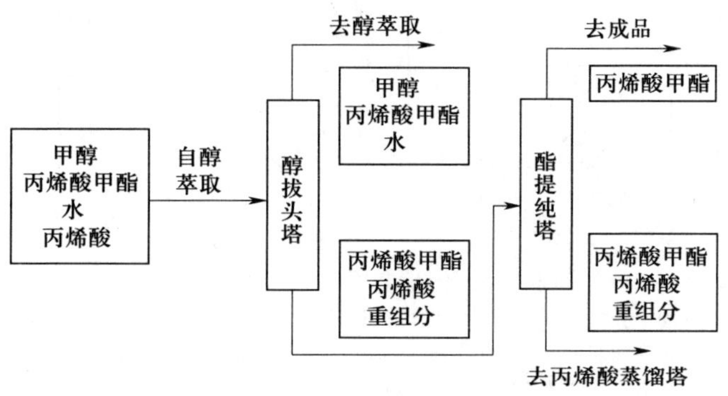

图 12－4　提纯精制系统

(2) 醇拔头工艺过程

将来自醇萃取塔顶部的粗丙烯酸甲酯送至醇萃取塔。精馏后，甲醇、水及少量的丙烯酸甲酯从塔顶排出，经塔顶冷凝器冷凝后进入分层回流罐，油水分成两相，水相流入甲醇水溶液储罐，油相抽出后，一路作为醇拔头塔塔顶回流，另一路送至醇萃取塔以重新回收甲醇和丙烯酸甲酯。塔底得到的丙烯酸甲酯送入酯提纯塔。

2. 精制 - 酯提纯

(1) 原理及工艺条件

从醇拔头塔塔底得到的丙烯酸甲酯还需要通过酯提纯塔进一步精制。同样，为防止精制、精馏过程中发生聚合，酯提纯塔也采用减压操作方式，并且通入空气和加入阻聚剂。

酯提纯塔操作工艺条件：塔顶压力为 21.30 kPa，塔顶温度为 38 ℃，塔底温度为 56 ℃。

(2) 酯提纯工艺过程

将来自醇拔头塔塔底的粗丙烯酸甲酯送入酯提纯塔精馏。经过精馏，少量的丙烯酸、丙烯酸甲酯及其他高沸物杂质从塔底排出，送回分馏塔循环分离。丙烯酸甲酯成品从塔顶采出，经塔顶冷凝器冷凝后进入塔顶回流罐，由泵抽出后，一路作为酯提纯塔塔顶回流，另一路作为产品送至丙烯酸甲酯成品储罐。

四、丙烯酸甲酯生产工艺流程

以丙烯酸（AA）和甲醇（MEOH）为原料，通过酯化分离提纯获得丙烯酸甲酯，生产工艺流程如图 12 - 5 所示。

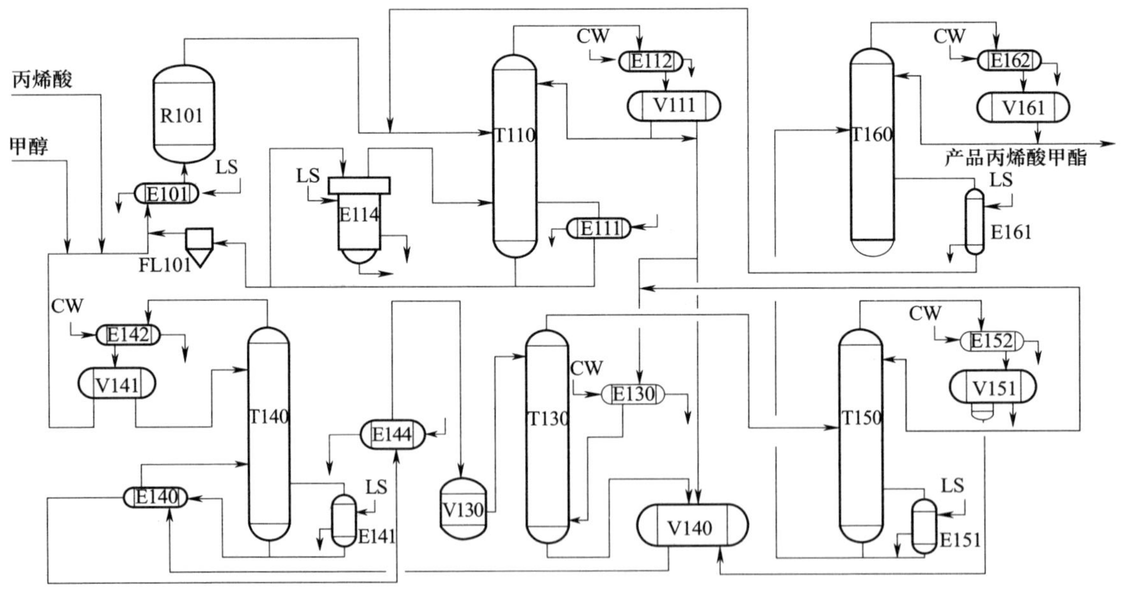

图 12 - 5　丙烯酸甲酯生产工艺流程

R101—酯化反应器；T110—分馏塔；T130—萃取塔；T140—醇回收塔；T150—醇拔头塔；T160—酯提纯塔；E114—薄膜蒸发器；E101—预热器；FL101—过滤器；E140、E144—换热器；E130—冷却器；V141—甲醇回收储槽；V111—回流罐；V130—水储罐；V140—甲醇水溶液储罐；V151—分层回流罐；V161—回流罐；E112、E162、E142、E152—塔顶冷凝器；E111、E141、E151、E161—塔釜再沸器

课后练习

一、填空题

1. 丙烯酸甲酯生产工艺主要包括________、________和________三个基本工序。
2. 写出丙烯酸甲酯的主反应式：____________________，其所用催化剂为__________。
3. 影响酯化反应的工艺条件有______、______、______、______、______等。
4. 分离回收的主要物质是__________和__________。

二、选择题

1. 丙烯酸生产中实际酸/醇摩尔比为（　　）。

A. 1∶1　　B. 1∶0.75　　C. 1∶0.5　　D. 1∶0.8

2. 丙烯酸甲酯生产工艺中酯化反应采用的反应器是（　　）。

A. 釜式反应器　　B. 管式反应器

C. 鼓泡塔反应器　　D. 固定床反应器

3. 酯化反应温度控制在（　　）℃，可以较好地满足60%～70%的转化率要求。

A. 50　　B. 60　　C. 75　　D. 70

三、简答题

简述丙烯酸甲酯生产工艺流程。

项目十三

聚氯乙烯生产技术

塑料、橡胶、合成纤维是以合成聚合物为基础的三大合成材料。聚氯乙烯是五大通用塑料之一，由单体氯乙烯经聚合而得的高分子材料，其性能优良，具有极好的耐化学腐蚀性，广泛用于建材、农业、轻工业及日常生活等方面。本项目以聚氯乙烯的生产工艺过程为主线，通过对聚氯乙烯的聚合方法、生产原料、生产原理、生产工艺影响因素、生产工艺流程等的学习，全面掌握聚氯乙烯生产技术。

任务一　认识聚氯乙烯

学习目标

1. 认识聚氯乙烯的理化性质及用途。
2. 了解聚氯乙烯的聚合方法、生产原料和常用助剂。

一、聚氯乙烯的理化性质及用途

1. 聚氯乙烯的理化性质

聚氯乙烯是由氯乙烯单体（vinyl chloride monomer，VCM）在过氧化物、偶氮化合物等引发剂，或在光、热作用下按自由基聚合反应机理聚合而成的聚合物，简称PVC，它的分子式为$\left[CH_2—CHCl \right]_n$，式中，$n$ 表示平均聚合度。聚氯乙烯为白色或浅黄色粉末，无毒、无臭，相对密度为1.35～1.45，含氯量为56%～58%（质量分数）。

聚氯乙烯具有良好的力学性能，而且随着相对分子质量的增大而提高。调节聚氯乙烯制

品中增塑剂的用量，可以制成软质聚氯乙烯和硬质聚氯乙烯。硬质聚氯乙烯的弹性模量可达1 500～3 000 MPa；软质聚氯乙烯的弹性模量较低，但其断裂伸长率高达200%～450%。聚氯乙烯的介电性能优良，但绝缘性不如聚乙烯和聚丙烯，一般用于中低压和低频绝缘材料。

聚氯乙烯具有优良的耐化学腐蚀性，除发烟硫酸和浓硝酸外，耐大多数无机酸和碱、多数有机溶剂和无机盐的腐蚀，适合用作化工防腐材料。

聚氯乙烯热稳定性很差，无固定熔点，80～85 ℃开始软化，纯聚氯乙烯树脂140 ℃开始分解，180 ℃迅速分解，其黏流温度为160 ℃，故难以采用热塑性方法加工。

聚氯乙烯耐光性能较差，在使用过程中，因光、氧、热的长期作用，容易降解，引起制品颜色的变化，出现脆性，聚氯乙烯的线膨胀系数较小。

聚氯乙烯树脂难燃，火焰上能燃烧并降解，放出氯化氢、一氧化碳和苯等，但离开火焰即自熄，其氧化指数达45以上。

聚氯乙烯不溶于水、汽油、酒精、氯乙烯，可溶于酮类、酯类和氯烃类溶剂，具有良好的混溶性，可与多种添加剂，如增塑剂、稳定剂、润滑剂以及某些聚合物混溶，其产品种类多样化，为其他塑料品种所不及，是仅次于聚乙烯的第二大通用树脂。

2. 聚氯乙烯的分类

聚氯乙烯树脂根据其相对分子质量大小，分为通用型和高聚合度两类。通用型聚氯乙烯树脂的平均聚合度为500～1 500；高聚合度聚氯乙烯树脂的平均聚合度大于1 700，常用的是通用型聚氯乙烯树脂。

聚氯乙烯按其形态划分，可分为粉状和糊状两种。粉状聚氯乙烯树脂常用于压延和挤出制品；糊状聚氯乙烯树脂常用于人造革、壁纸、儿童玩具及乳胶手套等。

聚氯乙烯按树脂的结构分类，可分为疏松型和紧密型两种。疏松型呈棉花团状，可大量吸收增塑剂，常用于软制品的生产；紧密型呈乒乓球状，吸收增塑剂的能力低，主要用于聚氯乙烯硬制品的生产。

聚氯乙烯树脂的牌号可以用特性黏度和平均聚合度表示，见表13－1。

表13－1　聚氯乙烯树脂的牌号

新牌号	旧牌号	*K*值	特性黏度	平均聚合度	用途
SG－1	—	77～75	154～144	1 800～1 650	高级绝缘材料
SG－2	XS(J)－1	75～73	143～136	1 650～1 500	绝缘材料、软制品
SG－3	XS(J)－2	73～71	135～127	1 500～1 350	绝缘材料、膜、鞋
SG－4	XS(J)－3	71～69	126～118	1 350～1 200	膜、软管、人造革
SG－5	XS(J)－4	68～66	117～107	1 150～1 000	硬管、型材
SG－6	XS(J)－5	65～63	106～96	950～850	硬管、纤维、透明片
SG－7	XS(J)－6	62～60	95～85	850～750	吹塑瓶、透明片、注塑

3. 聚氯乙烯的包装与储运

聚氯乙烯可采用内衬塑料薄膜的纸袋、布袋、人造革袋或聚丙烯编织袋包装。包装袋的封口应保证产品在运输储存时不被污染。包装袋要能防尘、防潮，每袋净重25 kg。

包装袋上应注明商标、产品名称、净重、型号、批号、产品等级和生产厂名。产品型号标志要醒目。

聚氯乙烯应存放在干燥、通风良好的仓库内，应以批为单位分开存放。防止批号混杂。不得露天堆放、防止阳光照射。

运输时必须使用洁净、有篷的运输工具，防止雨淋。

4. 聚氯乙烯的主要用途

聚氯乙烯的塑料制品广泛用于工业、农业和建材行业，主要用途如图13－1所示。

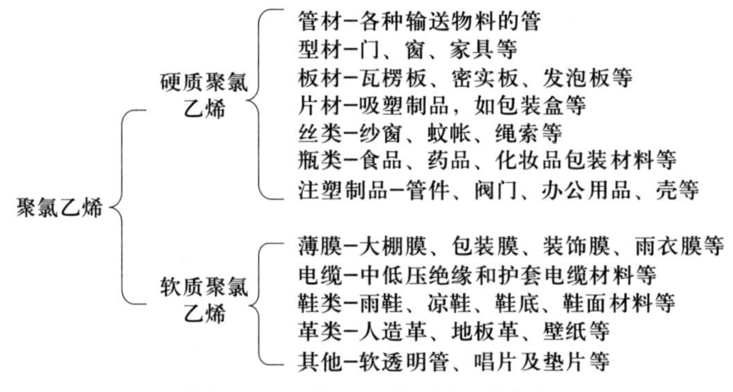

图13－1　聚氯乙烯的主要用途

硬质聚氯乙烯主要用于管材、型材、板材、瓶类及注塑制品等。管材如上水管、下水管、输液管、输气管等；型材如装饰板、木线、楼梯扶手等；板材如用于天花板、百叶窗、化工防腐槽的瓦楞板和发泡板等。

软质聚氯乙烯主要用于薄膜、电缆、鞋类、革类等。薄膜如农用大棚薄膜、包装膜、雨衣膜等；电缆如中低压绝缘和护套电缆材料等；鞋类如雨鞋、凉鞋等；革类如人造革、地板革、壁纸等。

二、聚氯乙烯的生产方法

聚氯乙烯的生产方法主要有悬浮聚合法、乳液聚合法、本体聚合法和溶液聚合法四种。

1. 悬浮聚合法

在机械搅拌和分散剂作用下，氯乙烯、油溶性引发剂呈珠状分散悬浮在介质水中，进行聚合反应，反应完毕，停止搅拌，聚氯乙烯从介质中沉淀析出。在单体回收罐或汽提塔内回收单体后，经水洗、离心脱水、干燥制得。

悬浮聚合法产品质量好，聚氯乙烯的孔隙率高，单体残留量低（0.000 5%以下），操作简单，生产成本低，经济效益好，适用于大规模工业生产，其产量占聚氯乙烯总量的80%以上，是聚氯乙烯的主要生产方法。

2. 乳液聚合法

乳液聚合工艺有间歇式和连续式两种。乳液聚合的基本组分是单体氯乙烯、水、水溶性

引发剂和乳化剂。在乳化剂的作用下，液态单体氯乙烯分散在水中成为乳状液，在引发剂作用下进行聚合，形成聚氯乙烯乳液，聚氯乙烯乳液经喷雾干燥、分离得聚氯乙烯粉末。

乳液聚合法产品颗粒细，相对分子质量高，产生的热量易除去，聚合温度易于控制，聚合体系稳定，易于实现连续化生产。但工艺流程长，后处理复杂，所用助剂多，生产成本高，树脂纯度低，产品热稳定性和颜色不及悬浮聚合法，应用领域受到限制。乳液聚合法适用于生产糊状聚氯乙烯。

3. 本体聚合法

氯乙烯本体聚合分两步进行，本体聚合法设备包括立式预聚釜、带框式搅拌器的卧式聚合釜。预聚合将单体总量的1/3～1/2和相应引发剂加入立式预聚釜中，预聚合的转化率为8%～12%；第二步加入其余单体和引发剂，在卧式聚合釜中聚合，转化率达到75%～90%，排出残余单体后，经粉碎、过筛得到聚氯乙烯。

本体聚合法产品纯度较高，收率高，生产设备简单，无须后处理，生产周期短，成本低，是近年来发展的聚氯乙烯生产方法，目前其产量只占聚氯乙烯总量的10%。

4. 溶液聚合法

将氯乙烯单体溶于有机溶剂中，在引发剂作用下进行聚合，聚合温度控制在40 ℃左右。随着聚合反应的进行，聚合产物从有机溶剂中沉淀析出，除去溶剂后即得聚氯乙烯产品。

溶液聚合产生的热量易于除去，反应容易控制；但溶剂需要回收，生产成本高，聚氯乙烯相对分子质量和表观密度较低，主要用于聚氯乙烯共聚物的生产。

三、生产聚氯乙烯的原料

1. 主要原料（氯乙烯）

（1）氯乙烯的性质

氯乙烯是聚氯乙烯生产的主要原料。氯乙烯的化学式为C_2H_3Cl，相对分子质量为62.5。氯乙烯是无色易液化的气体，相对密度为0.912 1（20 ℃/25 ℃），沸点为－13.4 ℃，微溶于水，易溶于丙酮、乙醇和烃类溶剂。氯乙烯易燃，易与空气形成爆炸性混合物，爆炸极限为4%～22%（体积分数）。

氯乙烯损害人体的神经系统、消化系统和皮肤组织，引起急性或慢性中毒。氯乙烯通常由呼吸道进入人体，人对氯乙烯嗅觉感知的质量浓度为2.4 g/m^3，卫生标准允许的质量浓度为30 mg/m^3。

氯乙烯是含有双键的有机化合物，其结构式为$CH_2=CHCl$，在引发剂作用下，容易发生均聚和共聚反应。氯乙烯的均聚产物是聚氯乙烯；氯乙烯与醋酸乙烯酯共聚，可得到氯乙烯－醋酸乙烯酯共聚物；氯乙烯还可以与丙烯腈共聚得到性能优异的纺织原料；氯乙烯与醋酸乙烯酯和顺丁烯二酸酐共聚，可得到具有特殊性能的涂料。

氯乙烯单体纯度影响聚氯乙烯的质量。单体质量分数要求在99.9%以上，氯乙烯的纯度指标见表13－2。

表 13－2　氯乙烯的纯度指标

成分	质量分数	成分	质量分数	成分	质量分数
氯乙烯	>99.9%	丙烯	$<2\times10^{-6}$	二氯化物	$<2\times10^{-6}$
乙烯	$\leqslant2\times10^{-6}$	丁二烯	$<5\times10^{-6}$	铁	$<2\times10^{-7}$
乙炔	$<2\times10^{-6}$	1－丁烯－3－炔	$<1\times10^{-6}$	—	—

实践证明，单体中微量乙炔将导致产物平均相对分子质量的降低，同时产物中形成的不饱和键使其热稳定性降低；单体中含有不饱和多氯化物时，不但降低聚合速率和产物的聚合度，还容易产生支链，使产品的性能变坏。

（2）氯乙烯的工业合成方法

氯乙烯的工业合成方法有乙炔电石法、联合法和乙烯氧氯化法。目前，乙烯氧氯化法是氯乙烯的主要生产方法。

乙烯氧氯化法是在催化作用下，乙烯的氯化和氯化氢的氧化一步完成的方法。总反应式为：

$$4CH_2=CH_2+2Cl_2+O_2\longrightarrow4CH_2=CHCl+2H_2O$$

其工艺过程简图如图 13－2 所示。

在氯碱工业中，氯乙烯生产占有十分重要的位置，30%的氯气用于氯乙烯生产，其耗氯量占全部工业氯消耗量的34%。

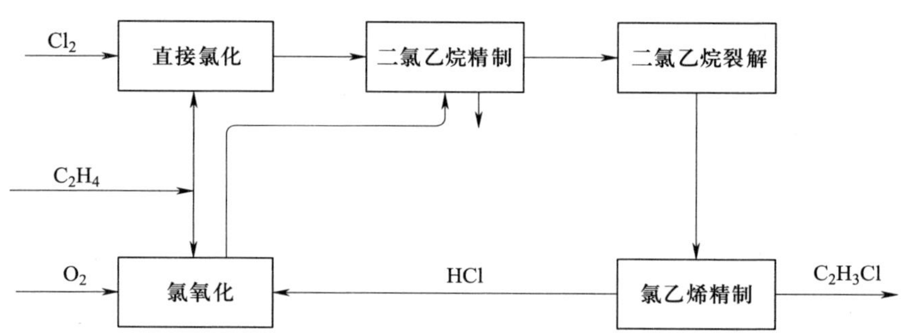

图 13－2　乙烯氧化法的工艺过程简图

2. 辅助原料

（1）脱盐水

水是悬浮聚合的分散介质，所用水必须是经净化处理的脱盐水。严格控制水中氯离子、铁和氧的含量，氯离子含量应控制在 2×10^{-5}以下，否则聚氯乙烯树脂颗粒不均匀，“鱼眼”增多，表 13－3 为聚合用脱盐水的技术指标。

表 13－3　聚合用脱盐水的技术指标

项目	数值	项目	数值	项目	数值
导电率/$\mu\Omega^{-1}$	0.5	硬度	0	氯含量/%	0
pH 值	7.0	SiO_2 含量/%	0	蒸发残留物含量/%	0
氧含量/%	0.000 01	SO_3 含量/%	0.000 01	—	—

在保证聚合物能分散成颗粒、不结块的前提下，脱盐水量与所要求的树脂内部结构有关。如疏松型聚氯乙烯（以聚乙烯醇为分散剂）单体与脱盐水的质量比为1∶1.4～1∶2.0，紧密型聚氯乙烯（以明胶为分散剂）单体与脱盐水的质量比为1∶1.1～1∶1.3。

（2）引发剂

氯乙烯悬浮聚合，使用不溶于水而溶于单体的引发剂，常用的有过氧化二碳酸二乙基己酯、偶氮二异丁腈等。引发剂可单独使用，也可复合使用，一般复合使用比单独使用效果好。

引发剂对聚合反应及产品质量均有很大影响。引发剂种类不同，对氯乙烯悬浮聚合及产品均产生不同的影响，如对聚合时间、放热速率、聚氯乙烯热稳定性及“鱼眼”等产生影响。引发剂用量对聚合反应也有着很大的影响。若引发剂用量增多，单位时间产生的自由基增加，反应速率加快，聚合时间缩短，设备利用率提高；若引发剂用量过多，则反应剧烈，聚合热难以移出，直至造成爆炸性聚合的危险；若引发剂用量较少，则反应速率较慢，聚合时间过长，设备利用率低。

（3）分散剂

又称悬浮剂，是悬浮聚合不可少的助剂。常用的分散剂有聚乙烯醇、明胶、甲基纤维素、羟乙基纤维素、羟丙基甲基纤维素等，它们能使单体液滴保持分离，增强悬浮液的稳定性。部分水解的聚乙烯醇可改善氯乙烯的颗粒状态，使聚氯乙烯树脂孔隙率高，增强对增塑剂的吸收，提高树脂的塑化性能。

工业上，还常加入辅助分散剂，如非离子山梨醇酯、一月桂酸酯、一硬脂酸酯或三硬脂酸酯等。

（4）其他助剂

主要有 pH 值调节剂、防黏釜剂、链终止剂等助剂。

氯乙烯悬浮聚合在偏碱性条件下进行，pH 值为7～8。介质的 pH 值影响聚合速率、聚合质量。加入 pH 值调节剂，使引发剂具有良好的分解速率。分散剂具有良好的稳定性，防止产物分解产生氯化氢带来的悬浮液不稳定，导致黏釜现象，影响釜传热、增加清釜工作。常用 pH 值调节剂有水溶性碳酸盐、磷酸盐、醋酸钠等。

黏釜是指聚氯乙烯树脂黏结在釜内壁上的现象。黏釜影响釜传热效率和产品质量，增加人工清洗釜的劳动强度和危害。为防止聚合中的黏釜现象，需要加入防黏釜剂。常用防黏釜剂有水浴黑、亚硝基 R 盐、多元酚的缩合物等。如发现黏釜现象，可用14.7～39.2 MPa 的高压水冲洗清除。

此外，为使聚合反应在设定转化率终止，或防止因停电停水或因聚合速率很快而发生意外事故，需及时加入链终止剂以终止聚合反应，双酚 A 是常用的链终止剂。为在较低温度下聚合得到相对分子质量较低的树脂，需要加入链转移剂。为防止出现“鱼眼”，需加入3－叔丁基－4－羟基苯甲醚等抗鱼眼剂。

表13－4是聚合度为800的氯乙烯悬浮聚合的典型配方。

表 13－4　　聚合度为800的氯乙烯悬浮聚合的典型配方

物料名称	质量份	物料名称	质量份	物料名称	质量份
氯乙烯	100	聚乙烯醇	0.018	辅助分散剂	0.015
水	140	羟丙基甲基纤维素	0.027	抗鱼眼剂	适量
偶氮二异丁腈	0.036	巯基乙醇（链转移剂）	0.008	防黏釜剂	适量

注：表中质量份是工业上出于计算方便使用的一个直观的质量配比方法，数字直接表示所需要配比物质的量。在实际应用过程中，只需按照比例来添加，单位可以根据需要随意变换。简单易行无须算成百分比。

课后练习

一、填空题

1. 聚氯乙烯的制造方法主要有________种，分别______________、______________、______________、______________，80% ~85% 的聚氯乙烯树脂是通过____________法生产的。

2. 聚氯乙烯是由______单体聚合而成的高分子化合物，它的分子式为________，式中，n 表示____________。

3. 生产聚氯乙烯的主要原料为________，它的分子式为________相对分子质量为________，它是____________的______体。

4. 写出乙烯氧化法制氯乙烯的反应式______________________________。

二、选择题

1. 聚氯乙烯树脂难燃，火焰上能燃烧并降解，放出（　　）、一氧化碳和苯等，但离开火焰即自熄。

A. 乙炔　　B. 氯乙烯　　C. 氯化氢　　D. 乙烯

2. 聚氯乙烯能溶于（　　）。

A. 芳烃和水　　B. 芳烃，氯烃，酮类和汽油

C. 酮类，酯类，氯烃类　　D. 醇类和醚类

3. 氯乙烯通常由呼吸道进入人体，车间操作区空气中氯乙烯卫生标准允许的质量浓度为（　　）mg/m^3。

A. 15　　B. 20　　C. 30　　D. 40

4. 氯乙烯易燃，易与空气形成爆炸性混合物，爆炸极限为（　　）。

A. 4% ~22%　　B. 5% ~28.1%　　C. 2% ~19.8%　　D. 3% ~25.3%

5. 氯乙烯悬浮聚合在偏碱性条件下进行，pH 值为（　　）。

A. 7～8　　B. 7～9　　C. 8～9　　D. 6～7

6. 以下物质中可以作为氯乙烯悬浮聚合的 pH 值调节剂的是（　　）。

A. 亚硝酸钠　　B. 柠檬酸钠　　C. 碳酸盐　　D. 氢氧化钠

任务二　悬浮聚合法生产聚氯乙烯

学习目标

1. 掌握氯乙烯聚合反应原理。
2. 会分析选择聚氯乙烯生产工艺条件。
3. 熟练悬浮聚合法生产制聚氯乙烯的工艺流程。

一、聚氯乙烯聚合反应原理

氯乙烯聚合属于自由基连锁聚合，聚合反应的基本过程包括链引发、链增长、链终止。反应式可表示为：

$$nCH_2 = CHCl \rightarrow \lbrack CH_2 - CHCl \rbrack_n$$

聚合反应，首先是引发剂分解产生初级活性自由基，然后该自由基与氯乙烯单体作用，生成单体自由基，最后进行链引发，该过程吸热需要外界提供能量。单体自由基与单体迅速发生聚合反应，形成大分子长链自由基，同时放出大量的聚合热，氯乙烯链增长的方式为头尾结合，反应速率极快。

链终止反应非常复杂，有偶合终止、歧化终止、长链自由基与引发剂的活性自由基链终止。

在正常聚合条件下，用于引发剂的量与单体的量相比很少，故长链自由基与单体间的链增长和链转移可能性很大。这种增长链向单体的转移，影响着产物的相对分子质量。

二、悬浮聚合法生产聚氯乙烯工艺流程

悬浮聚合法生产氯乙烯采用间歇法生产，工艺过程包括聚合、碱处理、水洗和干燥等工序，工艺流程如图 13－3 所示。

先将去离子水用泵由储槽打入聚合釜中，启动搅拌器，依次将分散剂及其他助剂（除引发剂和链终止剂外）加入聚合釜，然后聚合釜进行试压，试压合格后，用氮气置换釜内空气。单体由氯乙烯储槽经过滤器加至聚合釜内，之后夹套通蒸汽或热水，当聚合釜内的温度升至规定的 50～58 ℃时，加入引发剂，聚合反应随即开始，聚合釜夹套改通冷却水，聚合温度控制在规定温度 ±0.5 ℃范围内。

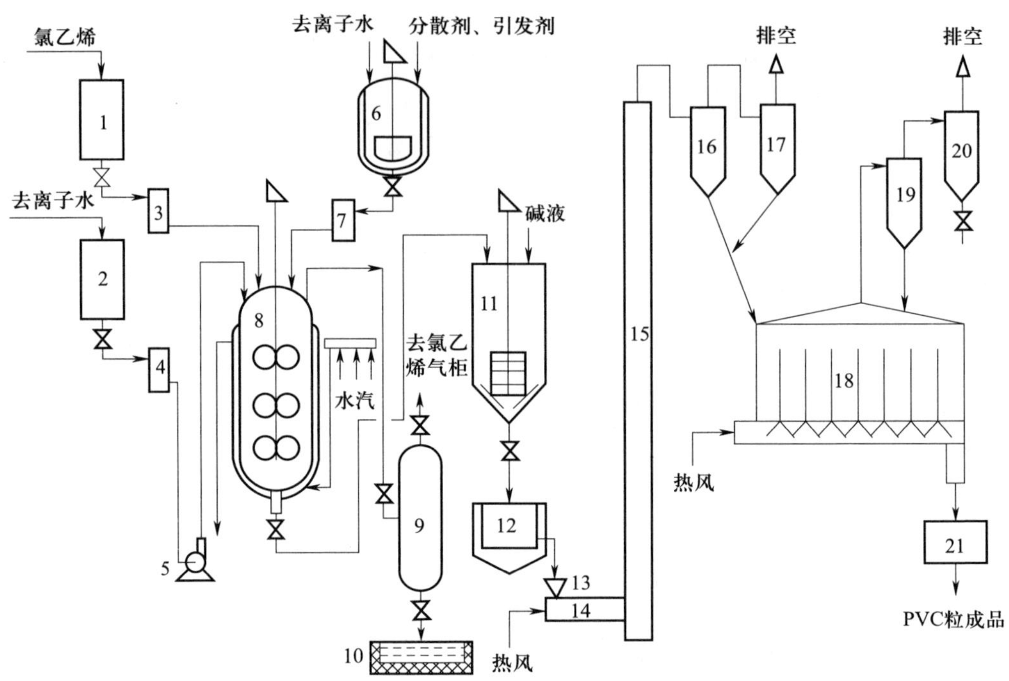

图 13－3　悬浮聚合法生产聚氯乙烯工艺流程

1—氯乙烯储槽；2—去离子水储槽；3，4，7—过滤器；5—水泵；6—配制釜；8—聚合釜；9—泡沫捕集器；10—沉降池；11—碱处理釜；12—离心机；13—料斗；14—螺旋输送器；15—气流干燥器；16，17，19，20—旋风干燥器；18—流化床干燥器；21—振动筛

当转化率达到60% ~70%时，聚合出现自加速现象，反应速率加快，放热剧烈，此时应加大冷却水用量。当转化率达到80% ~85%范围时，聚合压力下降。当釜内压力由0.687 ~0.981 MPa降至0.294 ~0.196 MPa时反应结束。然后泄压出料，使聚合物膨胀。聚氯乙烯颗粒疏松程度与泄压膨胀压力有关，根据产物的不同要求控制泄压的压力。

未反应的氯乙烯气体，经泡沫捕集器滤掉夹带的少量树脂后，排入氯乙烯气柜循环使用。过滤下的少量树脂流至沉降池作为次品处理。

釜内聚合悬浮液送碱处理釜，用36% ~42%（质量分数）的氢氧化钠溶液处理，除去其中的助剂及低聚物，之后送至离心机，经刮刀式离心机过滤脱水，聚合物树脂含水量降至20% ~30%（质量分数）。然后将树脂送至气流干燥管，经流化床干燥器干燥，得含水量小于0.3%（质量分数）的聚氯乙烯树脂，再经振动筛除去大颗粒，获得成品聚氯乙烯，送去包装入库。

三、聚合工艺条件的确定

1. 聚合温度

配料比一定，聚氯乙烯的平均分子最主要取决于聚合温度。生产中，温度波动不大于±0.5 ℃，控制在±0.2 ℃最好。氯乙烯聚合热较大，为维持聚合温度，必须及时移出反应热。否则，聚合温度上升，聚合速率加快，致使反应放热更加剧烈，造成恶性循环，引起爆炸性聚合。温度调节要平稳，要有一定的降温手段，为强化传热能力，一般采用大流量、低温差循环方式强制换热，采用计算机数控联机质量控制系统，实现聚合的自动控制。

2. 搅拌

氯乙烯悬浮聚合，搅拌的作用十分重要。搅拌使釜内物料在轴向、径向流动均匀混合，釜内温度分布比较均匀，有利于传热；搅拌桨叶旋转产生的剪切力，使单体分散形成微小的液滴，均匀分散并悬浮于水中，对聚氯乙烯颗粒形态及粒度分布有很大的影响。搅拌器桨叶形式分为低黏度用和高黏度用两类。低黏度用桨叶有桨式、推进式、涡轮式、三叶后掠式等形式；高黏度用桨叶有锚式、框式、螺带式等。搅拌效果与桨叶的形式、转速、桨叶尺寸大小及聚合釜的高径比有关。为达到良好的搅拌效果，搅拌器桨叶形式、尺寸及转速，根据聚合釜等实际情况选择确定。氯乙烯悬浮聚合搅拌器采用低黏度桨叶形式。

3. 黏釜的预防

氯乙烯悬浮聚合，产生黏釜现象的原因很多。例如，釜壁的粗糙程度、搅拌器形式及转速、引发剂与分散剂的种类与数量等。避免和防止黏釜的主要措施有：选择适宜的引发剂；加入水相阻聚剂，如亚甲基蓝、硫化钠等；在釜壁、搅拌器上喷涂一定量的防黏釜剂，将某些极性有机化合物涂在聚合釜内壁，形成阻聚剂固定薄层，使聚合釜内壁“钝化”，具有光洁釜壁作用，这是一种有效的防黏釜措施。

4. 防止“鱼眼”产生

所谓“鱼眼”，是由于聚氯乙烯大分子链彼此缠结成团或有少量交联，聚氯乙烯树脂在加热温度下，形成了不熔融、难于塑化加工的聚氯乙烯颗粒，使聚氯乙烯制品上呈现未能塑化的斑点或透明硬粒。“鱼眼”降低了聚氯乙烯的塑性和制品的质量。

“鱼眼”产生的原因比较复杂，原料纯度较低、引发剂使用不当、搅拌状况、生产中混入机械杂质等，都会增加聚氯乙烯中的“鱼眼”。防止“鱼眼”产生的一般措施有：提高原料的质量，降低杂质含量；根据生产要求、设备及工艺条件选择合适的分散剂、引发剂；减少黏釜现象；严格控制聚合温度等。

5. 杂质

杂质影响聚合反应，主要是氧、铁及高沸物等。

（1）氧

氧对聚合反应具有缓聚、阻聚作用；氧与单体作用生成的过氧化高聚物容易水解成酸类，进而破坏聚合体系的 pH 值和产品稳定性。杂质氧的来源主要是水带入聚合釜的。减少氧的措施是在加入水后，抽真空来降低釜内氧的含量。

（2）铁

铁的存在会延长反应的诱导期，加重黏釜现象，降低产品的热性能和电性能。杂质铁的来源主要是生产氯乙烯时原料氯化氢带入的。因此，要严格控制氯乙烯中铁的含量，也可加入铁离子螯合剂降低铁的影响。

（3）高沸物

高沸物是指乙烯基乙炔、乙醛、二氯乙烷等杂质。在聚合反应中，高沸物使增长中的分子链发生链转移而降低反应速率和聚合度。减小高沸物的影响，关键是提高单体氯乙烯的纯度，单体中高沸物含量要求小于 10^{-6}。

聚氯乙烯生产对杂质的要求见表 13－5。

表 13－5　　聚氯乙烯生产对杂质的要求

组分	质量分数/%	组分	质量分数/%	组分	质量分数/%
乙烯	0.000 2	1－丁烯－3－炔	0.000 1	HCl	0
丙烯	0.000 2	乙醛	0	铁	0.000 01
乙炔	0.000 2	二氯化物	0.000 1	—	—
丁二烯	0.000 2	水	0.005	—	—

课后练习

一、选择题

1. 聚合温度控制在规定温度（　　）范围内。

A. 57 ±0.5 ℃　　B. 60 ±0.5 ℃　　C. 65.5 ±0.5 ℃　　D. 50 ±0.5 ℃

2. 在氯乙烯聚合反应中，杂质影响聚合反应，（　　）不是影响聚合反应的杂质。

A. 氧　　B. 铁　　C. 高沸物　　D. 脱盐水

3. 聚氯乙烯的平均相对分子质量最主要取决于（　　）。

A. 聚合温度　　B. 搅拌　　C. 高沸物　　D. 以上都是

4. 氯乙烯悬浮聚合采用间歇法生产，工艺过程包括（　　）和干燥等工序。

A. 聚合　　B. 碱处理　　C. 水洗　　D. 以上都是

二、简答题

1. 影响聚合反应的杂质有哪些？是如何影响聚合反应的？
2. 防止“鱼眼”产生的一般措施有哪些？
3. 聚合温度对聚合反应的影响有哪些？
4. 避免和防止黏釜的主要措施有哪些？

参考文献

［1］林世雄．石油炼制工程［M］．3 版．北京：石油工业出版社，2000.

［2］魏顺安，谭陆西．化工工艺学［M］．5 版．重庆：重庆大学出版社，2021.

［3］李永真，田铁牛．化工生产技术［M］．3 版．北京：化学工业出版社，2021.

［4］饶珍，谢鹏波．乙烯生产技术［M］．北京：化学工业出版社，2018.

［5］栗莉．有机化工工艺及设备［M］．北京：化学工业出版社，2016.

［6］王松汉．乙烯工艺与技术（精华本）［M］．北京：中国石化出版社，2012.

［7］梁凤凯，舒均杰．有机化工生产技术［M］．2 版．北京：化学工业出版社，2011.

［8］邴涓林，黄志明．聚氯乙烯工艺技术［M］．北京：化学工业出版社，2008.

［9］郑石子，颜才南，胡志宏，等．聚氯乙烯生产与操作［M］．北京：化学工业出版社，2008.

［10］田铁牛．化学工艺［M］．2 版．北京：化学工业出版社，2007.

［11］陈群．化工仿真操作实训［M］．3 版．北京：化学工业出版社，2023.

［12］陈本如．化工生产工艺［M］．北京：化学工业出版社，2009.

［13］马瑛．无机物工艺［M］．北京：化学工业出版社，2011.

［14］冉隆文．精细磷化工技术［M］．2 版．北京：化学工业出版社，2014.

［15］卞进发，彭德厚．化工工艺概论［M］．2 版．北京：化学工业出版社，2020.

［16］张子锋．合成氨生产技术［M］．2 版．北京：化学工业出版社，2011.

［17］杨亚斌．热法磷酸生产技术发展和趋势［J］．云南化工，2019（11）：32－35.

［18］王煜，资学民．二水物湿法磷酸生产工艺、设备的优化改进［J］．磷肥与复肥，2007（5）：38－39.

［19］杨文娟，何宾宾，朱桂华，等．磷矿制湿法磷酸技术综述［J］．磷肥与复肥，2022（8）：26－28.

［20］纪祥娟，王中伟，李倩茹，等．氯碱工业生产新技术及未来发展建议［J］．广州化工，2011（39）：43－45.

［21］王秀辉．神华煤直接液化反应动力学模型及工艺流程模拟研究［D］．上海．华东理工大学，2016.